Sérgio Antonio Abunahman

CB011228

ENGENHARIA LEGAL **5ª edição** E DE AVALIAÇÕES

Copyright © 2022 Oficina de Textos

Grafia atualizada conforme o Acordo Ortográfico da Língua Portuguesa de 1990, em vigor no Brasil desde 2009.

CONSELHO EDITORIAL Aluízio Borém; Arthur Pinto Chaves; Cylon Gonçalves da Silva; Doris C. C. K. Kowaltowski; José Galizia Tundisi; Luis Enrique Sánchez; Paulo Helene; Rozely Ferreira dos Santos; Teresa Gallotti Florenzano

CAPA E PROJETO GRÁFICO Malu Vallim
DIAGRAMAÇÃO Victor Azevedo
FOTO CAPA PPhx de (www.commons.wikimedia.org)
PREPARAÇÃO DE FIGURAS Victor Azevedo
PREPARAÇÃO DE TEXTO Natália Pinheiro Soares
REVISÃO DE TEXTO Renata Sangeon
IMPRESSÃO E ACABAMENTO Mundial gráfica

Dados Internacionais de Catalogação na Publicação (CIP)
(Câmara Brasileira do Livro, SP, Brasil)

Abunahman, Sérgio Antonio
Engenharia legal e de avaliações / Sérgio Antonio Abunahman. -- 5. ed. -- São Paulo : Oficina de Textos, 2022.

ISBN 978-65-86235-57-9

1. Engenharia legal - Brasil I. Título.

22-107759   CDD-620.0044

Índices para catálogo sistemático:
1. Engenharia legal e de avaliações 620.0044
Aline Graziele Benitez - Bibliotecária - CRB-1/3

Todos os direitos reservados à OFICINA DE TEXTOS
Rua Cubatão, 798
CEP 04013-003 São Paulo-SP – Brasil
tel. (11) 3085 7933
site: www.ofitexto.com.br
e-mail: atend@ofitexto.com.br

Para Heloisa, luz e norte da minha vida.

Para Maria Sofia e Maria Antonia, que são a minha própria vida.

À memória da minha querida mãe, Maria Antonieta Abuzaid Abunahman (Zazá), que em vida foi alvo de todo o Amor deste mundo e hoje, no Espaço Maior em que habita, é objeto de toda a saudade deste mundo...

APRESENTAÇÃO I

A Engenharia de Avaliações está de parabéns, com a edição de mais este trabalho do professor engenheiro Sérgio Antonio Abunahman, detentor do título de Notório Especialista na matéria aqui tratada.

Este *Curso Básico de Engenharia Legal e de Avaliações* preencheu a lacuna existente no que diz respeito a uma publicação que, de forma didática e sistematizada, viesse a examinar com tanta clareza este fascinante e até hoje pouco conhecido ramo da Engenharia, que é o de perícias e avaliações.

O presente livro é fruto de mais de duas décadas de profícuo trabalho do autor, não apenas através da sua vasta experiência profissional na área, como também pelos inúmeros cursos que tem ministrado em todo o Brasil e no exterior, tendo sido ele o primeiro engenheiro brasileiro a lecionar numa Universidade Europeia, no curso de Engenharia de Avaliações do Instituto Superior Técnico de Lisboa, além de ser o criador e coordenador do Curso de Extensão em Engenharia Legal e de Avaliações ministrado regularmente na Universidade Federal Fluminense, respeitado em todo o País pela qualidade do seu ensino e alto nível dos profissionais que prepara.

A amizade que nos liga ao professor engenheiro Sérgio Abunahman, de certa forma, nos torna suspeitos ao afirmar que é objeto de profundo regozijo para toda a classe de peritos e avaliadores, bem como para aqueles que se iniciam neste braço das profissões de engenheiro, arquiteto ou agrônomo, a publicação desta obra, cuja leitura e estudo certamente enriquecerão cada qual que dela se valer, abrindo novos horizontes de trabalho para inúmeros profissionais.

Parabéns, professor Sérgio!

São Paulo, dezembro de 1998

Eng. Alberto Lélio Moreira
Fundador e ex-Presidente do Instituto de Engenharia Legal

Apresentação II

Tranquilize-se o leitor: aqui não importa a sua formação profissional.

Esta é a obra que, com absoluta naturalidade, percorre os caminhos entre a Engenharia e o Direito, universos do saber que aqui se descobrem entrelaçados e complementares na busca da realização da Justiça.

A linguagem é acessível para os neófitos; reserva-se a obscuridade para os que pretendem ostentar saber sem o possuir. Não é o caso do autor, mestre que seduz pela simplicidade, pela dedicação, pelo saber que encantam milhares de alunos: sou um deles.

A linguagem é clara também para aqueles que – muitos com indeléveis traumas – já percorreram essas trilhas, pois a longa vivência e a profunda reflexão do autor sobre o tema têm os alicerces solidamente plantados na intensa vida acadêmica e na laboriosa participação em tantas e memoráveis lides forenses. Certamente por isso o autor não dispensou os exemplos práticos que se encontram no tratamento dos temas específicos.

O conteúdo é denso, profundo, abrangente.

Denso pela segurança com que o assunto é tratado – é o que caracteriza o grande professor.

Profundo ao expressar o "estado da arte", a "tecnologia de ponta", a atualidade de temas arrojados como, entre tantos outros, a determinação do valor locativo em lojas de *shopping centers*, em postos de serviços e motéis, além de minudenciar as avaliações de imóveis para fins de locação residencial e não residencial, estas últimas que muitos ainda imaginam ser o grande teatro de operações da Engenharia de Avaliações.

Abrangente porque nada restou em tão complexo ramo do conhecimento que aqui não fosse tratado.

Como a maioria dos meus companheiros da área jurídica, partilhava de atávico horror aos números, aos cálculos, às fórmulas matemáticas que encontrava nos laudos forenses – meu desconhecimento era a fonte da desconfiança e da tendência à desconsideração de tão essenciais atos processuais para a descoberta do Direito e da Justiça. Sérgio Abunahman, mestre de tantos, a mim também ensinou não só a compreensão, mas até mesmo o gosto pelo tema.

Aproveite o leitor a oportunidade da lição.

Nagib Slaibi Filho
Desembargador do Tribunal de Justiça do Estado do Rio de Janeiro

PREFÁCIO

Este "curso básico" nasceu da experiência vivida de ministrarmos mais de uma centena de cursos na área da Engenharia Legal e de Avaliações em diversos Estados do Brasil e no exterior.

Há cerca de 70 anos surgiu a primeira entidade no País a congregar profissionais militantes neste importante ramo da Engenharia, que foi o Instituto de Engenharia Legal, no Rio de Janeiro. Posteriormente, foi criado em São Paulo o Instituto Brasileiro de Avaliações e Perícias de Engenharia (Ibape), hoje um órgão federativo ao qual estão vinculadas as cerca de vinte e cinco entidades existentes, sendo uma em cada Estado.

A nossa estória no ramo é a de tantos. Nomeado por um juiz para funcionarmos como Perito em uma ação renovatória, nem sabíamos o que significava o termo, muito menos como procedermos neste caso. Recorremos ao auxílio de um grande e saudoso amigo, o engenheiro João Baptista Cattete e Silva, que nos deu as primeiras luzes, orientando todos os procedimentos para concretizarmos a elaboração do laudo. Naquela época (e já se vão quase cinquenta anos), não havia uma literatura específica sobre Engenharia Legal, apenas uns poucos livros, a grande maioria importada, sobre avaliações. Assim, estamos seguros de que, com este trabalho, contribuímos efetivamente para a ampliação do mercado de atuação de engenheiros, arquitetos e agrônomos, já que, conquanto prevista desde a legislação específica de 1933 como atividade de engenheiros, a área das perícias e avaliações não consta da grande maioria dos currículos das Escolas de Engenharia ou Arquitetura do País.

Como tributo de gratidão, deixamos registrados os agradecimentos àqueles que depositaram a sua confiança em nosso trabalho, alguns *in memoriam*: nossos amigos-irmãos Hilário Duarte de Alencar, Henrique de Almeida Oliveira, Pedro Fernando Ligiéro, Celso Felício Panza, Benito Augusto Tiezzi, Reinaldo Pinto Alberto Filho, Nagib Slaibi Filho, Maria Olga Santos do Canto, Jeanecy Therezinha de Souza, Mariana Pereira Nunes Feteira Gonçalves, Miguel Angelo Barros, Télio Augusto de Barros, Marcus Antonio de Souza Faver, Renato Nunes da Costa, Elmo Guedes Arueira, Clarindo de Brito Nicolau, Flávio Itabaiana de Oliveira Nicolau, Nametala Machado Jorge, Antonio Carlos Nascimento Amado, Gilberto Fernandes, Ronald Santos Valladares, José Mota Filho, Áurea Pimentel Pereira, Paulo Freitas Barata e Maria Henriqueta Lobo.

Nosso agradecimento também ao engenheiro venezuelano Miguel Camacaro Perez, amigo e irmão tradutor e editor deste livro na edição castelhana, vendido em toda a América Latina.

Por fim, o nosso agradecimento especial ao professor engenheiro Julio Torres Coto, da Universidade de Tijuana, Baja Califórnia, México, por sua inestimável contribuição ao traduzir este livro para a língua de Shakespeare de forma incomparável.

Aos que abraçarem este ramo tão rico e empolgante da nossa profissão, formulamos os votos de que encontrem a receptividade e resposta esperadas.

Eng. Sérgio Antonio Abunahman
Outubro de 2020

Nota dos revisores

Entre janeiro e fevereiro de 2021, como se antevendo o que viria, o querido e saudoso professor e engenheiro Sérgio Antonio Abunahman, que nos chamava de "irmãos", falava quase que diariamente, entre outros assuntos, sobre o desejo de revisar, atualizar e ampliar o livro de sua autoria, o *Curso Básico de Engenharia Legal e de Avaliações*, e, para tal, dizia que gostaria de contar com nossa contribuição.

Quis o destino levar aquele que divulgou e ensinou a Engenharia Legal e de Avaliações em todo o Brasil e na América Latina, quase vinte países, por meio de cursos e palestras. Após passagens em inúmeras instituições prestigiosas, há mais de uma década o professor coordenava seu conceituado curso junto à Pontifícia Universidade Católica do Rio de Janeiro (PUC-Rio).

Heloisa Luz Cargnin, sua fiel companheira e mãe de suas filhas gêmeas, Maria Antônia e Maria Sofia, carinhosamente nos presenteou requisitando a revisão do livro que ele tanto amava, para perpetuar sua obra e possibilitar que mais pessoas pudessem compartilhar de seus conhecimentos.

Seria quase impossível falar sobre Sérgio Antonio Abunahman e sua obra sem cometer omissões, tamanha sua grandeza, a fidelidade com os amigos, o carisma incrível, a memória impressionante, a busca pela perfeição, a generosidade, o grande prazer em ajudar e compartilhar o conhecimento e experiência adquiridos ao longo de sua vasta carreira profissional. Para Sérgio, a idade nunca foi um empecilho; ele sempre divertia a todos dizendo que sua idade fazia parte de uma média, entre o coração, a mente, o físico e a experiência, mantendo-se sempre jovem de espírito e com um humor irreverente. Foi-se o homem, mas fica o legado, que nos honramos muito em perpetuar.

Os signatários, na presente revisão, buscaram manter todos os exemplos e personagens indicados pelo autor, atualizando tão somente as referências e normas utilizadas, sendo os elementos amostrais fictícios. Ainda, em relação à ampliação da obra, procuramos manter o seu estilo "claro e objetivo".

Sérgio ficava muito feliz quando se deparava com algum(a) ex-aluno(a) exercendo as funções de perito(a) ou assistente técnico(a), pois atestava ali os seus ensinamentos. Em novembro de 2021, muito merecidamente, o Instituto Brasileiro de Avaliações e Perícias de Engenharia (Ibape) instituiu como sua maior condecoração a "Comenda Sérgio Antonio Abunahman".

Descanse em paz, nosso "irmão". Você jamais será esquecido!

Niterói, 15 de novembro de 2021

Engenheiro Civil Salvador José Bailuni
Arquiteta e Urbanista Simone Feigelson Deutsch

Sumário

Avaliação: conceitos gerais

1

1.1 Natureza e objetivos das avaliações

Uma considerável parcela de bens públicos, particulares e empresariais do mundo consiste em bens imóveis. A própria amplitude desse recurso primordial em nossa sociedade cria uma necessidade de informes avaliatórios como suporte e consistência para decisões relativas ao uso e disposição desses bens.

É na avaliação desses direitos que reside a arte de resolver um problema característico, encontrando e reunindo fatos, analisando-os de modo a formar conclusões aplicáveis a cada caso.

Uma avaliação é o processo e resultado de uma tentativa de responder a uma ou mais perguntas específicas sobre os valores definidos das partes de um imóvel, sua utilidade ou conformação e possibilidades de venda ou locação. Esse conceito permite a aplicação do termo a qualquer estimativa, seja ela uma conclusão fundamentada com base em evidências ou simplesmente uma opinião pessoal. A confiabilidade de uma avaliação depende da competência e da integridade básicas do avaliador, da disponibilidade de dados pertinentes à mesma e da habilidade com que esses dados são computados e analisados.

Avaliação é, pois, uma aferição de um ou mais fatores econômicos especificamente definidos em relação a propriedades descritas com data determinada, tendo como suporte a análise de dados relevantes e metodologia adequada.

Uma avaliação profissional é uma opinião sustentável. Ela ultrapassa qualquer sentimento pessoal do avaliador. Em alguns casos reflete a tendência do mercado e a conclusão do valor de mercado, derivada da análise apropriada de dados em conformidade com as normas da prática profissional.

Estimativas do valor de mercado têm sido o tipo mais frequente de avaliação e o conhecimento público da atividade avaliatória está, provavelmente, limitada a tais casos. Entretanto, a figura do engenheiro ou arquiteto perito-avaliador, devido a um treinamento e experiência que o impuseram como um profissional habilitado a procedimentos especializados, tem sido chamada para atuar em larga escala de serviços avaliatórios adicionais, que vão desde simples consultas a papéis-chaves na tomada de decisões em situações relativas a imóveis, principalmente em Ações Judiciais.

> Avaliar é estimar o valor de mercado de um ou mais interesses identificados em uma parcela específica de um imóvel, em um determinado momento.

Sua principal finalidade é, pois, providenciar uma estimativa de valor a ser usado em decisões sobre esse imóvel.

A necessidade de uma avaliação de valor de mercado pode surgir em muitas situações, tais como:

a) **Transferência de propriedade:**
- ajudar compradores em perspectiva a decidir um preço de oferta;
- ajudar vendedores em perspectiva, analogamente, a determinar preços de venda aceitáveis;
- estabelecer bases de permuta de propriedades;
- ajudar nas tomadas de decisões nos casos de fusões e incorporações de empresas (*joint venture*).

b) **Financiamento e crédito:**
- garantir empréstimos sob forma de hipoteca;
- fornecer bases sólidas ao investidor para decidir quanto à compra de bens imóveis hipotecados, ações ou outro tipo de apólice;
- estabelecer parâmetros para decisões relativas à emissão ou endosso de empréstimos com base nas propriedades possuídas, sem, contudo, hipotecá-las.

c) **Justa indenização nos casos de desapropriação:**
- estimar o valor de mercado da propriedade como um todo, isto é, antes da desapropriação;
- estimar o valor após a desapropriação.

d) **Tomada de decisões sobre bens imóveis:**
- identificar e quantificar os mercados mais prováveis, bem como os preços que lhes são pertinentes;
- determinar a oscilação de mercado em relação ao uso proposto de uma área (terreno);
- analisar ou comparar alternativas de investimento em bens imóveis;
- decidir a viabilidade de cumprir metas propostas para investimentos.

e) Base para taxações (impostos):
- distinguir valores em bens depreciáveis, tais como edifícios, e não depreciáveis, como terras, e calcular os índices de desvalorização aplicáveis;
- determinar impostos sobre heranças ou doações;
- identificar se os valores venais praticados para cobrança de Imposto Predial Territorial e Urbano (IPTU) estão adequados aos valores de mercado;
- identificar se os valores venais para fins de cobrança de Imposto de Transmissão de Bens Imóveis (ITBI) estão pautados em valores praticados no mercado.

f) Aplicações securitárias:
- estabelecer, no mútuo interesse da seguradora e do segurado, a definição do justo valor do bem, objeto do seguro.

g) Justo valor locacional
- possibilitar ao proprietário-locador e ao locatário o justo valor locacional do imóvel;
- fornecer subsídios ao Juízo para aplicação de sentença nas ações renovatórias e revisionais.

1.2 Pesquisa de dados – tratamento estatístico

A precisão do trabalho a ser realizado depende da confiabilidade dos informes de que dispõe o avaliador.

Nem sempre o logradouro de situação ou arredores são ricos em matéria de dados que possibilitem uma comparação imediata e direta sem que o rol de elementos pesquisados sofra um saneamento, para, daí, concluir-se pelo *justo valor*, quer seja de venda ou de aluguel.

Procura-se chegar o mais próximo do que se convencionou chamar de *valor de mercado*. Este, segundo os conceitos mais usuais, é entendido como:

> o maior preço em termos de dinheiro que o imóvel pode ter uma vez posto à venda, abertamente, por um tempo razoável para encontrar comprador, o qual deverá ter conhecimento de todos os usos, propósitos e utilidades, para que ele, comprador, tenha capacidade de utilizar o imóvel. (Suprema Corte do Estado da Califórnia, EUA).

ou, ainda, o preço pago por um comprador desejoso de comprar, mas não forçado, a um vendedor desejoso de vender, mas também não compelido, tendo ambos pleno conhecimento da utilidade da propriedade transacionada.

Esse conceito aproxima-se do emitido pelo engenheiro mexicano Enrique Lira Montes de Oca, segundo o qual valor de mercado "é o preço que um vendedor está disposto a aceitar, e um comprador a pagar, ambos perfeitamente bem informados e dentro de circunstâncias normais, objetivas e subjetivas, para um determinado bem".

Para se chegar ao *valor*, há que se proceder a determinada metodologia, qual seja:

1. Procurar referências de vendas ou aluguéis de propriedades comparáveis.

2. Atualizar os preços dos valores das propriedades tomadas como referência, considerando as diferentes épocas de transações.

   Neste caso, há que se observar que o período compreendido entre a transação efetivamente realizada e a avaliação não deve ser muito longo, nunca superior a seis meses, sob pena de a atualização por simples índices corretivos vir a falsear resultados num estado de economia instável e em períodos de recessão, euforia ou retração do mercado imobiliário, quando, um ou dois anos depois, adquire-se o mesmo imóvel por um número consideravelmente menor do indexador adotado ou inversamente maior.

3. Comparar as propriedades tomadas como referência com a propriedade que está sendo avaliada por:

   a. Comparação direta: reduzir ao mesmo denominador, ajustando as diferenças de tamanho, qualidade, localização, estado de conservação etc., conforme será mostrado na planilha adequada adiante.

   b. Comparação indireta: comparar as rendas e aplicar a taxa de capitalização conveniente à renda da propriedade sob avaliação.

Observemos que as taxas de retorno variam de acordo com a natureza do imóvel. Assim é que, para terrenos em áreas rurais, concluiu-se como razoável a taxa de 3% a 6% a.a. e, em áreas urbanas, de 5% a 8% a.a. Imóveis residenciais têm taxa variável de 4% a 12% a.a. (quanto maior e mais luxuoso, verifica-se menor ser a taxa); lojas comerciais, de 6% a 12% a.a.; e salas comerciais, de 6% a 10% a.a. O ideal é o avaliador realizar a pesquisa de mercado de locação e venda para identificar a justa taxa praticada à época da avaliação.

As taxas anteriores são meras referências, não devendo ser consideradas fielmente, sendo a melhor alternativa para sua obtenção a pesquisa imobiliária.

A Jurisprudência maciça do antigo Tribunal de Alçada Cível do Rio de Janeiro – que antes de ser extinto, em 1998, era a Instância Superior encarregada de julgar em segundo grau as ações de locação – consagrou a taxa de 8% a.a. para imóveis residenciais em geral e de 10% a 12% a.a. para os comerciais. Atualmente, os Peritos Judiciais têm seguido a orientação da NBR 14653 e, sempre que possível, adotam o método comparativo direto de dados de mercado (MCDDM), o qual os Magistrados estão aceitando.

4. Pesquisar a tendência central ou a média ponderada dos resultados obtidos para chegar, finalmente, ao *valor*.

Dessa forma, deverá o avaliador estar munido de elementos dos quais tenha tantos conhecimentos quanto do imóvel avaliando.

Por exemplo, para o imóvel sob avaliação, deverá constar na planilha do avaliador a sua localização (logradouro, número, bairro, distrito, município, Estado), o proprietário, serviços públicos existentes junto do imóvel, tais como rede de água potável, esgotos sanitários, águas pluviais, energia elétrica, iluminação pública, telefone, gás canalizado (se for o caso) e outros serviços.

Os serviços até 1,00 km do imóvel também deverão constar da planilha, tais como:

a. serviços comunitários (escolas primária e secundária), posto de saúde, delegacia policial, templos religiosos, recreação e lazer, entre outros;

b. serviços gerais (comércio, supermercados, bares e restaurantes, farmácias, entre outros).

A atuação dos transportes coletivos também deve ser abrangida, bem como o posicionamento do *ponto* mais próximo ao imóvel avaliando.

A região onde se localiza o imóvel deve ser classificada como urbana, suburbana, rural, praia, montanha, entre outras; da mesma forma, o logradouro deve ser caracterizado quanto a largura, pavimentação, iluminação, passeios, arborização, topografia etc.

A NB-502/1977, primeira norma brasileira que regeu o assunto Avaliação de Imóveis Urbanos, totalmente em desuso, previa três níveis de rigor: o *expedito*, o de *precisão* e o de *precisão rigorosa*. O primeiro era uma simples opinião de valor, sem precisar de comprovação do resultado, e os dois últimos exigiam o mínimo de cinco elementos amostrais, quer em oferta, quer já negociados, os quais, após homogeneização e tratamento estatístico, ofereciam ao avaliador o campo para a tomada da decisão de valor.

A norma de avaliação atual é a NBR 14653 da Associação Brasileira de Normas Técnicas (ABNT), a qual se subdivide em sete partes que estão em constante revisão separadamente. A primeira parte foi revista em junho de 2019 e se constitui dos procedimentos gerais das avaliações como um todo; ela sempre acompanhará uma ou mais partes da norma. A seguir encontram-se detalhadamente apresentados os temas de cada parte da norma:

- Parte 1 – Procedimentos gerais (revista em 2019);
- Parte 2 – Imóveis Urbanos (revista em 2011);
- Parte 3 – Imóveis Rurais (revista em 2019);
- Parte 4 – Empreendimentos (2002);
- Parte 5 – Máquinas, equipamentos, instalações e bens industriais em geral (2006);
- Parte 6 – Recursos Naturais e Ambientais (2008);
- Parte 7 – Bens de Patrimônios Históricos e Artísticos (2009).

Essa norma, que aqui não pode ser reproduzida, pois deve ser adquirida pelo leitor junto à ABNT, é a que atualmente rege os parâmetros e metodologias a serem adotados pelo profissional da área.

Na norma de avaliação (parte 1, item 8), encontra-se estabelecido que as avaliações podem ser especificadas quanto à fundamentação e precisão. Segundo o item 8 (ABNT, 2019),

> A fundamentação é função do aprofundamento do trabalho avaliatório, com o envolvimento da seleção da metodologia em razão da confiabilidade, qualidade e quantidade dos dados disponíveis.
> [...]
> A precisão é estabelecida quando for possível medir o grau de certeza e o nível de erro tolerável em uma avaliação. Depende da natureza do bem, do objetivo da avaliação, da conjuntura de mercado, da abrangência alcançada na coleta de dados (quantidade, qualidade e natureza) da metodologia e dos instrumentos utilizados.

Já no item 8.2 da parte 2 da NBR 14653 (ABNT, 2011) constam as metodologias permitidas e indicadas, conforme listado a seguir:

- método comparativo direto de dados de mercado (MCDDM), em que os procedimentos podem ser desenvolvidos através de tratamento por fatores ou de regressões (linear, espacial e outras);
- método evolutivo;
- método involutivo;
- método da renda.

Há relativamente pouco tempo, alguns pesquisadores dedicaram-se ao estudo das redes neurais artificiais e sua aplicação à Engenharia de Avaliações, que será apresentado no décimo quarto capítulo deste livro. O que importa dizer é que o partido de cálculo deve ser uma prerrogativa do avaliador, desde que por ele se obtenha o justo valor de mercado. Neste capítulo, será apresentada uma avaliação de conjunto de salas no Centro do Rio de Janeiro, através de cálculos desenvolvidos com a estatística clássica (tratamento por fatores) e inferencial (tratamento científico ou regressão), obtendo-se valores muito próximos nos dois processos: R\$ 650.000,00 com a estatística clássica e R\$ 670.000,00 com a inferência estatística, o que em Engenharia de Avaliações, a qual não é uma ciência exata, significa a mesma ordem de grandeza. Não se deve esquecer que, se dez avaliadores responsáveis avaliarem o mesmo imóvel, encontrarão dez valores distintos, mas, se as pesquisas e os cálculos forem bem elaborados, esses valores estarão bem próximos uns dos outros, quaisquer que sejam os métodos e tratamentos estatísticos empregados.

Uma síntese ideal desses dados é perfeitamente referida na planilha do arquiteto Francisco Alves Gomes Jr., falecido em 1989, a qual é uma das maiores expressões da Engenharia de Avaliações no Brasil e está exposta no Quadro 1.1.

1.3 Escolha dos elementos

O anexo B da NBR 14653-2, mais especificamente no seu item B.2, estabelece as recomendações quanto à amostra e à escolha dos elementos amostrais, recomendando que a amostra seja constituída de elementos os mais semelhantes possíveis entre si e em relação ao imóvel em análise.

Segundo o item B.2.2 do anexo B, o intervalo de fatores deve estar contido entre 0,50 a 2,00:

> B.2.2. Para a utilização deste tratamento, considera-se como dado de mercado com atributos semelhantes aqueles em que cada um dos fatores de homogeneização, calculados em relação ao avaliando ou ao paradigma, estejam contidos entre 0,50 e 2,00. (ABNT, 2011).

De acordo com a Tabela 3 do item 9.2.2 da NBR 14653-2, verifica-se que, no caso da utilização do tratamento de fatores para obtenção do grau II, além do intervalo já apresentado, faz-se necessária a apresentação de pelo menos cinco elementos.

Certamente há heterogeneidade entre esses elementos pesquisados pelo avaliador, seja através de consulta direta a ofertas ou transações efetivamente ocorridas com dados escriturais (alguns menos confiáveis por

Quadro 1.1   Ficha de características do imóvel

Informações sobre o imóvel	Avaliando ___ De referência ___

1. Informações gerais

1.1 *Localização:*_____; Bairro:_____;
Distrito ou RA:_____; Município:_____; Estado:_____;
Consta como proprietário:_____.
*Existentes junto ao imóvel.

1.2 *Serviços públicos:* rede de água potável_____;
esgotos sanitários_____; esgotos pluviais_____;
energia elétrica_____; iluminação pública_____;
linhas telefônicas_____; gás canalizado_____; outros:_____.
*Existentes até cerca de 1.000 m do imóvel.

1.3 *Serviços comunitários:* escola primária_____;
escola secundária_____; posto médico_____;
polícia_____; templos religiosos_____;
recreação e lazer_____; outros:_____.

1.4 *Serviços gerais:* comércio_____; supermercados_____;
bares e restaurantes_____; farmácias_____;
outros:_____.

1.5 *Transportes:*_____ (a ≅ _____ m).

1.6 *Região:* urbana_____; suburbana_____; rural_____; praia_____;
montanha_____; outros:_____.

1.7 *Logradouro(s):* largura ≅ ____ m; pavimentação_____;
iluminação_____; passeios_____; arborização_____;
topologia_____; outros:_____.

1.8 *Usos e atividades das vizinhanças imediatas:* _____.

2. Quanto ao imóvel

2.1 *Perímetro:*_____.

2.2 Área:_____m².

Croquis em planta:

Croquis em elevação:

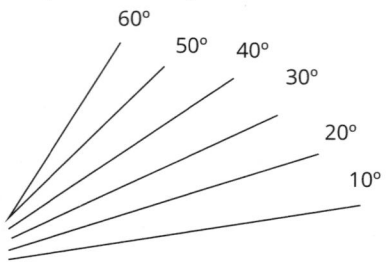

3. Anotações complementares: _____.

Nota: é recomendada a inserção de fotografias do elemento amostral, pois, assim, o grau de fundamentação do cálculo avaliatório poderá ser aumentado.

Fonte: Arquiteto Francisco Alves Gomes Jr.

questões de tributação, e outros, mais confiáveis por necessidade de caixa do vendedor etc.) ou motivada por fatores diversos, quais sejam:

    a. Elementos amostrais situados em logradouros com maior ou menor *força* (comercial ou residencial) do que o logradouro em que se situa o imóvel avaliando.

    b. Elementos amostrais com áreas consideravelmente distintas da do imóvel avaliando.

    c. Elementos amostrais com acabamento superior ou inferior ao do imóvel avaliando, edifícios novos ou antigos etc.

    d. Elementos amostrais em *oferta*, ou seja, dotados de um *fator de euforia* majorante do preço em que efetivamente a transação irá se verificar.

    e. Outros fatores observados pelo avaliador.

Se todos esses fatores pudessem ser transportados para o imóvel avaliando sem nenhuma correção (Fs = 1,00), o que é quase impraticável, seria simplificado o trabalho do avaliador, e o seu nível de precisão não deixaria muito a desejar.

Assim, ao se organizar uma amostra, ou seja, um rol de elementos pesquisados (elementos amostrais ou simplesmente elementos), deve-se homogeneizá-lo em relação ao imóvel que se quer avaliar, considerando os seguintes fatores, na ordem dos fenômenos antes apresentados:

1.3.1 Fator de transposição F_t

O fator de transposição F_t é obtido pela divisão do índice fiscal (I_F) de onde se situa o imóvel avaliando pelo I_F do logradouro do elemento pesquisado. No caso de duas ou mais frentes, adota-se para transposição o I_F da frente mais valorizada.

Exemplo: se o I_F do logradouro do imóvel avaliando for de R$ 1.440,00 e o I_F do logradouro do elemento pesquisado, de R$ 1.200,00, o F_t será igual a 1,2.

Nas cidades em que não existam esses cadastros, ou mesmo que estejam desatualizados, o avaliador terá de se valer do bom senso e conhecimento local, orientado por sua sensibilidade em relação à proporção entre um logradouro e outro, no que tange à sua força comercial de venda. A melhor alternativa seria a obtenção de tais índices por meio da pesquisa imobiliária.

Os elementos cujo fator de transposição sejam próximos de 0,50 ou 2,00 deverão ser encarados com reserva, pois essa informação pode significar que os logradouros pesquisados podem não possuir similaridade com o logradouro do imóvel avaliando, no que diz respeito à força de venda ou locação.

Tal fato é corroborado pela NBR 14653. Entretanto, não tome o fato como regra, mas tão somente como elemento de cautela.

Atualmente no Rio de Janeiro, a planta genérica de valores os traz para as diferentes tipologias que podem ser adotadas para fins de homogeneização, ajustando de forma mais adequada as eventuais diferenças existentes. Na planta genérica de valores constam índices calculados para apartamentos, casas, lojas, salas e terrenos. Observa-se que os fatores adotados devem acatar os intervalos previstos na NBR 14653.

1.3.2 Fator de correção de área F_a

Certamente, os valores unitários para áreas menores deverão ser maiores. Assim, temos os seguintes fatores de área:

$$Fa = \left[\frac{\text{área do elemento pesquisado}}{\text{área do elemento avaliando}}\right]^{1/4} \rightarrow \text{quando a diferença entre os}$$

elementos for inferior a 30%

$$Fa = \left[\frac{\text{área do elemento pesquisado}}{\text{área do elemento avaliando}}\right]^{1/8} \rightarrow \text{quando a diferença entre os}$$

elementos for superior a 30%

No XX Congresso Brasileiro de Engenharia de Avaliações e Perícias (Cobreap) foi apresentada a palestra ministrada pelo engenheiro Sérgio Abunahman referente ao fator área e seus aspectos polêmicos. Hoje em dia, esse fator vem sendo reconhecido e apelidado como "fator Abunahman". Segundo o engenheiro, sua concepção é empírica, e certamente os valores unitários para áreas menores *deverão ser maiores* do que aqueles para áreas maiores.

No Cobreap, Abunahman denominou o fator área como "Lei da Pizza", a partir da seguinte analogia: uma pizza de dez fatias custa R$ 80,00, porém, caso o consumidor queira apenas uma fatia, ela custará R$ 9,00; ou seja, quanto maior for a área, menor será o valor unitário e vice-versa.

Na prática, isso pode ser observado no dia a dia. Suponhamos uma sala comercial de 30,00 m² à venda por R$ 300.000,00 (trezentos mil reais), o que traduz um unitário de R$ 10.000,00/m². Em um pavimento de 600,00 m², poderíamos construir cerca de 15 salas de 30,00 m² cada uma. Observe-se que, se tivéssemos no andar corrido uma única unidade, teríamos de construir quatro instalações hidrossanitárias, enquanto para as salas separadas as ditas instalações serão em maior número, ou seja, 15 – portanto, com um custo de construções bem maior. O pavimento corrido de 600,00 m² é vendido por R$ 4.800.000,00, ou seja, R$ 8.000,00/m², tendo um leque de compradores bem menor do que o da sala.

No caso de *shopping centers*, sem dúvida, o único dos fatores admissíveis é exatamente o de área. De forma excepcional, em pouquíssimos casos, admitem-se os fatores de testada e transposição, pois o *tennant mix* de um *shopping* é feito de tal modo que todas as lojas tenham visão compulsória. O fator posição pode ser utilizado, visto que as lojas situadas em frente à escada rolante, estabelecendo uma visão obrigatória da vitrine, possuem uma valorização de cerca de 10%. Assim, o único fator a ser adotado obrigatoriamente seria o de área, o que se comprova nas lojas-âncoras e megalojas que possuem áreas muito maiores do que as lojas-satélites.

Observa-se que os fatores adotados devem acatar os intervalos previstos na NBR 14653.

1.3.3 Fator de equivalência F_e

Utiliza-se o fator de equivalência F_e no caso de padrões construtivos distintos. Ou seja, ele é empregado quando o padrão do elemento amostral difere daquele do imóvel avaliando, sendo maior do que a unidade quando o elemento for menos nobre do que o imóvel avaliando e menor no caso contrário.

Nesse fator, consideram-se as qualidades de utilização do imóvel no que diz respeito a funcionalidade, características construtivas, instalações especiais, estado de conservação e idade aparente do elemento amostral em relação ao imóvel avaliando.

O arquiteto Francisco Alves Gomes Jr. apresentou a situação paradigma $F_e = 1{,}00$, partindo de uma sala comercial de padrão normal de construção, com banheiro privativo e sem garagem, e daí advieram os coeficientes mostrados na Tab. 1.1.

Tab. 1.1 Tabela de coeficientes de equivalência

	F_e
Apartamentos residenciais de padrão normal	0,50 a 0,80
Apartamentos residenciais de padrão alto	0,80 a 1,00
Apartamentos residenciais de padrão baixo	0,40 a 0,70
Lojas de frente de rua, *shoppings* e galerias com duplo acesso (largura igual ou maior que 3,00 m), em pavimento nobre	2,50 a 4,50
Idem; demais pavimentos lojas	1,50 a 2,50
Lojas de frente de rua em prédios antigos	1,50 a 2,50
Lojas de galeria de baixo padrão	1,00 a 1,25
Salas comerciais em edifícios de alto padrão	1,30 a 1,50
Idem; edifícios de padrão inferior	0,60 a 0,80

Tab. 1.1 (continuação)

	F_e
Sobrelojas e jiraus (mezaninos)	1,10 a 1,50
Lojas de subsolo	0,80 a 1,20
Sobrados em prédios antigos; uma escada (1º)	0,30 a 0,40
Idem; dois lances (2º)	0,20 a 0,30
Depósitos, armazéns e garagens	0,30 a 0,50

Nota: os fatores adotados devem acatar os intervalos previstos na NBR 14653.

1.3.4 Fator de fonte F_f

Para elementos amostrais em *oferta*, em que a euforia do vendedor ou corretor admite uma contraproposta, utiliza-se o fator de fonte (F_f), também chamado de *fator de oferta* ou *fator de euforia*. Esse fator deve estar situado na faixa de 0,80 a 1,00, apresentando este último valor, obviamente, quando transacionado ou a negociação por valor abaixo do oferecido não for aceita em hipótese alguma pelo vendedor.

Há que se apreciar ainda o caso em que a oferta é feita em valores a prazo, isto é, admitindo-se uma entrada e parcelas num período de n meses. Para se obter o V_v (valor à vista), utiliza-se a fórmula da matemática financeira:

$$V_v = \left\{ e + \frac{s}{n}\left[\frac{(1+i)^n - 1}{i(1+i)^n} \right] \right\} \cdot P$$

em que:

V_v = valor à vista;

e = entrada (em percentagem), pagamento à vista;

s = saldo devedor (em percentagem);

n = período (meses);

i = taxa representada pelos juros legais (1% a.m.) + correção monetária prevista no período considerado;

P = valor pago ao fim de n meses.

Nessa fórmula, o fator intracolchetes é conhecido como FVA (fator de valor atual) de uma série uniforme.

Suponhamos, dessa maneira, que nos seja apresentado um imóvel em oferta por R$ 90.000,00 (noventa mil reais), uma sala comercial com 32,00 m², por exemplo, para ser pago em 36 meses com entrada de 30% (R$ 27.000,00) e o saldo restante (70% = R$ 63.000,00) a ser pago no período considerado em prestações iguais e sucessivas. Supõem-se uma taxa mensal inflacionária de 0,8% e uma taxa cobrada pelo órgão financeiro de 10,17%, totalizando 11% ao mês, em números inteiros. Qual seria o valor à vista?

Ingressa-se na fórmula anterior com os valores:

$e = 0,30$;

$s = 0,70$;

$n = 36$;

$i = 10,17\% + 0,8\% = 0,11$;

$P = R\$ 90.000,00$.

$$V_V = \left\{ 0,30 + \frac{0,70}{36} \times \left[\frac{(1+0,11)^{36} - 1}{0,11 \times (1+0,11)^{36}} \right] \right\} \times R\$ 90.000,00$$

$$V_V = \left[0,30 + \frac{0,70}{36} \times 8,8785944 \right] \times R\$ 90.000,00$$

$$V_V = [0,30 + 0,17263933] \times R\$ 90.000,00$$

$$V_V = 0,47263933 \times R\$ 90.000,00$$

$$V_v = R\$ 42.537,00$$

Assim, o valor à vista do imóvel seria R$ 42.537,00, traduzindo R$ 1.329,00/m².

Exemplo 1.1
LAUDO DE AVALIAÇÃO

Imóvel: Rua da Quitanda nº 20, grupo 306 – Centro, Rio de Janeiro, RJ

Mês de referência: dezembro de 2021

Perito avaliador: Eng. Sérgio Antonio Abunahman (in memoriam)

CREA nº 1.445-D/RJ

Tel.: (021) 2620-7142

Objetivo

O presente laudo tem por objetivo determinar o *justo valor de mercado* do imóvel designado como grupo 306 do prédio situado na Rua da Quitanda nº 20, esquina da Rua da Assembleia, Centro, Rio de Janeiro, RJ.

O trabalho é referido a dezembro de 2021 e foi elaborado por solicitação de Cleber Miranda Cardoso.

Valor final encontrado

$V_i = R\$ 650.000,00$ (seiscentos e cinquenta mil reais)

Metodologia

Considerações gerais sobre a técnica de avaliações

Objetivando facilitar a compreensão da técnica de avaliações, esclareceremos, a seguir, alguns conceitos e definições pertinentes à matéria.

A melhor técnica de avaliação baseia-se na experiência do avaliador, mas há regras científicas que o avaliador não pode dispensar. A avaliação de imóveis baseia-se em fatos e acontecimentos que influenciam o resultado final do valor do imóvel a cada momento, e convém, sempre que possível, não nos atermos a um único aspecto da questão, e sim considerarmos simultaneamente os fatores "custo" e "utilidade", em especial este último, porque todo valor decorre da utilidade.

Stanley L. McMichael, em seu *Tratado de Transación*, afirma:

> Os avaliadores de propriedades imobiliárias não têm o dom da profecia e será útil recorrer-se a eles para que estimem o valor puramente especulativo da propriedade, muito embora seja frequente desejar o proprietário precisamente este tipo de informações, especialmente quando se tem em vista uma transação.

Valor, custo e preço

As palavras *valor*, *custo* e *preço* têm significados distintos. *Preço* é a quantia paga pelo comprador ao vendedor; já o *custo* é o preço pago mais todas as outras despesas em que incorre o comprador na aquisição da propriedade.

O custo de uma propriedade não é necessariamente igual ao seu valor, embora o custo seja uma prova de valor; por outro lado, na investigação do valor de uma propriedade, procura-se conhecer tanto o custo original quanto o custo de reprodução.

A palavra *valor* tem muitos sentidos e diversos elementos modificadores. As definições a seguir mostram os sentidos mais usuais do termo em Engenharia de Avaliações:

- *Valor de mercado*: é aquele encontrado por um vendedor desejoso de vender, mas não forçado, e um comprador desejoso de comprar, mas também não forçado, tendo ambos pleno conhecimento das condições de compra e venda e da utilidade da propriedade.
- *Valor de reposição*: é aquele valor da propriedade determinado com base no quanto ela custaria (normalmente conforme os preços correntes do mercado) para ser substituída por outra igualmente satisfatória.
- *Valor rentábil*: é o valor atual das receitas líquidas prováveis e futuras, segundo prognóstico feito com base nas receitas e despesas recentes e nas tendências dos negócios.

A Suprema Corte da Califórnia, nos Estados Unidos, assim definiu o valor venal:

> VALOR VENAL ou de mercado é o maior preço em dinheiro que produziria a terra se fosse posta à venda no mercado, por tempo razoável, para encontrar comprador que adquirisse, com pleno conhecimento de todos os usos e finalidades a que se adapta e a que pode ser submetida.

Técnica de avaliação

De acordo com a NBR 14653-2, na avaliação de imóveis urbanos serão utilizados os métodos diretos e/ou indiretos. Os métodos diretos classificam-se em:

a. método comparativo (comparação de vendas);
b. método de custo (custo de reprodução ou de soma).

Já os métodos indiretos classificam-se em:

a. método de capitalização ou comparação das rendas;
b. método residual ou de máximo aproveitamento eficiente (involutivo).

Em primeiro lugar, o avaliador terá que verificar o fim a que se destina o estudo – se é para alienação, hipoteca, taxação, inventário, desapropriação, reavaliação de ativo etc. –, pois poderão surgir valores diversos dependendo do enfoque do problema.

O objetivo da avaliação é encontrar a tendência central ou média ponderada do mercado, indicada por importantes ofertas e transações imobiliárias, e, para alcançar isso, o avaliador fica subordinado ao seguinte esquema de trabalho:

1. Procurar referências de vendas ou de rendas de propriedades comparáveis.
2. Atualizar os valores das propriedades considerando as diferentes épocas de transações.
3. Comparar as propriedades de referência com a propriedade que está sendo avaliada através do método mais adequado ao caso:
   a. comparação direta: reduzir ao mesmo denominador, ajustando as diferenças de tamanho, qualidade, localização, época de transação ou de oferta, estado de conservação etc.;
   b. comparação indireta: comparar as rendas e aplicar a taxa de capitalização à renda da propriedade sob avaliação.

4. Pesquisar a tendência central ou média ponderada dos resultados obtidos para finalmente chegar ao valor.

Método comparativo de vendas ou ofertas

Esse método, também chamado de método comparativo direto de dados de mercado, é uma técnica na qual a estimativa do valor de mercado é obtida sobre preços pagos em transações imobiliárias, sendo, assim, um processo de correlação de valores de propriedades vendidas.

A segurança dessa técnica depende:

- do grau de comparabilidade de cada propriedade com aquela sob avaliação;
- da época ou data da venda ou oferta;
- da verificação das condições de venda;
- da ausência de condições fora do comum que possam afetar a transação.

Ressalvas e princípios

O presente Laudo de Avaliação obedeceu aos seguintes princípios:

a. o laudo apresenta todas as condições limitativas impostas pela metodologia empregada, que afetam as análises, opiniões e suas conclusões;

b. para a propriedade em estudo, foi empregado o método mais recomendado, com cuidadosa pesquisa de valores de mercado e devida compatibilização e homogeneização;

c. o signatário inspecionou pessoalmente a propriedade avaliada e os elementos amostrais, e o laudo foi elaborado por si e ninguém, a não ser o próprio avaliador, preparou as análises e as respectivas conclusões;

d. o laudo foi elaborado com estrita observância dos postulados constantes do Código de Ética Profissional;

e. os honorários profissionais do avaliador não estão, de qualquer forma, subordinados às conclusões deste laudo;

f. o avaliador não tem nenhuma inclinação pessoal em relação à matéria envolvida neste laudo no presente, nem contempla, para o futuro, qualquer interesse nos bens objeto desta avaliação;

g. a titulação do imóvel não foi examinada, sendo considerada perfeita e livre de quaisquer ônus ou gravame.

Cálculos avaliatórios

Do logradouro/do imóvel

O logradouro onde se situa o imóvel avaliando, a Rua da Quitanda, é uma das principais vias da área central do Rio de Janeiro, iniciando-se na Rua São José e finalizando-se na bifurcação das Ruas Conselheiro Saraiva e São Bento. É dotado de toda uma infraestrutura urbana, pavimentado em alguns trechos e com *rua de pedestres* em outros, e servido por coletivos que passam por logradouros próximos, além de estações de Metrô.

A sala/grupo avaliando situa-se no edifício Ferreira Neves, prédio comercial concluído em 1942, composto de duas lojas no térreo e oito pavimentos-tipo, sendo servido por três elevadores da época, ainda dotados de portas pantográficas. A portaria não apresenta nenhum requinte; pelo contrário, contrasta com os modernos edifícios do centro da cidade, que primam pela apresentação dos seus acessos. O prédio situa-se na esquina da Rua da Assembleia, o que lhe imprime privilegiado *status* de localização, mormente no que tange às lojas do térreo.

O imóvel em tela passou por reforma considerável: a confecção de dois novos banheiros, a colocação de pisos e a pintura nas paredes. O fato de o conjunto da edificação não dispor do mesmo acabamento da sala/grupo faz com que o *fator de equivalência* a ser adotado não tenha a magnitude que teria se fossem semelhantes os respectivos acabamentos.

O imóvel assim se descreve *per se*:

> Conjunto composto de antessala, circulação e três salas com pisos recobertos com tapetes destinadas aos advogados e engenheiros do escritório da Empresa Miranda Cardoso Consultores Associados, ali instalada, além de dois sanitários e uma copa, com piso em cerâmica e paredes revestidas de azulejos de cor até o teto. As esquadrias são de madeira e vidro liso de 3 mm.

Sua área privativa é de 130,00 m², e o imóvel apresenta-se em muito bom estado de conservação e asseio imprimidos pelos ocupantes.

Feita a descrição sintética do grupo avaliando e do respectivo prédio, vistos nas fotos anexas (*) ao laudo, prossegue-se à avaliação.

(*) Fotos do imóvel (externas e internas) obrigatoriamente devem ser inseridas no Laudo de Avaliação, anexas ou no corpo do laudo.

Avaliação do imóvel

Cálculo do valor de mercado pela comparação

O Perito realizou exaustiva pesquisa na região de influência do imóvel avaliando, ou seja, na área central da cidade do Rio de Janeiro, verificou ofertas de venda e/ou vendas efetuadas, tratadas pelas estatísticas clássica e inferencial, e procedeu às homogeneizações adequadas para o grupo avaliando. Esse passa a ser o parâmetro de referência em torno do qual as homogeneizações serão feitas.

Tratamento por fatores

Os fatores de homogeneização utilizados são:

1. Fator de fonte (de oferta ou de euforia) – F_f

É tomado entre 0,80 e 0,90 para imóveis em oferta de venda, considerando-se o desejo de vender e a negociação a ser realizada. Para negociações realizadas, $F_f = 1$.

2. Fator de transposição (de localização) – F_t

É tomado como igual à unidade para imóveis situados em áreas com a mesma força comercial e nobreza daquela do imóvel avaliando, inferior à unidade quando a amostra se localizar em áreas mais valorizadas que a do imóvel avaliando, e superior à unidade quando ocorrer o inverso. No Rio de Janeiro, acatando a NBR 14653, os peritos têm por costume adotar como fator de transposição o quociente entre os I_F (índices fiscais) fornecidos pela Prefeitura para taxação nos diversos logradouros, já que se considera que a taxação é maior quanto mais nobre for o logradouro.

No caso presente, os I_F utilizados, fornecidos pela municipalidade em R$ (reais), foram, conforme tipologia do imóvel avaliando, os V_{sc} (valor unitário padrão sala comercial: imóveis com tipologia "sala") dispostos na Tab. 1.2.

3. Fator de área – F_a

É representado pela expressão empírica:

$$F_a = (\text{área do elemento pesquisado/área do imóvel avaliando})^n$$

em que:

$n = 0,250 \Rightarrow$ quando a diferença entre as áreas dos elementos for inferior a 30%;

$n = 0,125 \Rightarrow$ quando a diferença entre as áreas dos elementos for superior a 30%.

Lembrando que a área privativa do imóvel avaliando é igual a 130,00 m². As áreas dos imóveis amostrais são também as privativas, obviamente.

4. Fator de equivalência F_e

É tomado como igual à unidade para imóveis com as mesmas características do avaliando, inferior à unidade quando o elemento apresentar padrão superior ao do avaliando e superior à unidade quando o elemento amostral referenciar-se a padrão inferior ao do avaliando, conforme definição anterior.

Tab. 1.2 Índices de V_{sc} obtidos na planta genérica de valores do município

Logradouro/número	V_{sc}
Rua da Quitanda, 20	3.324,63
Rua da Quitanda, 90	3.173,54
Rua da Quitanda, 175	2.343,30
Rua Uruguaiana, 24 e 39	3.324,63
Avenida Nilo Peçanha, 50	3.324,63
Rua da Assembleia, 61 e 131	3.418,48
Rua do Ouvidor, 121	3.173,54
Rua São José, 70	3.173,54
Rua do Carmo, 6	3.173,54
Travessa do Paço, 23	2.343,30
Rua Sete de Setembro, 60 e 93	3.173,54
Rua Sete de Setembro, 140	2.469,89
Avenida Rio Branco, 135 e 143	3.891,72
Avenida Rio Branco, 156	2.934,44

Nota: os índices podem variar de acordo com o trecho do logradouro.

Assim, a pesquisa revelou os seguintes valores, que serão devidamente homogeneizados para o imóvel avaliando, consoante a Tab. 1.3:

1. Avenida Nilo Peçanha n° 50 – 14° andar
   Área: 123,00 m²
   Oferta: R$ 600.000,00
   Preço/m²: R$ 4.878,05
   Informante: Dr. Paulo Gustavo Medeiros Carvalho (proprietário)
   Tel.: (21) xxx-xxx-xxx
2. Avenida Nilo Peçanha n° 50 – 18° andar
   Área: 150,00 m² (conjunto de três salas com três WCs e copa)
   Oferta: R$ 750.000,00
   Preço/m²: R$ 5.000,00
   Informante: Eng. Salvador José Bailuni (proprietário)
   Tel.: (21) xxx-xxx-xxx
3. Avenida Nilo Peçanha n° 50 – 2° andar
   Área: 154,00 m²
   Oferta: R$ 760.000,00
   Preço/m²: R$ 4.935,06
   Informante: Corretor Dr. Carlos Alberto dos Santos Lopes
   Tel.: (21) xxx-xxx-xxx

4. Avenida Rio Branco nº 135 – 6º andar
   Área: 196,00 m²
   Oferta: R$ 1.000.000,00
   Preço/m²: R$ 5.102,04
   Informante: Eng. André Luís Siqueira Farias
   Tel.: (21) xxx-xxx-xxx

5. Avenida Rio Branco nº 143 – 4º andar
   Área: 236,00 m²
   Oferta: R$ 1.200.000,00
   Preço/m²: R$ 5.084,75
   Informante: Dr. Astor Nina de Carvalho Jr. (procurador do proprietário)
   Tel.: (21) xxx-xxx-xxx

6. Avenida Rio Branco nº 156 – 31º andar
   Área: 160,00 m²
   Venda efetivada em agosto de 2021: R$ 900.000,00
   Preço/m²: R$ 5.625,00
   Informante: Corretor Edevaldo Botelho da Piedade
   Tel.: (21) xxx-xxx-xxx

7. Rua da Assembleia nº 131
   Área: 90,00 m²
   Oferta: R$ 660.000,00
   Preço/m²: R$ 7.333,33
   Informante: Dr.ª Maria dos Anjos Ramos (proprietária)
   Tel.: (21) xxx-xxx-xxx

8. Rua da Assembleia nº 61 – 4º andar
   Área: 130,00 m²
   Oferta: R$ 800.000,00
   Preço/m²: R$ 6.153,85
   Informante: Dr. Luiz Mário Sarmento Brandão (Brandão Corretora)
   Tel.: (21) xxx-xxx-xxx

9. Rua da Quitanda nº 175 – 3º andar
   Área: 139,00 m²
   Venda efetivada em novembro de 2021: R$ 650.000,00
   Preço/m²: R$ 4.676,26
   Informante: Corretor Dr. Andre Felipe Medeiros Carvalho
   Tel.: (21) xxx-xxx-xxx

10. Rua da Quitanda nº 90 – 1º andar
    Área: 117,00 m²
    Oferta: R$ 580.000,00

Preço/m²: R$ 4.957,26
Informante: Corretor Dr. Luciano Bezerra de Menezes Costa (CRECI nº xxx)
Tel.: (21) xxx-xxx-xxx

11. Rua do Carmo nº 6 – 11º andar
Área: 240,00 m²
Oferta: R$ 1.000.000,00
Preço/m²: R$ 4.166,67
Informante: Dr. José Eduardo Xavier Fonseca (proprietário)
Tel.: (21) xxx-xxx-xxx

12. Rua do Carmo nº 6 – 7º andar
Área: 210,00 m²
Oferta: R$ 1.000.000,00
Preço/m²: R$ 4.761,90
Informante: Dr.ª Heloisa Luz Cargnin (proprietária)
Tel.: (21) xxx-xxx-xxx

13. Rua do Ouvidor nº 121 – 8º andar
Área: 250,00 m²
Oferta: R$ 1.200.000,00
Preço/m²: R$ 4.800,00
Informante: Dr. José Maurício Helayel Ismael (proprietário)
Tel.: (21) xxx-xxx-xxx

14. Rua Sete de Setembro nº 140
Área: 200,00 m²
Oferta: R$ 1.000.000,00
Preço/m²: R$ 5.000,00
Informante: Eng.ª Alessandra Rodrigues de Viterbo (proprietária)
Tel.: (21) xxx-xxx-xxx

15. Rua Sete de Setembro nº 60 – 4º andar
Área: 220,00 m²
Oferta: R$ 1.500.000,00
Preço/m²: R$ 6.818,18
Informante: Corretor Dr. Paulo Cesar C. Fonseca (Chiarelli Adm. de Bens Imóveis SC Ltda.)
Tel.: (21) xxx-xxx-xxx

16. Rua Sete de Setembro nº 93
Área: 120,00 m²
Oferta: R$ 780.000,00
Preço/m²: R$ 6.500,00

Informante: Eng.ª Elenice Silveira Xavier (Perita Judicial)

Tel.: (21) xxx-xxx-xxx

17. Rua São José nº 70 – 12º andar

Área: 154,00 m²

Oferta: R$ 900.000,00

Preço/m²: R$ 5.844,16

Informante: Dr.ª Camilla de Viterbo (proprietária)

Tel.: (21) xxx-xxx-xxx

18. Rua Uruguaiana nº 24

Área: 70,00 m²

Oferta: R$ 500.000,00

Preço/m²: R$ 7.142,86

Informante: Corretor Artur José Silva Fernandes (Fernandes & Fernandes Imob. Ltda.)

Tel.: (21) xxx-xxx-xxx

19. Rua Uruguaiana nº 39 – 10º andar

Área: 150,00 m²

Oferta: R$ 1.200.000,00

Preço/m²: R$ 8.000,00

Informante: Sr.ª Martha Thompson (proprietária)

Tel.: (21) xxx-xxx-xxx

20. Travessa do Paço nº 23 – 5º andar

Área: 72,00 m²

Venda efetivada em novembro de 2021: R$ 500.000,00

Preço/m²: R$ 6.944,44

Informante: Dr. Bruno Bailuni Cavalheiro (proprietário)

Tel.: (21) xxx-xxx-xxx

A homogeneização traduz que todos os imóveis amostrais se transformam no avaliando, quer em área, acabamento ou situação, segundo o quadro matriz disposto na Tab. 1.3.

Tab. 1.3 Quadro de homogeneização

Elementos (X_i)	Dados iniciais	Matriz dos fatores				Dados finais
	(R$)	F_f	F_e	F_a	F_t	(R$)
X_1	4.878,05	0,90	0,85	0,9863	1,0000	3.680,43
X_2	5.000,00	0,90	0,85	1,0364	1,0000	3.964,32

Tab. 1.3 (continuação)

Elementos (X_i)	Dados iniciais	Matriz dos fatores				Dados finais
X_3	4.935,06	0,90	0,85	1,0433	1,0000	3.938,66
X_4	5.102,04	0,90	0,85	1,0527	0,8543	3.509,91
X_5	5.084,75	0,90	1,00	1,0774	0,8543	4.211,96
X_6	5.625,00	1,00	1,00	1,0533	1,1330	6.712,51
X_7	7.333,33	0,90	1,00	0,9551	0,9725	6.130,44
X_8	6.153,85	0,90	1,20	1,0000	0,9725	6.463,69
X_9	4.676,26	1,00	1,00	1,0169	1,4188	6.746,55
X_{10}	4.957,26	0,90	1,00	0,9740	1,0476	4.552,44
X_{11}	4.166,67	0,90	0,85	1,0797	1,0476	3.605,23
X_{12}	4.761,90	0,90	1,00	1,0618	1,0476	4.767,13
X_{13}	4.800,00	0,90	0,85	1,0852	1,0476	4.174,47
X_{14}	5.000,00	0,90	0,85	1,0553	1,3461	5.433,54
X_{15}	6.818,18	0,90	0,85	1,0680	1,0476	5.835,65
X_{16}	6.500,00	0,90	0,85	0,9802	1,0476	5.106,03
X_{17}	5.844,16	0,90	0,85	1,0433	1,0476	4.886,26
X_{18}	7.142,86	0,90	0,85	0,9255	1,0000	5.057,41
X_{19}	8.000,00	0,90	0,85	1,0364	1,0000	6.342,91
X_{20}	6.944,44	1,00	1,00	0,9288	1,4188	9.151,17

Notas:
1) Os fatores, assim como o produto de fatores de um mesmo elemento, devem obedecer aos parâmetros definidos pela norma vigente NBR 14653-2. Da mesma forma, os fatores próximos aos extremos do intervalo 0,50-2,00 devem ser encarados com reservas, pois podem traduzir que os elementos amostrais não apresentam semelhança ao imóvel avaliando relacionado a tal fator.
2) Outros fatores, após análise realizada no imóvel avaliando pelo avaliador, podem ser considerados.

Assim, tem-se formado o rol definitivo de valores homogeneizados, disposto na Tab. 1.4.

A média aritmética X dos 20 elementos amostrais é de R$ 5.213,54/m².

O desvio padrão (S – *standard deviation*) é dado pela fórmula:

$$S = \sqrt{\frac{\sum\left(X_i - \overline{X}\right)^2}{n-1}}$$

$$S = 1.416,15/m^2$$

Tab. 1.4 Tabela de valores unitários homogeneizados

X_1	3.680,43
X_2	3.964,32
X_3	3.938,66
X_4	3.509,91
X_5	4.211,96
X_6	6.712,51
X_7	6.130,44
X_8	6.463,69
X_9	6.746,55
X_{10}	4.552,44
X_{11}	3.605,23
X_{12}	4.767,13
X_{13}	4.174,47
X_{14}	5.433,54
X_{15}	5.835,65
X_{16}	5.106,03
X_{17}	4.886,26
X_{18}	5.057,41
X_{19}	6.342,91
X_{20}	9.151,17

Tab. 1.5 Critério de Chauvenet – (d/S) crítico

n	d/S	n	d/S	n	d/S
5	1,65	20	2,24	5×10^3	3,89
6	1,73	22	2,28	5×10^4	4,42
7	1,80	24	2,31	5×10^5	4,89
8	1,86	26	2,35	5×10^6	5,33
9	1,92	30	2,39	5×10^7	5,73
10	1,96	40	2,50		
12	2,03	50	2,58		
14	2,10	100	2,80		
16	2,16	200	3,02		
18	2,20	500	3,29		

a) **Verificação da pertinência do rol pelo critério excludente de Chauvenet**

Por esse critério, o elemento será pertinente se o quociente do seu desvio (que é a diferença em valor absoluto entre o valor do elemento amostral e a média) pelo desvio padrão for inferior ao número crítico de Chauvenet tabelado (vide Tab. 1.5).

Elementos extremos: X_4 = R$ 3.509,91/m² e X_{20} = R$ 9.151,17/m².

Valor crítico para 20 elementos: 2,24 – ver Tab. 1.5.

$d_{20}/S = |9.151,17 - 5.213,54| \div 1.416,15$ = 2,78 > 2,24 → o elemento é impertinente e será excluído

$d_4/S = |5.213,54 - 3.509,91| \div 1.416,15 = 1,20 < 2,24$ → o elemento permanece

Como o elemento amostral X_{20} foi excluído do rol, teremos um novo rol com 19 elementos amostrais, e um novo estudo será feito, calculando-se nova média e novo desvio padrão, os quais, para 19 elementos amostrais, serão respectivamente:

$\overline{X}$ = R$ 5.006,29/m²

S = 1.100,07/m²

Elementos extremos: X_4 = R$ 3.509,91/m² e X_9 = R$ 6.746,55/m².

O valor crítico de Chauvenet para 19 elementos amostrais é 2,22 (interpolado). A análise mostra que o quociente do desvio padrão pela diferença (em módulo) do elemento amostral nº 4 (R$ 3.509,91/m²) e a média (R$ 5.006,29/m²) é de 1,36 (inferior a 2,22), o que demonstra que esse elemento é pertinente. O mesmo ocorre com o elemento nº 9, cuja relação d_9/S é de 1,58.

Assim, como os elementos amostrais limites são pertinentes, os demais também o serão, e o rol de 19 elementos é compatível e definitivo.

No presente estudo, será utilizada a Teoria Estatística das Pequenas Amostras ($n < 30$) com a distribuição t de Student (Tabela A.6), para n elementos e ($n - 1$) graus de liberdade, com confiança de 80%.

b) Limites de confiança

Os limites de confiança são definidos pelo modelo a seguir:

$$X_{\substack{máx \\ mín}} = \overline{X} \pm t_c \times \frac{S}{\sqrt{n-1}}$$

em que t_c = valores percentis para distribuição t de Student, com n (19) amostras, $n - 1$ (18) graus de liberdade e confiança de 80% (tabelado) = 1,33.

Substituindo no modelo, tem-se:

$$X_{\substack{máx \\ mín}} = 5.006,29 \pm 1,33 \times \frac{1.100,07}{\sqrt{18}}$$

Efetuando as operações, chega-se a:

$$X_{máx} = R\$ 5.351,12/m^2$$
$$X_{mín} = R\$ 4.661,47/m^2$$

c) Determinação da amplitude do intervalo e sua divisão em classes

A amplitude A do intervalo é: $X_{máx} - X_{mín}$ = 5.351,12 – 4.661,47 = 689,65. Dividiremos a amplitude por 3 para se obter três classes, a saber:

$$A \div 3 = 689,65 \div 3 = 229,88$$

Agora, efetua-se a divisão em classes para determinação do valor de decisão:

- 1ª classe: 4.661,47..............................4.891,35 (4.661,47 + 229,88)
  Nesse intervalo, há dois elementos (4.767,13 e 4.886,26) ⇒ peso 2.

- 2ª classe: 4.891,35...............................5.121,23
  Nesse intervalo, há dois elementos (5.057,41 e 5.106,03) ⇒ peso 2.

- 3ª classe: 5.121,23...............................5.351,12
  Não há elementos nesse intervalo ⇒ peso zero.

Soma dos pesos (S_p): $2 + 2 + 2 + 2 + 0 = 8$

Soma dos valores ponderados (S_v):

$(2 \times 4.767,13) + (2 \times 4.886,26) + (2 \times 5.057,41) + (2 \times 5.106,03) = 39.633,66$.

O valor unitário de decisão pertencerá à classe que contiver maior número de elementos e será igual ao quociente da soma dos valores ponderados (S_v) pela soma dos pesos (S_p). Dessa forma, tem-se:

Tomada de decisão: $S_v \div S_p = 39.633,66 \div 8 = R\$ 4.954,21/m^2$

Assim, para o imóvel avaliando, sendo o valor unitário de R\$ 4.954,21/m², verifica-se:

$$V_{i(clássica)} = R\$ 4.954,21/m^2 \times 130,00 \ m^2 = R\$ 644.047,05$$

ou, em números redondos,

$$V_i = R\$ 650.000,00 \ (seiscentos \ e \ cinquenta \ mil \ reais)$$

Metodologia estatística inferencial (tratamento científico ou regressão múltipla)

Critério adotado

O critério adotado foi o método comparativo de dados de mercado, com os elementos de pesquisa tratados pelo tratamento científico, como estabelecido no item 8.2.1.4.3 da NBR 14653, que consiste na dedução de expressão algébrica que traduza a formação de preço no local, ou seja, o valor de mercado será descrito por meio de um modelo matemático.

Os dados obtidos na pesquisa imobiliária foram introduzidos no *software* Infer 32 para Engenharia de Avaliações.

No caso da aplicação do tratamento científico, para evitar a micronumerosidade, o número de elementos amostrais deve ser, no mínimo, 12 para obtenção de grau II de fundamentação, visto ser importante o uso de pelo menos duas variáveis independentes. Conforme a tabela I do item 9.2.1 da NBR 14653-2, o número de elementos amostrais para obtenção do grau II de fundamentação está regido pela fórmula $4(k + 1)$, em que k é o numero de variáveis independentes. Portanto, no uso de duas variáveis independentes, o número mínimo de elementos será 12.

As variáveis independentes podem ser numéricas, dicotômicas e qualitativas, estas também denominadas códigos alocados. Conforme o anexo A da NBR 14653-2, as variáveis qualitativas, ou códigos alocados, devem ser explicitadas, evitando a extrapolação.

No presente exemplo, serão utilizadas duas variáveis numéricas: área e índice fiscal de localização.

Parâmetros para o modelo

Em face das condições dos elementos comparativos, definiu-se como variável dependente o *valor unitário*, que é o quociente do valor do imóvel pela área do elemento, expresso em R\$/m², em função das variáveis independentes numéricas área (em m²) e F_t (fator transposição/localização por meio do índice fiscal).

Elementos considerados na avaliação

Os elementos 1, 7, 10, 15 e 19 devem ser eliminados porque estão gerando *outliers* e autocorrelação e, portanto, interferem diretamente no valor. Eliminando esses cinco elementos, a pesquisa se mantém com 15 (Tab. 1.6), atendendo à exigência da fórmula para obtenção do grau II de fundamentação.

Tab. 1.6   Quadro de homogeneização

Número da amostra	Va	VI	VU
«1»	123,00	3.324,63	4.878,05
2	150,00	3.324,63	5.000,00
3	154,00	3.324,63	4.935,06
4	196,00	3.891,72	5.102,04
5	236,00	3.891,72	5.084,75
6	160,00	2.934,44	5.625,00
«7»	90,00	3.418,48	7.333,33
8	130,00	3.418,48	6.153,85
9	139,00	2.343,30	4.676,26
«10»	117,00	3.173,54	4.957,26
11	240,00	3.173,54	4.166,67
12	210,00	3.173,54	4.761,90
13	250,00	3.173,54	4.800,00
14	200,00	2.469,89	5.000,00
«15»	220,00	3.173,54	6.818,18
16	120,00	3.173,54	6.500,00
17	154,00	3.173,54	5.844,16
18	70,00	3.324,63	7.142,86
«19»	150,00	3.324,63	8.000,00
20	72,00	2.343,30	6.944,44

Nota: amostragens marcadas entre «» não serão usadas nos cálculos.

Relatórios e gráficos

Processados os cálculos, são apresentados nas Figs. 1.1 a 1.6 os gráficos obtidos pelo programa Infer 32.

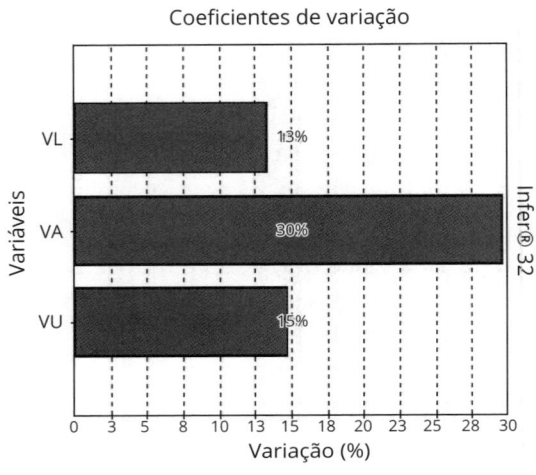

Fig. 1.1 *Distribuição das variáveis não transformadas*

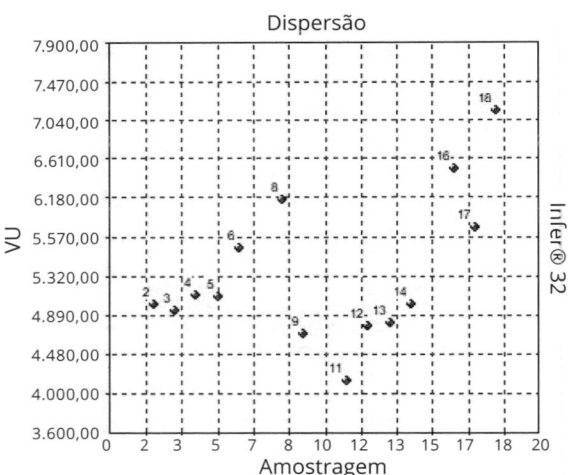

Fig. 1.2 *Dispersão dos elementos*

Uma melhor adequação dos pontos à reta significa um melhor ajuste do modelo.

Correlação do modelo

Coeficiente de correlação (r)	0,8902
Valor t calculado	6,771
Valor t tabelado (t crítico)	2,179 (para o nível de significância de 5,00%)
Coeficiente de determinação (r²)	0,7925
Coeficiente r² ajustado	0,7580

Classificação: correlação forte.

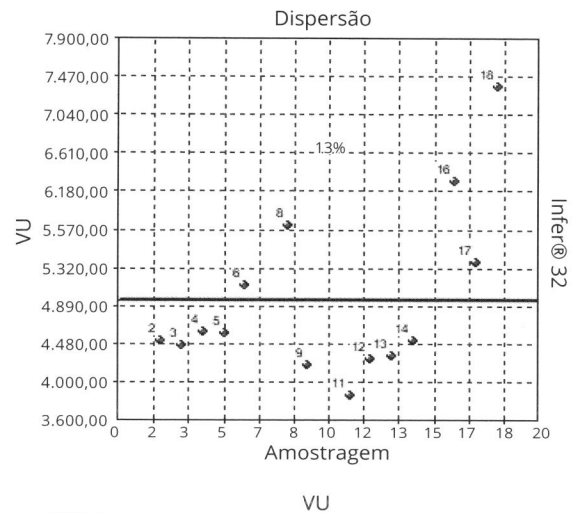

Fig. 1.3 *Dispersão em torno da média*

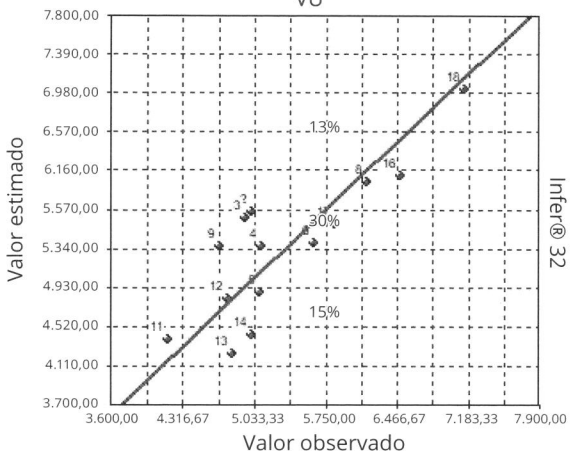

Fig. 1.4 *Valores estimados × valores observados*

Análise da variância

Fonte de erro	Soma dos quadrados	Graus de liberdade	Quadrados médios	F calculado
Regressão	8,6777 × 106	2	4,3388 × 10^6	22,92
Residual	2,2715 × 106	12	1,8929 × 10^5	
Total	1,0949 × 107	14	7,8208 × 10^5	

F calculado: 22,92

F tabelado: 5,516 (para o nível de significância de 2,000%)

Significância do modelo igual a $8,0 \times 10^{-3}$%

Aceita-se a hipótese de existência da regressão.

O nível de significância se enquadra em Regressão Grau II, de acordo com a NBR 14653-2 (ABNT, 2011).

Significância dos regressores (bicaudal)
(Teste bicaudal – significância 20,00%)
Coeficiente t de Student: t(crítico) = 1,3562

Variável	Coeficiente	t calculado	Significância	Aceito
Va	b1	7,109	$1,2 \times 10^{-3}$%	Sim
Vl	b2	–1,586	14%	Sim

As amostragens cujos resíduos mais se desviam da reta de referência influem significativamente nos valores estimados.

Presença de outliers
Critério de identificação de *outlier*: intervalo de +/– 2,00 desvios padrões em torno da média.

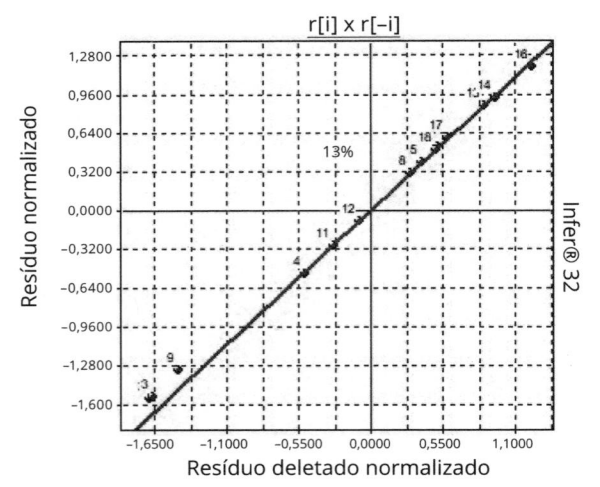

Fig. 1.5 *Resíduos deletados normalizados*

Nenhuma amostragem foi encontrada fora do intervalo. Não existem *outliers*.

Análise de regressão
A partir dos cálculos e resultados encontrados no programa Infer 32, têm-se:
- *Modelo estimado*:
  $$[VU] = 4.759,8 + 260.231/[Va] - 3.454.762/[Vl]$$
- *Coeficientes*: 89,02% da formação do valor é plenamente explicada pelo modelo com correlação, conceituada como forte.

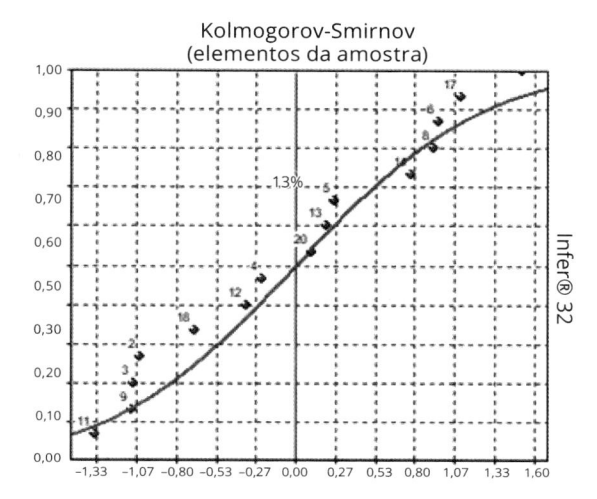

Fig. 1.6 *Gráfico de Kolmogorov-Smirnov*

- *Significância do modelo*: ao nível de significância de 5%, rejeita-se a hipótese de não haver regressão, ou seja, a probabilidade de que a equação seja interpretativa do fenômeno investigado é superior a 95%.
- *Resíduos*: constatada a inexistência de *outliers*, sendo o valor absoluto normalizado sempre inferior a 2,00 desvios padrão.

Ao nível de 20%, aceita-se a hipótese de que os resíduos sigam a distribuição normal, haja vista o resultado de teste de Kolmogorov-Smirnov.

Procedidas as demais verificações de multicolinearidade, heterocedasticidade e normalidade, o modelo proposto foi considerado satisfatório.

Para o imóvel avaliando, têm-se:

$$A_{útil} = 130,00 \text{ m}^2;$$
$$F_t = R\$ 3.324,63.$$

Substituindo os valores na expressão, resulta-se em:

$$[VU] = 4.759,8 + 260.231/[Va] - 3.454.762/[Vl]$$

$$V_U = R\$ 5.722,43/\text{m}^2$$

Considerando a elasticidade das ofertas, será aplicado o fator de fonte (F_f) de valor 0,90:

$$V_i = 5.722,43 \times 0,90 = R\$ 5.150,19/\text{m}^2$$

Assim, para o imóvel avaliando, sendo o valor unitário de R\$ 5.150,19/m², tem-se:

$$V_{i \text{ (inferencial)}} = R\$ 5.150,19/m^2 \times 130,00\ m^2 = R\$ 669.524,70$$

ou, em números redondos,

$$V_i = R\$ 670.000,00 \text{ (seiscentos e setenta mil reais)}$$

Conclusão

Diante da compatibilidade entre os valores encontrados pelos diferentes métodos, o valor de imóvel adotado pelo perito avaliador signatário é o menor deles.

$$V_{i \text{ (clássica)}} = R\$ 650.000,00$$

$$V_{i \text{ (inferencial)}} = R\$ 670.000,00$$

$$V_{i \text{ (adotado)}} = R\$ 650.000,00$$

Assim, o justo valor de mercado do imóvel situado na Rua da Quitanda nº 20, grupo 306, Centro, Rio de Janeiro, dezembro de 2021, é de:

$$V = R\$ 650.000,00 \text{ (seiscentos e cinquenta mil reais)}$$

Encerramento

Damos por encerrado o presente laudo em xxx(xxxxx) folhas de papel formato A4 digitalizadas de um só lado e seguido de fotografias coloridas e enumeradas, acompanhadas das qualificações profissionais do avaliador.

Rio de Janeiro, 10 de dezembro de 2021

Eng. Sérgio Antonio Abunahman (in memoriam)
CREA nº 1.445-D/RJ

Avaliação de construções e depreciação

2

2.1 Avaliação de construções

Na avaliação de benfeitorias (construções), há que se conhecer o tipo de edificação existente no terreno, suas características arquitetônicas e de acabamento, a destinação (residências uni ou multifamiliar, lojas, escritórios, condomínios horizontais, construções de infraestrutura comum, proletárias, modestas ou luxuosas, armazéns, galpões, cinemas, clubes, escolas, garagens, hospitais, hotéis, supermercados, postos de serviço, restaurantes, enfim, todo tipo de edificação) etc.

Periódicos especializados, tal como o Sinduscon (Sindicato da Indústria da Construção Civil), publicam mensalmente os custos básicos de construção unitários para os diversos tipos de edificações e acabamentos; nessas publicações não são incluídos os custos indiretos e a infraestrutura comunitária do empreendimento.

Assim, basicamente, podemos classificar em dois os métodos para avaliação das construções urbanas: o método do custo de reposição e o método de custo de reprodução.

2.1.1 Método do custo de reposição

Este é o método de caráter mais detalhista, ou seja, exige do avaliador o conhecimento total da edificação (projeto, especificações, preços correntes de materiais e mão de obra especializada), sendo a estimativa feita item a item.

É, em síntese, um estudo físico-financeiro da edificação, representado por:

a. preço do material + custo da mão de obra = custo primário;

b. custo primário + despesas da obra = custo intrínseco da obra;

c. custo da obra + despesas gerais (administração geral, encargos fiscais e sociais, custo financeiro, lucro do incorporador) = custo de reposição;

d. custo de reposição + vantagem da coisa feita + corretagem = preço de venda (valor de mercado).

A *vantagem da coisa feita* é o acréscimo no valor de um determinado imóvel por sua vantagem de estar construído e pronto para ser utilizado, em relação a outro semelhante que ainda não foi construído.

A Tab. A.5 nos Anexos apresenta os percentuais de incremento para os diversos tipos de edificações, segundo o Eng. Joaquim da Rocha Medeiros Jr.

Para a utilização desse método, de caráter bem mais trabalhoso do que o segundo método estudado neste capítulo, utiliza-se a seguinte fórmula:

$$OF = \left[C_{(Sinduscon)} + \frac{OE + (OF_e - OF_d) + OI}{S} \right] \times (1+F) \times (1+A) \times (1+L)$$

em que:

OF = orçamento final;

$C_{(Sinduscon)}$ = custo do m² publicado pelo Sinduscon;

OE = orçamento de elevadores (0,10 a 0,14 de $C_{(Sinduscon)}$);

OFe = orçamento das fundações efetivamente usadas;

OFd = orçamento das fundações diretas (3% de $C_{(Sinduscon)}$);

OI = orçamento das instalações especiais;

F = taxa média do custo financeiro durante o período de obras (de 0,10 a 0,20 de $C_{(Sinduscon)}$);

A = taxa de administração da empresa (de 0,08 a 0,12 de $C_{(Sinduscon)}$);

L = taxa de lucro da empresa (0,15 de $C_{(Sinduscon)}$);

S = área total de construção, conforme critério da NBR 12721 (área equivalente).

Exemplo 2.1

Suponha-se um prédio residencial com dez pavimentos, padrão normal, com 6.500,00 m² de área construída conforme a NBR 12721 (área equivalente).

A referida norma é destinada à avaliação de custos unitários de construção para incorporação imobiliária e outras disposições para condomínios edilícios. Consta, em seu item 5.7, a seguinte definição para área equivalente:

> Área virtual cujo custo de construção é equivalente ao custo da respectiva área real, utilizada quando este custo é diferente do custo unitário básico da construção, adotado como referência. Pode ser, conforme o caso, maior ou menor que a área real correspondente. (Brasil, 2007).

O custo unitário do m² publicado pelo Sindicato da Indústria da Construção Civil do Município do Rio de Janeiro (Sinduscon-Rio) é de R$ 2.250,00/m², para dezembro de 2021. Os custos para elevadores são de R$ 1.000.000,00; para fundações, de R$ 1.200.000,00; e para instalações especiais, de R$ 372.000,00.

O prazo da obra é de 18 meses, e o prazo de empate do capital é de 12 meses, com juros de 18% ao ano.

Observa-se que os custos e taxas apresentados são hipotéticos, podendo variar em função da região e situação econômica do País.

Assim, têm-se:

$$F = 12 \times \frac{18}{12} = 18\% = 0,18$$

$$OF_d = 0,03 \times R\$\,2.250,00/m^2 \times 6.500\ m^2 = R\$\,67,50/m^2 \times 6.500\,m^2$$

$$OF_d = R\$\,438.750,00$$
$$A = 12\% = 0,12$$
$$L = 15\% = 0,15$$

Portanto,

$$OF = \left[2.250,00 + \frac{1.000.000,00 + (1.200.000,00 - 438.750,00) + 372.000,00}{6.500} \right]$$
$$\times (1+0,18) \times (1+0,12) \times (1+0,15)$$

$$OF = [2.250,00 + 328,19] \times 1,18 \times 1,12 \times 1,15$$

$$OF = 2.578,19 \times 1,18 \times 1,12 \times 1,15 = R\$\ 3.918,44/m^2$$

2.1.2 Método do custo de reprodução

Este é um método muito mais direto, expedito e, portanto, mais rápido. Nele o avaliador utiliza-se do preço básico unitário publicado em periódicos especializados, dando-lhe o acréscimo relativo aos custos indiretos. Adiciona-se ainda a esse somatório o fator de comercialização (F_c), para se obter o valor da benfeitoria como nova.

Estimada a idade do imóvel, esta é multiplicada pelo fator de obsolescência, o qual pode ser obtido pelos diversos métodos que serão vistos a seguir.

As despesas indiretas que oneram a construção podem ser classificadas como da ordem de 35% a 65%, em média, e estão itemizadas na Tab. 2.1.

Assim, tomando-se o custo unitário básico publicado pelo Sinduscon--Rio, referido a dezembro de 2021 para apartamento de dois quartos, prédio de oito pavimentos e padrão normal, tem-se como *coisa nova* o valor:

$$V = R\$\,2.250,00/m^2 \times 1,65 = R\$\ 3.712,50/m^2 \text{ (novo)}$$

O valor da edificação, no estado, é obtido multiplicando-se esse resultado pelo fator de obsolescência K_0 a seguir determinado.

Tab. 2.1 Percentuais médios relativos às despesas indiretas

Item	Percentual
Projeto detalhado e especificações (5% a 10%)	6%
Cópias, licença da obra, água, luz e força (1,5% a 3%)	2%
Administração local: mestre, apontador geral e engenheiro de obras (3% a 7%)	5%
Escritório: pessoal, material, despesas de locação ou amortização (4% a 8%)	5%
Eventuais, para atender omissões de orçamento e elevações de preços não previstas (mínimo)	5%
Administração central, lucro da firma construtora e custos financeiros, oscilando entre 10% e 25% conforme condições de serviço da administração e do mercado	12%
Total	35%/65%

2.2 Depreciação

A depreciação é a medida da deterioração de um bem, seja ele um imóvel, máquina ou equipamento de quaisquer naturezas. No caso particular de edificações, o uso aliado ao tempo provoca um desgaste natural do bem.

Não vamos entrar em um estudo profundo sobre depreciação de imóveis nem analisar as diferentes formas de cálculo dos coeficientes multiplicadores dos valores das benfeitorias como novas. Inúmeras são as teorias sobre o assunto, e, dentre elas, podem-se citar:

a. método da soma dos anos;

b. método do valor decrescente;

c. método da linha reta;

d. método da linha quebrada;

e. método da parábola de Kuentzle;

f. método de Ross;

g. critério de Heidecke;

h. critério de Ross-Heidecke (combinação dos métodos de Ross e de Heidecke);

i. método de G. B. dei Vegni-Neri.

Nos nossos trabalhos, iremos utilizar apenas os três últimos métodos, por sua praticidade.

O critério de Heidecke (Tab. A.2 dos Anexos), em função do estado de conservação, indica diretamente a depreciação.

O critério de Ross-Heidecke é mostrado na Tab. A.3 dos Anexos e apresenta em leitura direta o fator de obsolescência (K_0) considerando-se a idade em percentagem da duração (estima-se a duração máxima do bem) e os diversos estados de conservação, que variam de *novo* (0,00%) a *sem valor* (100%).

A fórmula do Engenheiro Guilherme Bomfim dei Vegni-Neri é apresentada a seguir:

$$K_0 = 1 - \frac{1-R}{Vp} \cdot D$$

em que:

K_0 = fator de obsolescência procurado;

R = valor residual (tabelado – ver Tab. A.4 dos Anexos);

D = idade física e/ou funcional da edificação;

V_p = vida provável do imóvel.

O Bureau of Internal Revenue tabelou, de forma prática, as vidas úteis de diversos tipos de edificações, que estão mostradas na Tab. 2.2.

Evidentemente, não há nem pode haver rigidez nesses números.

Seria possível avaliar o Palácio de Versalhes ou o Museu do Louvre, atribuindo-se a vida útil contida na Tab. 2.2? Esclareça-se que essas edificações estão incluídas nas *avaliações de obras de arte especiais* e não obedecem aos parâmetros por nós utilizados; além disso, nem se fala em obsolescência para esses monumentos históricos. A avaliação de imóveis de representatividade histórica está descrita na parte 7 da norma de avaliação NBR 14653, em que há um cálculo por meio de visitação nos referidos imóveis, denominado *método do custo de viagem.*

A sensibilidade do avaliador é o fator predominante na obtenção do coeficiente ou fator de obsolescência, e sempre deverá ser considerada a idade aparente, e não a idade real do imóvel, apesar de que elas possam coincidir. Não se deve esquecer, ainda, que dutos hidráulicos e afins sofrem deterioração imperceptível até o ponto de apresentarem os reflexos na parte externa da alvenaria. A prática mostrará ao avaliador a idade real do bem imóvel avaliando, com grande probabilidade de acerto.

As Tabs. A.1 a A.4 dos Anexos são mais do que suficientes para o

Tab. 2.2 Tabela de estimativa de vida útil das edificações

Tipo	Vida útil (anos)
Apartamentos	50
Bancos	67
Residenciais	60
Fábricas	50
Garagens	60
Celeiros	75
Hotéis	50
Paióis	67
Edifícios de escritórios	67
Lojas	67
Teatros	50
Armazéns	75

que foi proposto neste livro, ou seja, fornecer elementos e técnicas para bem elaborar um laudo de avaliação, sem procurar o respaldo matemático que determinaram os diversos métodos citados.

A seguir, serão apresentadas tabelas práticas de distribuição percentual dos custos dos serviços de construção (Tabs. 2.3 a 2.5 e Quadro 2.1).

Tab. 2.3 Tabela de distribuição percentual dos custos dos serviços de construção

Item	Serviços	(A) (%)	(B) (%)	(C) (%)	Casas (%)	Pavilhões (%)	Paióis convencionais (%)
01	Desp. prelim.	1,5	1,5	2,0	2,5	1,5	1,5
02	Inst. obra	1,5	1,5	1,5	1,5	1,5	1,5
03	Serviços gerais	6,3	6,5	7,0	8,5	6,5	6,5
04	Trab. terra	1,0	1,0	1,5	1,0	1,5	1,2
05	Fund. e inf. estrutura	6,0	3,0	4,0	4,0	6,3	7,0
06	Estrutura	16,0	16,5	17,0	10,0	15,5	13,3
07	Instalações	18,5	19,0	11,5	12,0	8,0	–
	• Elétricas e Tlf.	–2,9	–3,0	–3,5	–6,0	–	–
	• Hid., Gás, Sanit., Pluv.	–6,4	–6,5	–7,5	–6,0	–	–
	• Mec. e Inc.	–8,8	–9,0	–	–	–	–
	• Diversas	–0,4	–0,5	–0,5	–	–	–
08	Paredes	6,8	7,0	7,5	7,5	6,0	11,8
09	Cobertura	1,0	1,0	3,0	7,5	9,0	12,8
10	Imp. e Trat.	1,5	1,5	1,5	1,0	4,5	11,8
11	Esquadrias	7,3	7,5	8,0	6,0	6,0	13,8
12	Revestimentos	11,5	12,0	12,0	12,0	13,0	11,8
	• Internos	–9,7	–10,0	–10,0	–9,5	–	–
	• Externos	–1,8	–2,0	–2,0	–2,5	–	–
13	Pavimentações	6,7	7,0	7,5	9,0	7,5	2,5
14	Rod., Sol., Peit., Chap.	1,5	1,5	1,5	2,0	1,2	–
15	Ferragens	1,5	1,5	1,5	2,0	0,6	–
16	Vidros	1,0	1,0	1,5	1,0	2,0	–
17	Pintura	5,0	5,5	5,5	6,0	5,4	3,5
18	Aparelhos	3,6	4,0	4,5	4,0	3,0	–
19	El. Decorativos	0,5	0,5	0,5	1,5	–	–
20	Limpeza	1,0	1,0	1,0	1,0	1,0	1,0
	Soma	100,0	100,0	100,0	100,0	100,0	100,0

(A) Edifício com dez pavimentos, fundações em estacas e com rebaixamento do lençol de água.
(B) Edifício com dez pavimentos, fundações diretas e sem rebaixamento do lençol de água.
(C) Edifício com quatro pavimentos, fundações diretas e sem rebaixamento do lençol de água.

Os muros, nas vilas residenciais, são considerados integrantes da construção; assim, deve-se computar, para cada casa, o seu muro de frente, um muro divisório lateral e a metade do muro divisório do fundo do lote.

Os orçamentos descritivos das obras complementares são elaborados em conformidade com o que ficou dito para cada parte da obra, isto é, a da construção, a do saneamento e a das instalações elétricas e especiais.

Para as vilas residenciais, incorporadas ao perímetro urbano, com conjuntos de 25 a 100 unidades, o custo com as obras complementares, exclusive a terraplenagem, pode ser estimado em valores percentuais sobre o valor do orçamento de cada casa, dentro dos limites máximos mostrados na Tab. 2.4.

A Tab. 2.5 foi preparada para quatro tipos de construção:

I. Grandes edifícios com estrutura de concreto armado, fundações em estacas e com rebaixamento de nível d'água.

II. Grandes edifícios com estrutura de concreto armado, fundações rasas e sem rebaixamento de nível d'água.

Tab. 2.4 Percentual estimado de obras complementares

A – Obras de urbanização	12,5%
Arruamento	2,5%
Calçamento e meio-fio	7,5%
Calçadas	1,5%
Arborização	0,2%
Parques	0,8%
B – Redes de instalações	12,0%
Elétrica	5,0%
Hidráulica	2,5%
Sanitária	2,5%
Águas pluviais	2,0%
C – Total	24,5%

III. Edifícios de quatro ou três pavimentos em alvenaria propriamente dita e com lajes de concreto armado.

IV. Edifícios de dois ou um pavimento em alvenaria propriamente dita.

Tab. 2.5 Distribuição percentual dos serviços de construção de edifícios (Eng. L. Caricchio)

Serviços	% parcial	I	II	III	IV
1. Instalações provisórias	–	2,0%	2,0%	2,0%	2,0%
1.1. Limpeza do terreno	20%	–	–	–	–
1.2. Tapume	20%	–	–	–	–
1.3. Barracão	20%	–	–	–	–
1.4. Máquinas e ferramentas	20%	–	–	–	–
1.5. Água e eletricidade prov.	20%	–	–	–	–

Tab. 2.5 (continuação)

Serviços	% parcial	I	II	III	IV
2. Estaqueamento	–	4,0%	–	–	–
3. Fundações e embasamentos	–	3,0%	4,0%	5,0%	5,0%
3.1. Escavação	20%	–	–	–	–
3.2. Sapatas, cintas e cortinas	30%	–	–	–	–
3.3. Rebaixamento do nível d'água	30%	–	–	–	–
3.4. Escoramentos vizinhos	20%	–	–	–	–
4. Estrutura	–	17,0%	17,0%	15,0%	9,0%
5. Alvenarias de tijolos	–	9,0%	9,0%	12,0%	12,0%
6. Telhado	–	1,0%	1,5%	3,0%	4,0%
7. Revestimento paredes externas	–	2,5%	2,5%	2,5%	2,5%
8. Revestimento paredes internas	–	9,5%	9,5%	9,5%	9,5%
8.1. Emboço	20%	–	–	–	–
8.2. Reboco	40%	–	–	–	–
8.3. Azulejos	30%	–	–	–	–
8.4. Outros	10%	–	–	–	–
9. Pavimentações	–	6,5%	6,5%	8,0%	10,0%
9.1. Madeira	45%	–	–	–	–
9.2. Cerâmica	40%	–	–	–	–
9.3. Outras	15%	–	–	–	–
10. Carpintaria e serralheria	–	7,5%	7,5%	9,0%	10,0%
10.1. Guarnições	20%	–	–	–	–
10.2. Janelas	30%	–	–	–	–
10.3. Portas	35%	–	–	–	–
10.4. Serralheria	10%	–	–	–	–
10.5. Outros	5%	–	–	–	–
11. Ferragens	–	2,5%	3,0%	3,0%	3,0%
11.1. Dobradiças	10%	–	–	–	–
11.2. Ferragens janelas	40%	–	–	–	–
11.3. Ferragens portas	50%	–	–	–	–
12. Vidros	–	1,0%	1,0%	1,5%	1,5%
13. Instalações	–	7,0%	7,0%	6,5%	6,5%
13.1. Barrilete superior, entrada etc.	5%	–	–	–	–
13.2. Colunas d'água	20%	–	–	–	–
13.3. Distribuição pavimentos	10%	–	–	–	–
13.4. Alimentadores horizontais gás	5%	–	–	–	–

Tab. 2.5 (continuação)

Serviços	% parcial	I	II	III	IV
13.5. Prumadas gás	5%	–	–	–	–
13.6. Distribuição gás pavimentos	5,0%	–	–	–	–
13.7. Esgotos primários	10,0%	–	–	–	–
13.8. Esgotos secundários	5,0%	–	–	–	–
13.9. Colunas ventilação	5,0%	–	–	–	–
13.10. Rede horizontal pavimento térreo	8,0%	–	–	–	–
13.11. Ligação definitiva	2,0%	–	–	–	–
13.12. Colunas esgoto pluvial	2,5%	–	–	–	–
13.13. Calhas e ralos	2,5%	–	–	–	–
13.14. Coletores gerais pluviais	15%	–	–	–	–
14. Aparelhos fornecidos e instalados	–	**4,0%**	**4,5%**	**5,0%**	**4,0%**
14.1. Banheiros	65%	–	–	–	–
14.2. Copas e cozinhas	35%	–	–	–	–
15. Instalações elétricas	–	**4,0%**	**4,0%**	**5,5%**	**6,5%**
15.1. Tubulações nas lajes	35%	–	–	–	–
15.2. Tubulações nas alvenarias	10%	–	–	–	–
15.3. Prumadas gerais	15%	–	–	–	–
15.4. Enfiação	10%	–	–	–	–
15.5. Tomadas e interruptores	10%	–	–	–	–
15.6. Quadros e ligações	20%	–	–	–	–
16. Elevadores	–	**8,0%**	**8,0%**	–	–
17. Pintura	–	**5,5%**	**5,5%**	**5,5%**	**6,5%**
17.1. Paredes e tetos	50%	–	–	–	–
17.2. Esquadrias	35%	–	–	–	–
17.3. Áreas e poços	10%	–	–	–	–
17.4. Outras	5,0%	–	–	–	–
18. Limpeza geral	–	**1,0%**	**1,0%**	**2,0%**	**3,0%**
19. Apresentação do Habite-se	–	**5,0%**	**5,0%**	**5,0%**	**5,0%**

3 Avaliação de terrenos urbanos

Conforme já foi exposto, os terrenos dividem-se em glebas e lotes. Em nosso estudo, iremos nos ater à avaliação de lotes urbanos.

É claro que, a par da localização, topografia, formato etc., o terreno vale pelo que nele pode ser edificado. É, pois, condição essencial que o avaliador tenha conhecimento da legislação edilícia da cidade onde vai realizar o seu trabalho.

Basicamente, há dois métodos para avaliar terrenos: o método comparativo direto de dados de mercado e o método involutivo.

3.1 Método comparativo

O primeiro dos métodos exige similaridade nas restrições edilícias entre os lotes pesquisados e o lote avaliando para a comparação direta ou a aplicação de parâmetros homogeneizados para a transposição de dados dos lotes pesquisados para o lote avaliando, o qual pode ter características, entre outras, de localização, frente, profundidade, topografia e área distintas das dos lotes tomados como amostragem.

Já o método involutivo (máximo aproveitamento eficiente) exige do avaliador um estudo de massa e o conhecimento do mercado do *produto acabado* (edificações ou lotes urbanizados, conforme o caso), para o cálculo do resíduo final, como já comentado.

Os modelos matemáticos frequentemente utilizados na avaliação de terrenos são, na realidade, um derivativo do método comparativo, pois se baseiam no preço unitário do lote referido ao fundo-padrão local (V_0), fornecido pela Secretaria de Fazenda e que deve ter sido fruto de pesquisas e observações do mercado local. Essas fórmulas matemáticas são utilizadas quando não se têm elementos de comparação e os V_0 empregados sofrem as correções periódicas nos índices legais, e para terrenos com áreas reduzidas, visto que as fórmulas foram obtidas em períodos de grandes modificações urbanas nas principais capitais do País, com desapropriações em terrenos de tamanho padrão.

Nas avaliações de responsabilidade que importem em transações ou garantias, a aplicação das fórmulas matemáticas é bastante limitada devido à sua imprecisão, devendo ser utilizados os métodos comparativo ou involutivo.

Além disso, poucos são os municípios que possuem uma planta genérica de valores atualizada que permita a aplicação das fórmulas mencionadas, as quais serão mostradas a seguir, sem se entrar em detalhes particulares sobre elas.

3.1.1 Fórmula de Harper (Sir Edgard Harper)

$$V_t = V_0 \times T \times \sqrt{\frac{P}{P_e}}$$

em que:

V_t = valor do terreno;

V_0 = preço unitário do terreno referido ao lote-padrão (preço do metro de testada para a profundidade-padrão);

T = testada (frente efetiva) do lote;

P = profundidade efetiva do terreno;

P_e = profundidade equivalente = $\dfrac{\text{Área}}{\text{Testada}}$.

No caso de lotes retangulares, $\sqrt{\dfrac{P}{P_e}} = 1$, já que a profundidade efetiva se confunde com a equivalente.

3.1.2 Fórmula de Harper-Berrini

Luis Carlos Berrini, engenheiro brasileiro e autor das primeiras obras sobre Engenharia de Avaliações em nosso país, introduziu modificações na fórmula de Harper, em que passaram a ser consideradas a área (A) e a profundidade--padrão (N):

$$V_t = V_0 \cdot \sqrt{\frac{A \cdot T}{N}}$$

Essa fórmula apresenta restrições quanto ao seu emprego, sendo coerente para os terrenos em que a profundidade se situe entre a metade e o dobro da profundidade-padrão, devido à configuração parabólica da fórmula, que a torna majorante para terrenos de pequena profundidade e minorante para terrenos de grande profundidade.

Observa-se que um lote é dito de "grande profundidade" quando esta for superior ao dobro da profundidade-padrão, e de "pequena profundidade" quando esta for inferior à metade da padrão.

Assim, para a cidade do Rio de Janeiro, onde a profundidade-padrão é de 36,00 m, a fórmula de Harper-Berrini poderia ser utilizada somente nos terrenos que obedecessem à seguinte relação:

$$0,5 \, N \leq P \leq 2 \, N$$

Também se pode aplicar a fórmula de Harper-Berrini em função do valor unitário da área, de tal forma:

$$V_t = V_q \cdot \sqrt{A \cdot T \cdot N}$$

em que:
V_q = preço/m².

3.1.3 Fórmula de Jerret

Convencionalmente, a fórmula de Herman D. Jerret é dada como:

$$V_t = V_0 \cdot T \cdot \frac{2P}{P + N}$$

Pode-se aplicar essa fórmula também em função da área do terreno, para a qual é conhecida como *fórmula da média harmônica*:

$$V_t = V_0 \cdot T \cdot \frac{2A}{A + T \cdot N}$$

Já para terrenos de grande profundidade, em que $P_e \geq 2N$, a fórmula aplicada é a seguinte:

$$V_t = 6V_0 \cdot \frac{T \cdot P_e}{P_e + 5 \, N}$$

Por fim, para terrenos com duas frentes e pequenas profundidades em ambas as frentes, tem-se:

$$V_t = \frac{2A \cdot (V_{01} \cdot T_1 + V_{02} \cdot T_2) + T_1 \cdot T_2 \cdot N \cdot \left[\sqrt{V_{01}} - \sqrt{V_{02}}\right]^2}{A + (T_1 + T_2) \cdot N}$$

3.1.4 Fórmula modificada de Berrini

Já para terrenos com duas ou mais frentes, tem-se:

$$V_t = \sqrt{\frac{A}{N} \, (T_1 \cdot V_{01}^2 + T_2 \cdot V_{02}^2 + \ldots + T_n \cdot V_{0n}^2)}$$

em que:
T_i = testada para cada um dos logradouros;
V_{0i} = preço unitário para cada logradouro.

No caso particular de terreno de esquina, faz-se:

$$V_t = \sqrt{\frac{A}{N} \, (T_1 \cdot V_{01}^2 + T_2 \cdot V_{02}^2)}$$

Em função do valor unitário da área:

$$V_t = Vq \times \sqrt{A \times T \times N)}$$

em que:

Vq = preço/m².

Exemplo 3.1

Em seguida, aplicaremos as diversas fórmulas tomando-se um lote retangular com as seguintes características:

T = 12,00 m;

A = 360,00 m²;

N = 36,00 m;

V_0 = R$ 2.000,00.

Fórmula de Harper

$$V_t = R\$\ 2.000,00 \times 12 = R\$\ 24.000,00$$

Fórmula de Harper-Berrini

$$V_t = R\$\ 2.000,00 \times \sqrt{\frac{360 \times 12}{36}} = R\$\ 21.908,00$$

Fórmula de Jerret

$$V_t = R\$\ 2.000,00 \times 12 \times \frac{2 \times 30}{30 + 36} = R\$\ 21.818,00$$

Fórmula de Jerret – média harmônica

$$V_t = R\$\ 2.000,00 \times 12 \times \frac{2 \times 360}{360 + 36 \times 12} = R\$\ 21.818,00$$

Fórmula de Jerret – para grandes profundidades

Conquanto inadequada, verifica-se não haver maior distorção no caso:

$$V_t = 6 \times R\$\ 2.000,00 \times \frac{12 \times \dfrac{360}{12}}{\dfrac{360}{12} + 5 \times 36} = R\$\ 20.571,00$$

Observa-se que os cálculos foram realizados para um lote-padrão de 12 × 30 metros.

Para o método comparativo, nem sempre há similaridade entre os lotes pesquisados.

Não se pode dizer que com dois lotes contíguos, com a mesma testada e um com o dobro da profundidade do outro, o de maior profundidade valha duas vezes mais.

Analisando o caso de testadas iguais para dois lotes, há o *sentimento* de que, à medida que a profundidade aumenta, o acesso à parte de fundos diminui, implicando que o valor da unidade de área mais próximo do alinhamento da rua é maior que o da unidade de área mais distante, e diminui progressivamente.

Dessa maneira, formularam-se diversas hipóteses a respeito:

Regra 4-3-2-1

Por essa regra, o valor de um lote é distribuído em quartis, sendo 40% no primeiro a partir da testada, 30% no segundo, 20% no terceiro e 10% no último, como mostra a Fig. 3.1.

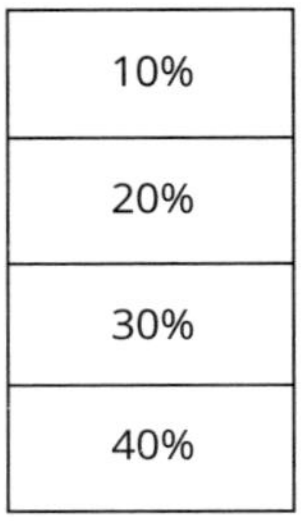

Fig. 3.1 *Regra 4-3-2-1*

Lei de 1/3 e 2/3

Essa lei considera que o valor do lote concentra 50% no primeiro terço a partir da testada e os 50% restantes nos dois terços dos fundos.

Compara-se essa lei com a regra anterior, dividindo o lote em três e quatro partes (Fig. 3.2). Neste último caso, a distribuição nos quartis será de 41,7% para o primeiro e 22,9%, 18,8% e 16,6% para os demais, sucessivamente.

Fig. 3.2 *Lei de 1/3 e 2/3*

Hipótese de Hoffman

Essa hipótese considera que 2/3 do valor do lote se concentra em sua primeira metade e 1/3, na segunda metade. Comparando essa distribuição com a da regra 4-3-2-1, observam-se os valores dispostos na Fig. 3.3.

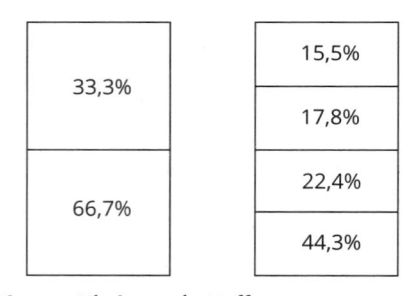

Fig. 3.3 *Hipótese de Hoffman*

Hipótese de Jerret (média harmônica)

A hipótese de Jerret considera na distribuição em quartis os percentuais de 40%, 26,7%, 19% e 14,3%, respectivamente, a partir da testada (ver Fig. 3.4).

Observa-se que nessa hipótese os dois primeiros quartis (metade) representam 66,7% do valor total e os dois últimos, 33,3%, o que coincide com a hipótese de Hoffman.

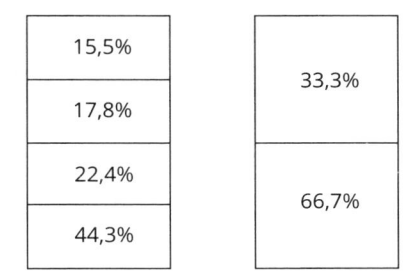

Fig. 3.4 *Hipótese de Jerret*

13%	25%
16%	25%
21%	25%
50%	25%

Fig. 3.5 *Hipótese de Harper* **Fig. 3.6** *Hipótese da linha reta*

Hipótese de Harper

A hipótese de Harper considera uma variação proporcional à raiz quadrada da profundidade do lote, portanto é uma representação parabólica, com os percentuais de 50%, 21%, 16% e 13% para os quartis (Fig. 3.5).

Hipótese da linha reta

É uma distribuição linear, em que os quartis apresentarão os percentuais de 25% cada um, conforme Fig. 3.6.

Do estudo das diversas disposições e localização dos lotes, nasceu o seguinte modelo:

$$V_t = A \times V_q \times K_1 \times K_2 \times \ldots \times K_7$$

em que:

V_t = valor do terreno a ser determinado;

A = área;

V_q = valor médio unitário de terrenos na área, obtido em pesquisa;

K_i = fatores de ponderação.

A seguir, descrevem-se os fatores de ponderação K_i.

a) K_1 – *fator de testada*

$$K_1 = \sqrt[4]{\frac{T}{T_p}}$$

em que:

T = testada efetiva;

T_p = testada-padrão.

Observa-se que essa expressão está limitada ao intervalo: $0,5 \leq \dfrac{T}{T_p} \leq 2,0$. Para $T/T_p < 0,5$, K1 = 0,841, e para $T/T_p > 2,0$, K2 = 1,189.

No caso de terrenos de duas frentes, emprega-se na fórmula a testada do logradouro mais importante.

Obs.: o fator de testada também é aplicado amplamente em avaliação de lojas.

b) K_2 = *fator de profundidade*

Há que se conhecer a profundidade equivalente (a saber, $P_e = \dfrac{A}{T}$), as profundidades máxima e mínima do local, obtidas pela legislação vigente ou através das seguintes relações:

- $P_{mín}$ (profundidade mínima) = metade da profundidade-padrão local;
- $P_{máx}$ (profundidade máxima) = dobro da profundidade-padrão local.

Assim, formularam-se as hipóteses para o fator de profundidade K_2:

- Para $P_e < 0,5P_{mín}$, segundo Hélio de Caires:

$$K_2 = (0,5)^{0,5} = 0,70710$$

◊ Para $0,5P_{mín} \leq P_e \geq P_{mín}$, segundo Medeiros-Azambuja:

$$K_2 = \left| \frac{P_e}{P_{mín}} \right|^{0,5}$$

◊ Para $P_{mín} \leq P_e \leq P_{máx}$, segundo a NB 502/1989:

$$K_2 = 1$$

◊ Para $P_{máx} \leq P_e \leq 2P_{máx}$, segundo Medeiros-Azambuja:

$$K_2 = \left| \frac{P_{máx}}{P_e} \right|^{0,5}$$

◊ Para $P_e > 2P_{máx}$, segundo Hélio de Caires:

$$K_2 = (0,5)^{0,5} = 0,70710$$

c) K_3 = *fator de testadas múltiplas, para terrenos de mais de uma testada*

Há diversas tabelas e métodos para cálculo dos coeficientes de testadas múltiplas, entre elas a do argentino Miguel Valvano, a de Guilherme Bonfim dei Vegni-Neri e a do Banco Hipotecário Nacional Argentino, que é bastante simplista e é descrita a seguir:

- para zonas comerciais centrais: +25% a 30%;
- para zonas comerciais em geral: +20% a 25%;
- para zonas residenciais de alto valor: +15% a 20%;
- para zonas residenciais comuns: +10%.

Observa-se que o terreno de esquina é, na realidade, uma *faca de dois gumes*. Embora se generalize a sua valorização em zonas eminentemente residenciais, esta é bastante discutível, por problemas de duplo recuo, poluição sonora etc.

Conhecendo-se o valor do metro quadrado para cada logradouro (V_{qi}) e as respectivas testadas (T_i), o fator de esquina pode ser traduzido pela expressão:

$$K_3 = \frac{(Z+20) \cdot T_1 \cdot V_{q1} + T_2 \cdot V_{q2} + \ldots + T_n \cdot V_{qn}}{20 \cdot T_1 \cdot V_{q1}}$$

em que:

T_1 = testada para o logradouro mais importante;

Z = constante (tabelada):

Zonas de escritórios e apartamentos modestos: Z = 1,0;

Zonas de apartamentos e comércio médios, com densidade ocupacional média: Z = 2,0;

Zonas de comércio padrão médio e alto, alta densidade ocupacional média: Z = 3,0;

Zonas de comércio padrão médio e baixo, baixa densidade ocupacional média: Z = 1,0.

d) K_4 = *fator de topografia*

Em seu trabalho *Avaliação de Imóveis Urbanos*, o Eng. G. B. Dei Vegni-Neri apresenta para o fator de topografia K4 a seguinte composição, considerando como situação paradigma um terreno plano (fator = 1,0):

- Caimento para o fundo (declive):
    - ◊ até 5% → K_4 = 0,90;
    - ◊ entre 5% e 10% → K_4 = 0,80;
    - ◊ acima de 10% → K_4 = 0,70.
- Caimento para a frente (aclive):
    - ◊ suave → K_4 = 0,90;
    - ◊ acentuado → K_4 = 0,70.

e) K_5 = *fator de superfície e solo*

A situação paradigma adotada é em terreno seco e firme, para o qual K_5 = 1,0. Assim, os demais valores são:

- superfície úmida → K_5 = 0,80;
- superfície alagadiça → K_5 = 0,60;
- superfície brejosa ou pantanosa → K_5 = 0,50;
- superfície permanentemente alagada → K_5 = 0,40.

f) K_6 = *fator de acessibilidade*

A situação paradigma adotada é em terreno sem condução próxima (1.000 m), para o qual K_6 = 1,0. Assim, os demais valores são:

- condução a menos de 1.000 m → K_6 = 1,02;
- condução direta → K_6 = 1,05.

g) K_7 = *fatores especiais*

Os valores adotados de K_7 são:

- lote de vila → $K_7 = 0,70$;
- lote encravado ou de fundos → $K_7 = 0,50$;
- terreno industrial com desvio ferroviário → $K_7 = 1,20$.

Observa-se ainda que da sensibilidade do avaliador depende a inclusão de outros fatores especiais, quer de valorização ou de desvalorização, tais como a poluição ambiental e sonora, melhoramentos públicos etc.

3.2 Método involutivo

O método involutivo, também conhecido como método do *máximo aproveitamento eficiente*, já foi comentado anteriormente. A sua aplicabilidade é, na verdade, um estudo físico-financeiro da incorporação, e a ele recorrem os empreendedores para aferir a viabilidade de um empreendimento imobiliário.

Basicamente, esse método consiste nas seguintes etapas:

- Consoante a legislação edilícia do local, elabora-se um *estudo de massa* (estudo preliminar) que objetiva o aproveitamento máximo do terreno, atentando-se para o fato de que nem sempre o maior aproveitamento físico representa o melhor aproveitamento econômico.
- Com o fim de se determinar o custo total da construção, calculam-se as áreas equivalentes do estudo elaborado.
- Calcula-se o montante das despesas, calcadas nos custos unitários básicos de construção fornecidos pelas tabelas publicadas pelos Sinduscons locais, acrescidos dos custos indiretos (na ordem de 35% a 65% dos custos de construção, a depender do nível da edificação). Além disso, calculam-se também as demais despesas incidentes para a consecução do empreendimento, como publicidade, despesas legais e de comercialização (na ordem de 3% a 7% do chamado *produto geral de vendas* – PGV) e os custos administrativos e de projetos (na ordem de 2% a 10% do PGV).
- Através de pesquisa de mercado, verifica-se o preço de venda de cada unidade componente do empreendimento, com o objetivo de apurar o produto geral de vendas (PGV), de preferência de imóveis semelhantes em lançamento.
- Obtidos o PGV e o total das despesas do empreendimento, obtém-se pela diferença o chamado *retorno bruto,* o qual não representa o valor do terreno, pois há que se considerar, ainda, a remuneração do incorporador (entre 10% a 25% desse retorno) e a margem de risco,

geralmente em torno de 10% a 15% da diferença entre o retorno e a parte destinada à remuneração do incorporador.
- Com essas deduções obtém-se, com boa margem de segurança, o valor do terreno.

Exemplo 3.2

Será apresentado um exemplo prático real de avaliação de um terreno de grandes dimensões no município de Niterói (RJ), referido a janeiro de 1997, sendo, à época, o único terreno nu do centro da cidade.

O estudo de massa foi elaborado pelas arquitetas Cássia Andréa Ruotolo Morano e Rosaly do Prado Carvalho e pelo engenheiro Cláudio Saraiva de Souza, alunos do Curso de Extensão em Engenharia Legal e de Avaliações ministrado na Universidade Federal Fluminense (UFF).

O terreno situa-se na esquina das Ruas Cel. Gomes Machado e Visconde de Sepetiba, e na realidade possui mais duas frentes: na Rua Cadete Xavier Leal e na Rua Projetada, esta entre uma pedreira (Morro da Caixa d'Água) e o terreno.

As características físicas do terreno são:
- Frente, Rua Visconde de Sepetiba: 72,00 m.
- Lateral esquerda, Rua Cel. Gomes Machado: 59,75 m.
- Lateral direita, Rua Cadete Xavier Leal: 45,00 m.
- Fundos, Rua Projetada: 73,70 m.
- Área: 3.273,75 m².

A configuração é trapezoidal irregular, de topografia plana, e o terreno é atualmente utilizado como estacionamento rotativo explorado pela Prefeitura de Niterói.

Foi elaborado um estudo de aproveitamento local consoante a legislação edilícia vigente, sobre área de especial interesse urbanístico do centro de Niterói, com modificação especial da área em estudo.

A legislação específica para esse terreno obriga que, ao construir, o empreendedor faça obras de urbanização, tais como a abertura da Rua Projetada aos fundos com plataforma de 6,00 m ligando a Rua Cel. Gomes Machado à Rua Cadete Xavier Leal, calçamento, passeios, ajardinamento, execução da praça, valorização das ruínas e reflorestamento do morro da Caixa d'Água (pedreira aos fundos), razão pela qual será feito um acréscimo da ordem de 15% aos custos de construção, computados os custos indiretos.

Basicamente o projeto terá as seguintes características:
a) *Ocupação*
Embasamento – 100% de ocupação, respeitados os afastamentos mínimos previstos com até 3 (três) pavimentos, sendo obrigatória a existência de lojas no nível do pavimento térreo. A lâmina abrangerá 35% de ocupação máxima.

b) *Gabarito*

A altura máxima permitida é de 47,65 m a partir do meio-fio da Rua Visconde de Sepetiba, esquina com a Rua Cel. Gomes Machado, até a laje de cobertura do último pavimento útil.

c) *Afastamento dos alinhamentos do lote*

O embasamento com lojas e estacionamentos terá os seguintes afastamentos:

- Rua Visconde de Sepetiba: 6,00 m.
- Rua Cel. Gomes Machado: 3,00 m.
- Rua Projetada: nihil.
- Praça Projetada: 3,00 m.

Já os afastamentos para o subsolo com estacionamento e serviços serão de:

- Rua Visconde de Sepetiba: 3,00 m.
- Demais logradouros: nihil.

d) *Estacionamento*

É obrigatória a existência de uma vaga de estacionamento para cada 35,00 m² de área útil privativa, descontadas as áreas do próprio estacionamento. As áreas da bainha da Rua Projetada junto ao Morro da Caixa d'Água podem ser computadas no cálculo do número mínimo de vagas.

Assim, o estudo estabeleceu um projeto no qual o embasamento é constituído de 35 lojas com jirau e vagas de garagem para atender aos lojistas, mais dois pavimentos de garagem para atender às salas comerciais e uma lâmina com doze pavimentos-tipo de salas comerciais com banheiro privativo, sendo 23 salas por pavimento, e, ainda, um subsolo de garagem, o que totaliza 337 vagas. Forma-se, então, o seguinte quadro de áreas:

- Subsolo: 2.802,50 m².
- Térreo com loja + jirau e acessos: 3.171,11 m².
- 2º pavimento (G1): 2.603,25 m².
- 3º pavimento (G2): 2.603,25 m².
- Pavimentos-tipo: 13.749,72 m².
- Área da praça: 1.269,00 m²;
- Área total construída: 26.198,83 m².

Cálculo das áreas equivalentes de construção

De acordo com a norma pertinente, as áreas equivalentes são obtidas através da aplicação de *pesos* adequados às áreas brutas consideradas. A Tab. 3.1 mostra os coeficientes de equivalência utilizados.

As lojas têm área média de base de 35,00 m² mais o jirau com igual área, deduzido o vão de escada. As salas têm área média de 35,00 m², para efeito de comparação e homogeneização. Assim, a área equivalente das lojas será tomada como:

$$35,00 \text{ m}^2 + 0,50 \times 35,00 \text{ m}^2 = 52,50 \text{ m}^2$$

Tab. 3.1 Quadro de áreas

	Área construída	Coeficiente de equivalência	Área equivalente (m²)
Subsolo	2.802,50	0,60	1.681,50
Térreo (com lojas + jirau e acessos)	3.171,11	1,00	3.171,11
Garagens G1 e G2	5.206,50	0,60	3.123,90
Pavimentos-tipo	13.749,72	1,00	13.749,72
Praça (e áreas descobertas)	1.269,00	0,20	253,80
Área equivalente total		21.980,03 m²	

Determinação do valor geral de vendas (VGV)

Para determinar o VGV, o avaliador realizou pesquisa na região central de Niterói, tanto para salas como para lojas e vagas de garagem, priorizando lançamentos em virtude do *boom* imobiliário nessa área.

Dessa forma, a pesquisa de salas comerciais, em prédios de primeira locação, revelou a seguinte amostragem:

1. Rua da Conceição nº 154 – 4º andar
    Área: 30,00 m²
    Venda (realizada em novembro de 1996): R$ 40.000,00
    Preço/m²: R$ 1.333,33/m²
    Informante: Eng. Radegaz Nasser Júnior (adquirente)
    Tel.: (xx) xxx-xxx-xxx

2. Rua da Conceição nº 102 – 7º andar
    Área: 20,00 m²
    Oferta: R$ 16.000,00
    Preço/m²: R$ 800,00/m²
    Informante: Dr. Almir Luiz Antunes (Antunes Imobiliária Ltda.)
    Tel.: (xx) xxx-xxx-xxx

3. Avenida Amaral Peixoto nº 30 – 6º andar
    Área: 20,00 m²
    Oferta: R$ 18.000,00
    Preço/m²: R$ 900,00/m²
    Informante: Dr. Alípio Salvador de Oliveira (proprietário)
    Tel.: (xx) xxx-xxx-xxx

4. Rua Luiz Leopoldo Fernandes Pinheiro nº 551 – 10º andar
   Área: 35,00 m²
   Oferta: R$ 50.000,00
   Preço/m²: R$ 1.428,57/m²
   Informante: Dr. José Carlos Paulino da Silva (administrador)
   Tel.: (xx) xxx-xxx-xxx
5. Rua Dr. Borman nº 43 – 8º andar
   Área: 55,00 m²
   Oferta: R$ 55.000,00
   Preço/m²: R$ 1.000,00/m²
   Informante: Dr. Rubens Yoshida (proprietário)
   Tel.: (xx) xxx-xxx-xxx
6. Rua Luiz Leopoldo Fernandes Pinheiro nº 521 – 9º andar
   Área: 38,00 m²
   Oferta: R$ 40.000,00
   Preço/m²: R$ 1.052,63/m²
   Informante: Dr.ª Patricia de Medeiros Novo (Medeiros Novo Imóveis Ltda.)
   Tel.: (xx) xxx-xxx-xxx
7. Avenida Amaral Peixoto nº 500 – 6º andar
   Área: 35,00 m²
   Venda (realizada em setembro de 1996): R$ 47.000,00
   Preço/m²: R$ 1.342,86/m²
   Informante: Eng. Alberto Lelio Moreira (adquirente)
   Tel.: (xx) xxx-xxx-xxx
8. Avenida Amaral Peixoto nº 207 – 5º andar
   Área: 20,00 m²
   Oferta: R$ 25.000,00
   Preço/m²: R$ 1.250,00/m²
   Informante: Dr.ª Ana Gabriela Cohen Leite (Gabi Imóveis Ltda.)
   Tel.: (xx) xxx-xxx-xxx
9. Rua Acadêmico Walter Gonçalves nº 1 – 6º andar
   Área: 30,00 m²
   Oferta: R$ 38.000,00
   Preço/m²: R$ 1.266,67/m²
   Informante: Luiz Antonio Duvivier de A. Mello (Imobiliária Duvivier)
   Tel.: (xx) xxx-xxx-xxx
10. Rua Maestro Felicio Toledo nº 500 – 8º andar
    Área: 35,00 m²

Oferta: R$ 41.600,00
Preço/m²: R$ 1.188,57/m²
Informante: Eng. Paulo Augusto Gonçalves (proprietário)
Tel.: (xx) xxx-xxx-xxx

11. Rua Maestro Felício Toledo nº 519 – 3º andar
Área: 35,00 m²
Oferta: R$ 45.000,00
Preço/m²: R$ 1.285,71/m²
Informante: Dr. Armando Godoy de Medeiros (adquirente)
Tel.: (xx) xxx-xxx-xxx

12. Rua Luiz Leopoldo Fernandes Pinheiro nº 551 – 7º andar
Área: 35,00 m²
Oferta: R$ 45.000,00
Preço/m²: R$ 1.285,71/m²
Informante: Dr. Ulysses Leocádio (proprietário)
Tel.: (xx) xxx-xxx-xxx

De acordo com a rotina já conhecida, apresenta-se na Tab. 3.2 o quadro matriz com os valores homogeneizados para o prédio imaginário situado no terreno avaliando, partindo de uma sala padrão com 35,00 m². Considerou-se essa área como a padrão para as salas, uma vez que há predominância do número de unidades com tal medida, embora no projeto existam várias salas com mais de 40,00 m². A área útil total das salas é de 10.631,28 m².

Tab. 3.2 Quadro de homogeneização

Amostra (X_i)	Dados iniciais (R$)	Matriz dos fatores				Dados finais (R$)
		F_f	F_e	F_a	F_t	
X_1	1.333,33	1,0	1,0	0,96	0,9	1.154,63
X_2	800,00	0,9	1,4	0,93	0,9	845,91
X_3	900,00	0,9	1,4	0,93	0,9	951,65
X_4	1.428,57	0,9	1,0	1,00	0,9	1.157,14
X_5	1.000,00	0,9	1,0	1,06	0,9	857,08
X_6	1.052,63	0,9	1,0	1,02	0,9	870,34
X_7	1.342,86	1,0	1,0	1,00	0,9	1.208,57
X_8	1.250,00	0,9	1,3	0,93	0,9	1.227,38
X_9	1.266,67	0,9	1,0	0,96	0,9	987,21
X_{10}	1.188,57	0,9	1,0	1,00	0,9	962,74
X_{11}	1.285,71	0,9	1,0	1,00	0,9	1.041,43
X_{12}	1.285,71	0,9	1,0	1,00	0,9	1.041,43

A média dos 12 elementos amostrais é R$ 1.025,46/m² e o desvio padrão, R$ 136,29/m².

O critério excludente de Chauvenet (limite crítico = 2,03) mostra que os elementos amostrais limítrofes (X_2 = 845,71 e X_8 = 1.227,38) são pertinentes, portanto, os demais também o são e não há exclusão de nenhum elemento.

Os limites de confiança dados pelo modelo $X_{máx/mín} = \overline{X} \pm t_c \cdot S/\sqrt{n-1}$ são:

$$X_{máx} = \text{R\$ } 1.081,28/m^2$$
$$X_{mín} = \text{R\$ } 969,63/m^2$$

Assim, a amplitude do intervalo é de 111,66. Dividindo-se em três classes, tem-se 111,66 → 3 = 37,22.

- 1ª classe: 969,63....................................1.006,85
  Nesse intervalo, há um elemento amostral (X_9 = 987,21) → peso 1.
- 2ª classe: 1.006,85..................................1.044,06
  Nesse intervalo, há dois elementos amostrais (X_{11} = 1.041,43 e X_{12} = 1.041,43) → peso 2.
- 3ª classe: 1.044,06..................................1.081,28
  Nesse intervalo, não há nenhum elemento amostral → peso zero.

Soma dos pesos: 5.
Soma dos valores ponderados: 5.152,93.
Decisão: 5.152,93 → 5 = R$ 1.030,59/m².
Portanto, o valor unitário de salas no empreendimento é de R$ 1.030,59/m².

Pesquisa semelhante foi feita para lojas no centro de Niterói, atentando-se para o fato de que os fatores de transposição relativos às lojas são diferentes daqueles relativos às salas. Isso se dá porque, no caso presente, não há muita diferença em se ter uma sala no prédio imaginário ou em outro local do centro da cidade (veja que o fator de transposição não diferiu mais do que 10%), o que não ocorre com as lojas, visto que os dois grandes polos comerciais do centro são a Rua da Conceição e a Avenida Amaral Peixoto (esta a uma quadra do terreno avaliando e aquela paralela a esta), onde há a maior concentração de lojas. Já na área do terreno em apreço, há uma considerável diferença de valor comercial em se tratando de lojas, da ordem de 25% a 30% a menos para o referido local, razão pela qual no quadro de homogeneização (Tab. 3.3) aparecerão fatores de transposição distintos daqueles empregados para as salas, conquanto se tratem dos mesmos logradouros.

Assim, a pesquisa revelou os seguintes valores em prédios novos do centro, para lojas:

1. Rua da Conceição nº 154
   Área equivalente: térreo: 25,00 m² + jirau: 10,30 m² (peso 50%) = 7,21 m² = 30,15 m²
   Oferta: R$ 140.000,00
   Preço/m²: R$ 4.643,45/m²
   Informante: Dr. Rui Nogueira Barbosa (proprietário)
   Tel.: (xx) xxx-xxx-xxx

2. Avenida Amaral Peixoto nº 500
   Área: térreo: 90,00 m² + jirau 90,00 m² (peso 50%) = 135,00 m²
   Oferta: R$ 500.000,00
   Preço/m²: R$ 3.703,70/m²
   Informante: Eng.ª Caroline Elias Bailuni (perita judicial)
   Tel.: (xx) xxx-xxx-xxx

3. Rua da Conceição nº 154 – loja A
   Área: térreo: 25,00 m² + jirau: 10,95 m² (peso 50%) = 30,48 m²
   Oferta: R$ 160.000,00
   Preço/m²: R$ 5.249,34/m²
   Informante: Eng. José Tarcísio Augusto Amorim (Imobiliária Amorim S/A)
   Tel.: (xx) xxx-xxx-xxx

4. Rua da Conceição nº 154 – loja B
   Área: térreo: 22,32 m² + jirau: 8,68 m² (peso 50%) = 26,66 m²
   Oferta: R$ 100.000,00
   Preço/m²: R$ 3.750,94/m²
   Informante: Dr. José Ismael Jr. (Clícia Administradora de Imóveis)
   Tel.: (xx) xxx-xxx-xxx

5. Rua Acadêmico Walter Gonçalves nº 1 – loja 103
   Área: = 36 m²
   Oferta: R$ 150.000,00
   Preço/m²: R$ 4.166,67/m²
   Informante: Dr. Rogério Silva de Bustamante (proprietário)
   Tel.: (xx) xxx-xxx-xxx

6. Rua Maestro Felício Toledo nº 500
   Área: 35,00 m²
   Oferta: R$ 180.000,00
   Preço/m²: R$ 5.142,86/m²
   Informante: Dr. João Luís de Sousa Miranda Cardoso (M. Cardoso Consultores)
   Tel.: (xx) xxx-xxx-xxx

7. Rua Acadêmico Walter Gonçalves n° 1 – loja 105
Área: 40,00 m²
Oferta: R$ 200.000,00
Preço/m²: R$ 5.000,00/m²
Informante: Dr. Renato Garcia Justo (proprietário)
Tel.: (xx) xxx-xxx-xxx

Tem-se, então, o quadro de homogeneização de valores na Tab. 3.3.

Tab. 3.3 Quadro de homogeneização

Amostra (X_i)	Dados iniciais (R$)	Matriz dos fatores				Dados finais (R$)
		F_f	F_e	F_a	F_t	
X_1	4.643,45	0,9	1,0	0,94	0,75	2.924,39
X_2	3.703,70	0,9	1,0	1,13	0,70	2.625,72
X_3	5.249,34	0,9	1,0	0,94	0,75	3.310,48
X_4	3.750,94	0,9	1,0	0,92	0,75	2.326,25
X_5	4.166,67	0,9	1,0	0,96	0,75	2.682,94
X_6	5.142,86	0,9	1,0	0,96	0,75	3.299,87
X_7	5.000,00	0,9	1,0	0,93	0,75	3.153,18

Da média de R$ 2.903,26/m² e do desvio padrão de R$ 375,18/m², obtêm--se sucessivamente os limites de confiança ($X_{máx}$ = R$ 3.123,82/m² e $X_{mín}$ = R$ 2.682,70/m²). Após a verificação da pertinência do rol pelo critério de Chauvenet (valor crítico = 1,80), tem-se a amplitude de R$ 441,12/m², a qual é dividida em três classes. Por fim, obtém-se o valor de decisão de R$ 2.803,66/m² para lojas no empreendimento.

A mesma pesquisa acusou venda de vagas em edifícios-garagem, na ordem de R$ 30.000,00/vaga.

Cálculo do valor geral de vendas (VGV)

Com os valores unitários obtidos, o valor do VGV para o empreendimento concluído é calculado da seguinte forma:

    a. Salas: 10.631,28 m² (áreas privativas) × R$ 1.030,59/m² = R$ 10.956.490,00;

    b. Lojas: 1.862,00 m² (áreas privativas equivalentes) × R$ 2.803,66/m² = R$ 5.220.415,00;

    c. Vagas: 337 vagas × R$ 30.000,00/vaga = R$ 10.110.000,00.

$$VGV = R\$ 26.286.905,00$$

ou, em números redondos,

$$VGV = R\$ 26.287.000,00$$
(vinte e seis milhões, duzentos e oitenta e sete mil reais)

Cálculo das despesas do empreendimento (D_p)

Preço da construção (P_c)

O custo da construção é obtido com base nos custos unitários médios publicados preferencialmente pela Sinduscon. Nesse custo não estão incluídos os custos básicos da construção, elevadores, fundações e instalações especiais (quando é o caso), serviços públicos e suas ligações definitivas, com as recomendações da norma pertinente, bem como taxas financeiras de empate de capital, remuneração e lucro do construtor.

No caso presente, em virtude da obrigatoriedade que a legislação específica para aquele terreno impõe de realização de obras outras que não diretamente ligadas ao empreendimento (criação de rua, praça etc.), será incrementado um percentual de 15% ao valor encontrado no custo final da construção, isto é, ao resultado da multiplicação da área equivalente pelo custo unitário básico acrescido do percentual de 65% referente aos custos indiretos.

A partir do custo unitário básico fornecido pelo Sinduscon do Rio de Janeiro, janeiro de 1997, padrão CUB médio (R\$ 371,71/m²), o preço da construção acrescido do percentual de 65% referente aos custos indiretos e de 15% referente à legislação é:

$$P_c = R\$ 371,71/m^2 \times 1,65 \times 1,15 \times 21.980,03 \ m^2 = R\$ 15.502.948,00$$

$$P_c = R\$ 15.502.948,00$$

Publicidade, despesas legais e de comercialização (Dc)

Esse item equivale, em termos práticos, a 7% do PGV. Dessa forma, tem-se:

$$D_c = 0,07 \times R\$ 26.287.000,00 = R\$ 1.840.090,00$$
$$D_c = R\$ 1.840.090,00$$

Apropriação das despesas administrativas e projetos (D_g)

Essas despesas situam-se na ordem de 1% do PGV. Assim, faz-se:

$$D_g = 0,01 \times R\$ 26.287.000,00 = R\$ 262.870,00$$
$$D_g = R\$ 262.870,00$$

Apropriação das despesas com o empreendimento (D_e)

Para esse item, tem-se:

$$D_e = P_c + D_c + D_g = \text{R\$ } 15.502.948,00 + \text{R\$ } 1.840.090,00 + \text{R\$ } 262.870,00$$
$$D_e = \text{R\$ } 17.605.908,00$$

Apropriação do retorno bruto (R_b)

O retorno bruto é estimado pela diferença entre o PGV (receita programável) e as despesas do empreendimento (D_e), conforme o modelo abaixo:

$$R_b = \text{PGV} - D_e$$

Tendo definido o valor de R_b, o avaliador tem condições de estabelecer as quantias adequadas para remunerar o incorporador (conceito de lucro bruto), dimensionar a margem de risco adequada e, por fim, estabelecer o valor do terreno pelo resíduo. Assim:

Receita prevista (PGV) = R\$ 26.287.000,00
Despesas do empreendimento (D_e) = R\$ 17.605.908,00 (–)
Retorno bruto (R_b) = R\$ 8.681.092,00

ou, em números redondos,

Retorno bruto (R_b) = R\$ 8.680.000,00

Definição do valor do terreno pelo método involutivo ou residual (V_t)

Do valor do retorno bruto já calculado, deduz-se o percentual admissível para remunerar, nas condições de mercado e possibilidades potenciais do empreendimento, a coordenação geral, representada pelo incorporador. Além disso, com o valor do retorno bruto, pode-se dimensionar adequadamente as condições objetivas gerais em exame, à margem de risco. Procedidas às deduções mencionadas, surge do resíduo final o valor (V_t) pelo qual há possibilidade de se adquirir com segurança o terreno *in natura*.

Dessa forma, tem-se:
Retorno bruto (R_b) = R\$ 8.680.000,00;
Remuneração do incorporador ($R_i = 50\% \, R_b$) = R\$ 4.340.000,00;
Saldo ($S_a = R_b - R_i$) = R\$ 4.340.000,00;
Margem de risco (15% de S_a) = R\$ 651.000,00.

$$V_t = (S_a - \text{margem de risco}) = \text{R\$ } 3.689.000,00$$
$$V_t = \text{R\$ } 3.689.000,00$$
(três milhões, seiscentos e oitenta e nove mil reais)

Esse valor corresponde então ao valor unitário de R\$ 1.126,84/m².

3.3 Correção do valor do terreno por mau aproveitamento: fórmula de Guerrero

Sabe-se que um terreno baldio tem valor pelas possibilidades de projetar e construir de forma a alcançar o seu máximo aproveitamento eficiente. Tanto é fato que a taxação que incide sobre esse terreno prevê a condição do maior aproveitamento. Todavia, quando já se construiu nesse terreno, há a questão de nem sempre ter sido bem aproveitado.

Há, efetivamente, duas correntes no que tange ao cálculo do valor dos terrenos construídos, principalmente no Judiciário:

    a. admitir-se avaliar o terreno com todo o seu valor potencial como se fosse baldio mais o edifício (construção) avaliado como *demolição*;

    b. avaliar o edifício com todo o seu valor remanescente (conforme idade e estado de conservação) e o terreno como baldio, aplicando, porém, um coeficiente corretivo de modo a *penalizar* o terreno pelo seu mau aproveitamento.

Suponha-se um terreno situado em local onde a legislação admita uma edificação naquele lote de E m², que nele esteja edificado apenas e m² (obviamente $e < E$) e que a vida útil prevista da edificação existente seja V e a sua idade seja v. Assim, o coeficiente corretivo (coeficiente de *castigo* do terreno) será:

$$C_a = 1 - \left[\frac{(E\text{-}e)}{E} \cdot \frac{(V-v)}{V} \right]$$

No caso de se extinguir a vida útil, ou seja, quando $v \geq V$, o terreno se neutraliza ($= 1$) por convenção.

Esse procedimento ainda causa controvérsia, mas é o mais comumente adotado no caso das locações, em que o terreno admite, por hipótese, cinco pavimentos e o proprietário só construiu dois. Não se pode penalizar o locatário pelo mau aproveitamento imposto ao terreno pelo locador, visto que o V_0 é fornecido para o máximo aproveitamento eficiente do terreno.

Com esse problema em vista, o engenheiro argentino Dante Guerrero idealizou uma fórmula, que levou o seu nome, para penalizar o valor do terreno quando mal aproveitado em termos construtivos. Assim, entre os diversos métodos (distribuição de pesos dos pavimentos etc.), a fórmula de Guerrero é um deles, com o diferencial de penalizar o terreno, e não o locatário.

Tome-se como exemplo um terreno de 400,00 m² com frente efetiva de 12,00 m, cuja capacidade construtiva máxima abrange cinco pavimentos com 350,00 m² de área construída por pavimento, com V_0 local atualizado e corrigido igual a R$ 25.000,00. Há 25 anos, foram construídos dois pavimentos.

A fórmula de Harper-Berrini fornece:

$$V_t = \text{R\$ } 25.000,00 \times \sqrt{\frac{400 \times 12}{36}} = \text{R\$ } 288.675,00 \quad \text{(valor para cinco pavimentos)}$$

Como a nossa hipótese admite que foram dois pavimentos construídos, tem-se:

E = 350 m² × 5 = 1.750 m²;

e = 350 m² × 2 = 700 m²;

V = 60 anos;

v = 25 anos.

O fator corretivo C_a será:

$$C_a = 1 - \left[\frac{(1.750 - 700)}{1.750} \times \frac{(60 - 25)}{60} \right]$$

$$C_a = 0,65$$

O valor penalizado do terreno (para somente dois pavimentos) será de:

$$C_a \times V_t = 0,65 \times \text{R\$ } 288.675,00 = \text{R\$ } 187.638,00$$

Comparemos o valor encontrado com a linha de raciocínio de distribuir *pesos* entre os pavimentos:

- Térreo (peso 4): 400 m² × 4 = 1.600 m² fictícios equivalentes.
- 2º pavimento (peso 2): 400 m² × 2 = 800 m² fictícios equivalentes.
- 3º, 4º e 5º pavimentos (peso 1 em cada): 400 m² × 3 = 1.200 m² fictícios equivalentes.
- Total: 3.600,00 m² fictícios equivalentes.

R\$ 288.675,00 ÷ 3.600,00 m² = R\$ 80,18/m² fictício equivalente

Para o térreo: R\$ 80,18/m² × 1.600 m² = R\$ 128.300,00

Para o 2º pavimento: R\$ 80,18/m² × 800 m² = R\$ 64.150,00

Total = R\$ 192.450,00

Esse é o valor que deveria ser atribuído ao terreno no caso de uma Ação Renovatória (assunto abordado no Cap. 4) em que o aproveitamento máximo fosse o do caso (cinco pavimentos) e o aproveitamento efetivo, de dois pavimentos.

Penaliza-se o terreno, e não o inquilino, no caso da Rentabilidade. Há correntes, entretanto, que alegam que o terreno está mal aproveitado porque o inquilino não sai, não permitindo construção melhor. A Lei, nesse caso, admite a retomada em duas circunstâncias:

1. Retomada para construir, no local, prédio com área no mínimo 25% maior do que a área existente.
2. Retomada para iniciar negócio próprio, desde que não seja o mesmo do ramo explorado pelo locatário.

4

Avaliação de imóveis comerciais

Como o juiz é, em tese, um leigo em termos técnicos, ele precisa do assessoramento de profissionais da área da Engenharia para orientá-lo no que tange à determinação do justo valor locativo, e daí surge um farto campo de atividade para o engenheiro e o arquiteto, que passam a funcionar como Perito do Juízo e/ou Assistentes Técnicos das partes envolvidas no processo. Assim, uma única ação envolvendo um imóvel sob a égide de um contrato comercial, ou seja, aquele que é pactuado por um período de 60 meses no mínimo, possibilita um "emprego provisório" a três profissionais das áreas de Engenharia/Arquitetura (o Perito do Juízo e os dois assistentes técnicos das duas partes envolvidas).

Até 1934, o comerciante que alugasse uma loja não tinha a menor proteção do Estado, podendo ser despejado sem maiores explicações. Muitas vezes, após o desalojamento, o proprietário do imóvel estabelecia no local um negócio idêntico àquele que era explorado pelo antigo locatário que havia criado o seu *ponto*, o seu *fundo de comércio*.

Para evitar injustiças dessa natureza, em abril de 1934 o Executivo de então promulgou o Decreto nº 24.150, conhecido como *Lei de Luvas*, que estabelecia direitos e deveres para locadores e locatários numa locação comercial – na verdade, mais direitos para os locatários e mais deveres para os proprietários. A locação dita comercial seria aquela feita por período não inferior a cinco anos, e, entre outros itens, o decreto estabeleceu que o proprietário somente poderia retomar o imóvel em duas situações (além da terceira situação óbvia, a falta de pagamento): a de construir no local outro imóvel que tivesse um aproveitamento físico maior em 25% (situação praticamente inexistente em se tratando de lojas de galerias no pavimento térreo de um prédio que já estivesse no máximo aproveitamento local) e a de retomar para estabelecer negócio próprio, desde que não fosse do mesmo ramo que aquele explorado pelo antigo locatário. Todas essas situações esbarravam em complexas filigranas jurídicas, e assim foi durante os cinquenta e sete anos em que o decreto regeu as locações comerciais no Brasil.

Com a promulgação da Lei nº 8.245, em outubro de 1991, algumas modificações foram feitas no antigo decreto, tais como o reconhecimento das locações em *shopping centers* e a modificação da periodicidade nas ações de revisão de aluguel, permanecendo a obrigatoriedade de se renovar o contrato no período compreendido entre um ano e seis meses antes do término do contrato.

O valor de um imóvel, seja ele residencial ou comercial, é sempre definido por suas características físicas (planta e acabamento) e localização. A chamada Lei da Oferta e da Procura é derivação básica desses parâmetros.

Na avaliação de um imóvel comercial, seja ele sala, loja, escritório ou mesmo qualquer outro tipo de edificação destinada ou adaptada para fins comerciais, existem, basicamente, três métodos a se considerar para o cálculo de seu valor:

- método do custo de reprodução;
- método comparativo direto de dados de mercado (MCDDM);
- método comparativo do valor das vendas.

O método do custo de reprodução, também consagrado como *método da rentabilidade*, consiste em, uma vez obtido o valor do imóvel, aplicar a ele uma taxa de rentabilidade compatível traduzindo o justo valor de locação. A jurisprudência maciça consagrou para os imóveis comerciais a taxa de 12% ao ano, ou seja, 1% ao mês não capitalizados. Essa taxa não é rígida – há inúmeros julgados adotando taxas de 10% ou 11% ao ano e até inferiores. Em se tratando de imóveis residenciais, a taxa é mais elástica, variando de 5% ao ano até 12% ao ano, sendo tanto menor quanto maior e mais luxuoso for o imóvel.

O valor do imóvel é dado pela composição binomial *terreno + construções*. O valor do terreno e a respectiva cota relativa ao que está edificado são calculados pelos processos já vistos nos capítulos anteriores. O valor do metro quadrado de construção é fornecido mensalmente por publicações especializadas, e ao custo unitário básico somam-se os custos indiretos, conforme já foi visto, e depois se realiza a depreciação.

Alguns autores adicionam ao cálculo o percentual correspondente a vantagem da coisa feita (VCF), entre 10% e 30%, o que, no nosso entendimento, é um raciocínio não apenas lógico, mas também perfeitamente enquadrado no valor final do negócio, uma vez que não há instantaneidade de tempo entre o estudo de viabilidade, a compra do terreno, o pedido de financiamento e o prédio concluído. Ora, o incorporador recorre a agentes financeiros no período estimado da obra (12 a 20 meses) e é sabido que o "preço" do dinheiro é alto – o período citado não mostra nenhum retorno do capital empregado, ao contrário, corrói-lhe sob a forma de juros, mesmo para aqueles que possuem capital próprio, pois o que se deixa de ganhar equivale a pagar, no caso. Porém, há que se utilizar com critério esse percentual, o qual não pode ser o mesmo em se tratando de prédios baixos, de construção relativamente mais rápida ou de prédios de vários pavimentos, com a demora inerente a tal tipo de construção. Dentre as tabelas apresentadas no final do livro, uma delas refere-se à *vantagem da coisa feita*, de acordo com o tipo e a idade da construção, elaborada pelo saudoso engenheiro Joaquim da Rocha Medeiros Jr.

Outros autores só admitem a adoção da VCF para orçamentos de construções novas, sendo considerado para as demais o fator de comercialização (Fc), que varia em função do mercado imobiliário contemporâneo.

O fator de comercialização, conforme a NBR 14653-2, pode ser maior ou menor que a unidade.

Já o método comparativo direto de dados de mercado consiste em estabelecer uma amostra correta de valores locativos em oferta ou praticados e, após estudo estatístico, definir o justo aluguel.

Durante muitos anos, defendemos a tese de que o valor locativo deveria ser considerado a média ponderada entre os valores obtidos pela correção monetária do aluguel inicial (peso 1), pela comparação dos aluguéis (peso 2) e pela rentabilidade (peso 3), visto que, se o aluguel inicial tivesse partido de bases equivocadas, a simples correção manteria os erros de forma *corrigida*. Pelos motivos já expostos, a comparação dos aluguéis careceria de maior confiabilidade, daí o peso intermediário; por fim, como a rentabilidade refletiria um dado mais concreto, qual seja o valor de locação do imóvel, a ela seria aplicado o maior peso. Com o passar dos anos e a consequente introdução de inúmeros planos econômicos, abandonou-se o método comparativo (que seria ativado no que diz respeito às lojas de *shopping centers*, sobre as quais falaremos no capítulo correspondente) para adotar-se aquele que a jurisprudência consagrou. Atualmente, inclusive por sugestão da NBR 14653, o método mais praticado é o MCDDM, porém nada impede que o perito apresente ao juiz os valores obtidos por todos os critérios (a correção monetária não é um método, e sim um parâmetro meramente orientador).

Por fim, tem-se o método comparativo do valor das vendas, também chamado de método da comparação direta, implicando raciocínio semelhante ao método anterior. É uma técnica na qual a estimativa do valor de mercado é obtida sobre preços efetivamente pagos em transações imobiliárias; em síntese, é um processo de análise de correlação de valores de propriedades recentemente vendidas. A segurança dessa técnica depende do grau de comparabilidade de cada propriedade com aquela sob avaliação, da época ou data da venda, da verificação das condições de venda (à vista ou a prazo) e, finalmente, da ausência de condições fora do comum que afetem a venda (por exemplo, o vendedor ver-se compelido a realizar uma venda em prazo curtíssimo, a fim de cobrir outras transações).

Deve-se ter em mente que, no caso de imóveis comerciais, o fator de depreciação obtido através de critérios conhecidos não tem a mesma magnitude do que nos casos de imóveis residenciais, embora devam ser utilizados. Isso porque o locatário, via de regra, realiza no imóvel as adaptações necessárias ao seu ramo de negócio, havendo imóveis centenários perfeitamente funcionais na destinação comercial que lhes foi dada.

Para demonstrar como funcionam esses métodos, a seguir é apresentado um exemplo de laudo em ação renovatória referente a um prédio situado na Rua Voluntários da Pátria nº 404, Botafogo, Rio de Janeiro, referido a 1º de março de 2021.

Exemplo 4.1

Exmo. Sr. Dr. Juiz de Direito da 45ª Vara Cível do Rio de Janeiro, RJ

Processo nº 0010255-49.2018.8.19.0001
Ação: Renovatória
Autor: Antônio Pereira Leitão Imóveis
Réu: Alberto Gaspar e outros

SÉRGIO ANTONIO ABUNAHMAN, engenheiro registrado no CREA sob o nº 1.445-D/RJ, honrado por V. Ex.ª como Perito do Juízo na Ação suprarreferida, após ser compromissado compareceu ao local em companhia dos Assistentes Técnico das Partes, Eng. ALBERTO LÉLIO MOREIRA (do Autor) e Eng. MILTON JACOB MANDELBLATT (do Réu) e vem apresentar o seu laudo na forma que se segue:

Histórico

Trata-se de Ação Renovatória proposta por ANTONIO PEREIRA LEITÃO IMÓVEIS, locatário do imóvel situado na Rua Voluntários da Pátria nº 404 (esquina da Rua Conde de Irajá) em Botafogo (fotos nº 1 e 2), contra ALBERTO GASPAR E OUTRO, proprietários do dito imóvel, com o objetivo de renovação contratual a partir de 1º de março de 2021.

Para o período renovando, o Autor oferece o aluguel de R$ 6.500,00 (seis mil e quinhentos reais), *vide* fl. 8 dos autos, com o qual não concordam os Réus, que, na contestação, pedem o aluguel de R$ 10.000,00 (dez mil reais), *vide* fl. 26 dos autos.

O aluguel inicial, de R$ 5.000,00 (cinco mil reais) em março de 2016, corrigido através do índice contratual (IGP-M) no período, traduz em março de 2021 o valor de R$ 7.780,00 (sete mil, setecentos e oitenta reais).

O imóvel é prédio residencial antigo com dois pavimentos, adaptado ao negócio de venda de imóveis, e ergue-se em terreno com dimensões de:

- Frente para a Rua Voluntários da Pátria: 11,10 m;
- Frente para a Rua Conde de Irajá: 12,50 m;
- Área: 138,75 m².

Circundado por área descoberta com piso em placas destinado a estacionamento, o prédio tem área útil de (6,55 m × 9,25 m) × 2 = 60,58 m² × 2 = 121,17 m² (térreo + sobrado). A parte descoberta conta com 78,17 m² de área.

O imóvel, com cerca de 50 anos, porém em excelente estado de conservação e asseio imprimido pelo locatário no interesse do próprio negócio explorado, assim é descrito:

Térreo

Possui acesso por três portas Blindex (uma atualmente desativada) após portas de grade, salão com piso em pedras rústicas, paredes pintadas com pintura plástica rugosa branca, condicionamento central de ar, teto rebaixado em compensado revestido, luminárias incandescentes e spots, balcão de fórmica e aço inox para atendimento, escada de acesso ao 2º pavimento acarpetada (fotos nº 3 e 4).

Sobrado

Possui piso em carpete, paredes pintadas com tinta plástica rugosa de cor gelo, condicionamento central de ar, teto rebaixado, luminárias incandescentes. Nesse pavimento, instalaram-se o escritório, dois sanitários (um masculino e um feminino), um depósito/vestiário, uma copa/cozinha e a central de ar refrigerado (fotos nº 5 e 6).

O banheiro masculino tem piso cerâmico 10 cm × 10 cm marrom, vaso e pia marrons, paredes pintadas em gelo plástico e massa corrida e luminárias incandescentes embutidas. O banheiro feminino tem o mesmo acabamento adicionado um bidê.

A copa/cozinha tem bancada de alvenaria pintada, bacia de aço inox, piso igual ao do banheiro, acesso ao cômodo que abriga a central de ar refrigerado, teto rebaixado em madeira compensada revestida, paredes pintadas com tinta plástica.

As esquadrias são de madeira e o prédio apresenta-se em excelente estado, sendo visto nas fotos anexadas ao laudo e que melhor ilustram a descrição.

Feitas essas considerações, passemos aos cálculos avaliatórios.

Cálculos avaliatórios para obtenção do justo aluguel

O Perito apresentará os valores locativos por meio da:

> **a.** correção monetária (A_1);
> **b.** comparação (A_2);
> **c.** rentabilidade (A_3).

Cálculo do valor locativo pela correção monetária (A_1)

Aplicando-se ao aluguel inicial de R$ 5.000,00 (cinco mil reais) a correção através do índice contratual (IGP-M), no período, têm-se:

- Valor do aluguel no início do contrato: R$ 5.000,00
  Início do contrato: 1º de março de 2016
- Reajuste em 1º de março de 2017
  Variação do índice: 5,39%
  Valor reajustado: R$ 5.269,50
- Reajuste em 1º de março de 2018
  Variação do índice: –0,42%
  Valor reajustado: R$ 5.246,99
- Reajuste em 1º de março de 2019
  Variação do índice: 7,62%
  Valor reajustado: R$ 5.646,59
- Reajuste em 1º de março de 2020
  Variação do índice: 6,84%
  Valor reajustado: R$ 6.032,75
- Reajuste em 1º de março de 2021
  Variação do índice: 28,94%
  Valor reajustado: R$ 7.778,92

Portanto, o aluguel, pela correção monetária (A_1), a partir de 1º de março de 2021, em números redondos, será de:

$$A_1 = R\$ \ 7.780,00 \text{ (sete mil, setecentos e oitenta reais)}$$

Cálculo do valor locativo pela comparação (A_2)

O Perito realizou exaustiva pesquisa de mercado no logradouro e colheu os elementos amostrais expostos a seguir. Esses elementos foram homogeneizados para o imóvel da lide, considerando apenas o pavimento térreo (60,58 m²), e, depois, por distribuição de "pesos" (50% para o sobrado e 20% para a parte descoberta), totalizou-se o valor locativo.

1. Rua Voluntários da Pátria nº 411 (Maria Sofia e Maria Antonia Meus Dois Amores Modas Infantis)

Área: 28,27 m²

Aluguel vigente: R$ 1.900,00

Fator de área: $\left(\dfrac{28,27}{60,58}\right)^{0,125} = 0,909$

Preço do m² ao mês de aluguel: R$ 61,10

2. Rua Voluntários da Pátria nº 417 (Clínica Médica Dr. André Schenka)

   Área: 41,81 m²

   Aluguel vigente: R$ 3.500,00

   $F_a = 0,955$

   Preço/m²: R$ 79,92

3. Rua Voluntários da Pátria nº 441 (Ana Silvia Computadores e Periféricos)

   Área: 27,09 m²

   Aluguel ofertado: R$ 2.200,00

   $F_o = 0,90$

   $F_a = 0,904$

   Preço/m²: R$ 66,09

4. Rua Voluntários da Pátria nº 400 (Ortopedia Clínica Dr. Almir Luiz)

   Área: 37,19 m²

   Aluguel vigente: R$ 3.200,00

   $F_a = 0,941$

   Preço/m²: R$ 80,95

5. Rua Voluntários da Pátria nº 372 (Engenharia Diagnóstica Eng.ª Camilla M. de Faria)

   Área: 63,55 m²

   Aluguel ofertado: R$ 5.000,00

   $F_o = 0,90$

   $F_a = 1,012$

   Preço/m²: R$ 71,66

6. Rua Voluntários da Pátria nº 414 (Doces Pedrinho Sá Couto M. Cardoso)

   Área: 63,55 m²

   Aluguel vigente: R$ 4.800,00

   $F_a = 1,012$

   Preço/m²: R$ 76,44

7. Rua Voluntários da Pátria nº 415 (Natália & Caroline Calçados Finos)

   Área: 49,76 m²

   Aluguel vigente: R$ 3.400,00

   $F_a = 0,952$

   Preço/m²: R$ 65,05

8. Rua Voluntários da Pátria n° 406 – contíguo ao da lide (Clínica Médica Dr. Rubens Yoshida)

Área:

◊ Terreno: 10,90 m × 33,10 m = 360,79 m²

◊ Construída (dois pavimentos): (6,46 m × 24,8 m) × 2 = 160,20 m² × 2 = 320,41 m²

◊ Descoberta: 200,60 m²

Áreas úteis equivalentes:

◊ Térreo: 160,20 m² × 1 = 160,20 m²

◊ Sobrado: 160,20 m² × 0,5 = 80,10 m²

◊ Descoberta: 200,60 m² × 0,20 = 40,12 m²

◊ Total equivalente = 280,42 m²

Aluguel ofertado: R$ 20.000,00

Preço/m²: R$ 20.000,00 ÷ 280,42 m² = R$ 71,32

Aluguel relativo à parte térrea construída (160,20 m²) = R$ 11.425,72

$F_o = 0,90$

$F_a = 1,211$;

Preço/m² homogeneizado: R$ 77,74

A média $\overline{X}$ dos oito elementos relativos à parte térrea locada é:

$$\overline{X} = R\$\ 72,37/m\dagger$$

O desvio padrão (*standard deviation*) é dado pela fórmula:

$$S = \sqrt{\frac{\sum (\overline{x} - x_i)^2}{n-1}} = R\$7,53/m^2$$

No presente estudo, será adotada a teoria estatística das pequenas amostras ($n < 30$) com a distribuição t de Student, com 80% de confiabilidade. Os limites de confiança vêm definidos pelo modelo:

$$X_{máx} = \overline{X} + t_c \cdot \frac{s}{\sqrt{n-1}}$$

$$X_{mín} = \overline{X} - t_c \cdot \frac{s}{\sqrt{n-1}}$$

em que:

t_c = valores percentis para distribuição de Student com oito elementos amostrais e sete graus de liberdade (valor tabelado) = 1,42.

$$X_{máx} = 72,37 + 1,42 \times \frac{7,53}{\sqrt{8-1}}$$

$$X_{mín} = 72,37 - 1,42 \times \frac{7,53}{\sqrt{8-1}}$$

$$X_{máx} = R\$ 76,41/m^2$$
$$X_{mín} = R\$ 68,33/m^2$$

A seguir, verificaremos o universo amostral através do critério de Chauvenet.

A razão entre o desvio da amostra e o desvio padrão não poderá ser superior a 1,86 (tabela de valores críticos de Chauvenet para oito elementos amostrais).

Para os elementos amostrais-limite (máximo e mínimo do rol), que são $X_1 = R\$ 61,10/m^2$ e $X_4 = R\$ 80,95/m^2$, têm-se:

$$\left| \frac{d_1}{S} \right| = \left| \frac{61,10 - 72,37}{7,53} \right| = 1,50 < 1,86 \rightarrow \text{o elemento é pertinente}$$

$$\left| \frac{d_4}{S} \right| = \left| \frac{80,95 - 72,37}{7,53} \right| = 1,14 < 1,86 \rightarrow \text{o elemento é pertinente}$$

A amplitude ($X_{máx} - X_{mín}$) é de 8,08. Com a divisão em três classes, tem-se 8,08 ÷ 3 = 2,69

- 1ª classe: 68,33.......................71,02
  Nesse intervalo, não há nenhum elemento amostral → peso zero.
- 2ª classe: 71,02.......................73,72
  Nesse intervalo, há um elemento amostral (71,66) → peso 1.
- 3ª classe: 73,72.......................76,41
  Nesse intervalo, não há nenhum elemento amostral → peso zero.

O valor de decisão, então, é de R\$ 71,66/m². Logo:
- Térreo: R\$ 71,66/m² × 60,58 m² = R\$ 4.341,16
- Sobrado: R\$ 71,66/m² × 60,58 m² × 0,5 = R\$ 2.170,58
- Parte descoberta: R\$ 71,66/m² × 78,17 m² × 0,20 = R\$ 1.120,33
- Total: R\$ 7.632,08

Assim, o aluguel pela comparação (A_2), a partir de 1º de março de 2021, em números redondos, será de:

$$A_2 = R\$ 7.630,00 \text{ (sete mil, seiscentos e trinta reais)}$$

Cálculo do valor locativo pela rentabilidade (A_3)

O valor V do imóvel será dado pela seguinte expressão:

$$V = \left(V_{ct} + V_B\right) \cdot F_c$$

em que:

V = valor do imóvel;

V_{ct} = valor da cota de terreno relativo ao aproveitamento existente;

V_B = valor das benfeitorias, no estado;

F_c = coeficiente de mercado = 1,30.

Cálculo do valor da cota de terreno (V_{ct})

Em primeiro lugar, calcula-se o valor do terreno pela fórmula modificada de Jerret para lotes de esquina e pouca profundidade, exposta a seguir:

$$V_t = \frac{2A \times \left(V_{O1} \cdot T_1 + V_{O2} \cdot T_2\right) + T_1 \cdot T_2 \cdot N \cdot \left[\sqrt{V_{O1}} - \sqrt{V_{O2}}\right]^2}{A + \left(T_1 + T_2\right) \cdot N} \cdot K$$

em que:

V_t = valor do terreno referido a março de 2021;

T_1 = testada para a Rua Voluntários da Pátria = 11,10 m;

V_{01} = preço do metro de testada para a Rua Voluntários da Pátria, no trecho, fornecido pela Prefeitura do Rio de Janeiro:

$$V_{01} = R\$ 169.025,27$$

T_2 = testada para a Rua Conde de Irajá = 12,50 m;

V_{02} = preço do metro de testada para a Rua Conde de Irajá, no trecho, fornecido pela Prefeitura do Rio de Janeiro:

$$V_{02} = R\$ 111.517,39$$

A = área do terreno = 136,75 m²;

N = profundidade padrão = 36 m;

K = fator de adequação dos V_0 ao mercado = 10% = 1,10.

Substituindo-se os valores na fórmula, tem-se:

$$V_t = \frac{894.429.349,04}{986,35} \times 1,10$$

$$V_t = R\$ 997.488,00$$

(novecentos e noventa e sete mil, quatrocentos e oitenta e oito reais)

Como esse é o valor para o terreno considerando o seu máximo aproveitamento (oito pavimentos), há que se penalizá-lo por meio da fórmula de Guerrero:

$$C_a = 1 - \left[\frac{E-e}{E} \cdot \frac{V-v}{V}\right]$$

em que:

C_a = fator de castigo do terreno;

E = área máxima permitida edificável = 0,7 × 8 × 138,75 m²;

e = área edificada existente = 121,17 m²;

V = idade prevista da edificação = 60 anos;

v = idade aparente do imóvel = 30 anos.

Substituindo-se os valores na fórmula, tem-se:

$$C_a = 1 - \left[\frac{777-121,17}{777} \times \frac{60-30}{60}\right]$$
$$C_a = 0,58$$

Assim, o valor da cota de terreno será de:

$$V_{ct} = 0,58 \times R\$ 997.488,00 = R\$ 578.543,04$$

ou, em números redondos,

$$V_{ct} = R\$ 578.000,00$$

Cálculo do valor das construções, no estado (V_B)

Consultado o Sinduscon-Rio, em março de 2021, o preço do metro quadrado da construção-tipo, interpolado, com dois pavimentos e 2q., acrescido do percentual de 40% referente aos custos indiretos, é de:

$$R\$ 2.653,50/m² \times 1,40 = R\$ 3.714,90/m²$$

Para o imóvel da lide, com 30 anos aparentes e 136,75 m² de área construída equivalente, há que se calcular o fator de obsolescência K_0, obtido através da fórmula do Prof. G. B. dei Vegni-Neri, mostrada a seguir:

$$K_0 = 1 - \frac{1-R}{V_p} \cdot D$$

em que:

K_0 = fator de obsolescência;

R = valor residual (tabelado) = 0,165;

D = idade física e/ou funcional do imóvel = 30 anos;

V_p = vida provável da edificação = 60 anos.

Substituindo-se os valores na fórmula, tem-se K_0 = 0,5825. Assim, o valor das benfeitorias (V_B), no estado, será de:

R\$ 3.714,90/m² × 136,75 m² (área equivalente construída) × 0,5825 =
R\$ 295.917,32

ou, em números redondos,

$$V_B = R\$ 296.000,00$$
(duzentos e noventa e seis mil reais)

Dessa forma, o valor do imóvel (V) referido a março de 2021 é de:

$$V = \left(V_{ct} + V_B\right) \cdot F_C$$

V = (R\$ 578.000,00 + R\$ 296.000,00) × 1,10 = R\$ 961.400,00
V = R\$ 961.000,00
(novecentos e sessenta e um mil reais)

A uma taxa de 10% a.a., encontra-se o aluguel pela rentabilidade (A_3) a partir de 1º de março de 2021:
A_3 = R\$ 961.000,00 × 10/100 × 1/12 = R\$ 8.008,33

ou, em números redondos,

A_3 = R\$ 8.000,00
(oito mil reais)

Quadro sintético dos valores locativos
1. Correção monetária: R\$ 7.780,00.
2. Comparação: R\$ 7.630,00.
3. Rentabilidade: R\$ 8.000,00.

No arbítrio que nos é concedido, optamos por sugerir ao MM. Juiz o justo valor locativo a partir de 1º de março de 2021 de:
R\$ 7.630,00
(sete mil, seiscentos e trinta reais)

Feitos os cálculos avaliatórios, passemos aos quesitos do autor.

Quesitos do autor (fl. 75 dos Autos)
Observa-se que apenas o Autor formulou quesitos.
1º quesito: Quais são as dimensões do imóvel objeto da lide, descrevendo-o, inclusive seu estado de conservação?
Resposta: Descrito no Histórico do laudo.

2° quesito: Qual a data provável da construção do prédio, sua idade física e funcional?
Resposta: O imóvel tem mais de 50 anos de construído. Sua idade funcional estimada em nossa sensibilidade é de 30 anos.

3° quesito: Em caso de não renovação do contrato, em quanto avalia o Sr. Perito as despesas de mudança e as novas instalações da Suplicante, em outro local nesta Comarca?
Resposta: Prejudicado. Não houve pedido de retomada do imóvel, sendo, portanto, a única discussão versando sobre o valor do novo aluguel.

4° quesito: Em caso de renovação, considerando os quesitos 1, 2 e 3, qual o valor do aluguel para um novo período de locação?
Resposta: R$ 7.630,00 (sete mil, seiscentos e trinta reais), conforme calculado nos Cálculos avaliatórios do laudo.

5° quesito: Qual o valor do seguro, tão somente para as benfeitorias, isto é, para o imóvel por acessão?
Resposta: O seguro incidirá sobre as benfeitorias menos as partes não pereciveis (fundações = 10%). Assim, tem-se:

Seguro = R$ 295.000,00 − R$ 29.500,00 = R$ 265.500,00
Seguro = R$ 265.500,00 (duzentos e sessenta e cinco mil e quinhentos reais)

6° quesito: Queria o Ilustre Perito, na resposta ao quesito n° 4, considerar que a Suplicante paga todos os encargos do imóvel?
Resposta: Obviamente que assim foi considerado.

7° quesito: O imóvel locado acha-se localizado em zona valorizada, com intenso comércio em suas vizinhanças? É o núcleo comercial mais valorizado da Rua Voluntários da Pátria?
Resposta: A resposta é afirmativa.

8° quesito: Qual o aluguel que o Ilustre Perito arbitra ao aludido imóvel, em vista das condições econômicas e financeiras decorrentes da desvalorização da moeda e da alta do custo de vida, de acordo com a conjuntura econômica, e aplicando-se os índices peculiares, tais como a concorrência em matéria de locação, a correção monetária no período já decorrido e a decorrer, o valor de construção do imóvel e, consequentemente, a rentabilidade da loja e os aluguéis recentemente fixados para imóveis análogos e vizinhos?

Resposta: Amplamente demonstrado nos Cálculos avaliatórios.

9º quesito: Finalmente, queira o Sr. Perito informar o que mais julgar em resposta aos quesitos formulados, protestando por oferecimento de suplementares, se necessário.

Resposta: Nada há para acrescentar ao que já foi dito.

Encerramento

Tendo concluído o presente laudo em 19 (dezenove) laudas digitalizadas de um só lado e 06 (seis) fotografias coloridas e enumeradas, tudo devidamente rubricado pelo Perito que subscreve este laudo,

Requer sua juntada aos Autos para que produzam um só fim e efeito de Direito.

N. Termos
P. Deferimento

Rio de Janeiro, 3 de março de 2021

Eng. Sérgio Antonio Abunahman (in memoriam)
Perito do Juízo

Exemplo 4.2

Exmo. Sr. Dr. Juiz de Direito da 45ª Vara Cível do Rio de Janeiro, RJ

Processo nº 0024597-22.2020.0001
Ação: Renovatória
Autor: Luciano Fonseca Punaro Baratta Exp. & Imp. Ltda.
Réu: Edigar Areias de Azevedo
Tenho a honra de passar às mãos de V. Ex.ª o laudo como Perito do Juízo na Ação suprarreferida.

Sirvo-me da oportunidade para solicitar a expedição do alvará para levantamento dos honorários no valor de R$ 13.200,00 (treze mil e duzentos reais), acrescidos da correção pertinente.

N. Termos
P. Deferimento

Rio de Janeiro, 10 de março de 2021

Eng. Sérgio Antonio Abunahman (in memoriam)
Perito do Juízo

Exmo. Sr. Dr. Juiz de Direito da 45ª Vara Cível do Rio de Janeiro, RJ

Processo nº 0024597-22.2020.0001
Ação: Renovatória
Autor: Luciano Fonseca Punaro Baratta Exp. & Imp. Ltda.
Réu: Edigar Areias de Azevedo

SÉRGIO ANTONIO ABUNAHMAN, engenheiro registrado no CREA sob o nº 1.445-D/RJ e honrado por V. Ex.ª como Perito do Juízo na Ação suprarreferida, após ser compromissado compareceu ao local e vem apresentar o seu laudo na forma que se segue:

Histórico

Trata-se de Ação Renovatória proposta por LUCIANO FONSECA PUNARO BARATTA EXP. & IMP. LTDA., locatário do imóvel situado na Rua Uruguaiana nº 31, contra o proprietário do dito imóvel, EDIGAR AREIAS DE AZEVEDO, com o objetivo de renovação contratual a partir de 1º de outubro de 2021.

Para novo aluguel, o Autor oferece R$ 12.700,00 (doze mil e setecentos reais), com o qual não concorda o Réu locador, que na contestação pede o aluguel de R$ 20.000,00 (vinte mil reais).

Em sentença prolatada pelo MM. Juiz da 48ª Vara Cível, foi decretado o aluguel de R$ 10.000,00 (dez mil reais) a partir de 1º de outubro de 2016, valor que, corrigido para outubro de 2021 consoante o índice contratual (IGP-M), traduz o locativo de R$ 16.510,00 (dezesseis mil, quinhentos e dez reais).

A Rua Uruguaiana, no trecho, é "rua de pedestre", o que lhe imprime considerável *status* comercial, também é paralela à Avenida Rio Branco e dotada de infraestrutura urbana, com inúmeros prédios comerciais, situando-se no chamado "corredor cultural" do centro do Rio de Janeiro.

O prédio da lide tem idade real de mais de 70 anos (foi construído na década de 1940) e sofreu reformas com o passar do tempo: foi adaptado para o comércio de eletrônicos e computadores, e ali se instalou a tradicional loja do ramo com o nome fantasia de Luciano's Computer Shop. Já a idade aparente, para fins de cálculo, é de 30 anos, já que a depreciação incidente nos imóveis comerciais é muito menos significativa do que nos prédios residenciais.

O prédio é composto de três pavimentos (térreo + dois andares) e ergue-se em terreno com frente de 7,10 m e área de 97,80 m². No térreo, situam-se o *showroom* e as vendas; o piso do salão é em placas de ardósia, com paredes pintadas e revestidas com vitrines para a exposição dos produtos. O acesso é feito por portas de aço de enrolar, e aos fundos há uma escada de acesso ao sobrado. No sobrado, encontram-se instalados o escritório da empresa, dois sanitários (masculino e feminino) e uma copa. O piso é em marmorite, as paredes são pintadas com tinta plástica cor de gelo, emassadas. Os dois banheiros têm o mesmo acabamento, com piso cerâmico vitrificado 7 × 15 cm, paredes revestidas com azulejos decorados até o teto, vaso e pias cor de creme no feminino e vaso, pia e mictórios brancos no masculino.

O acesso ao terceiro pavimento se faz por escada, na mesma direção da escada que acessa o térreo. Nesse pavimento, o piso é cimentado revestido com placas de vulcapiso e funciona como depósito.

O prédio apresenta-se em estado de conservação compatível com idade e é visto nas fotos anexas ao laudo, que melhor ilustram a descrição.

As áreas pertinentes são:

1. Terreno:
   ◊ frente: 7,10 m;
   ◊ lateral esquerda: 13,77 m;
   ◊ lateral direita: 13,77 m;
   ◊ fundos: 7,10 m;
   ◊ área: 97,80 m².

2. Construções:
   ◊ térreo: 97,80 m²;
   ◊ sobrado: 94,13 m²;
   ◊ 3° pavimento: 94,13 m²;
   ◊ área construída total: 286,06 m².

A área equivalente, para o método comparativo, é de: 97,80 m² + (94,13 m² × 0,5) + (94,13 m² × 0,4) = 182,52 m².

O índice fiscal para o presente caso será o V_{Lj} (valor unitário padrão loja) de R$ 5.571,94 (Rua Uruguaiana n° 31).

Feita a descrição do imóvel, passamos aos cálculos avaliatórios.

Cálculos avaliatórios para obtenção do justo aluguel

Para a obtenção do justo aluguel a partir de 1° de outubro de 2021, o Perito apresentará os valores locativos por meio da:

     a. correção monetária (A_1);

     b. comparação (A_2);

     c. rentabilidade (A_3).

Cálculo do valor locativo pela correção monetária (A₁)

Aplicando-se ao aluguel inicial de R$ 10.000,00 (dez mil reais) a correção através do índice contratual (IGP-M) no período, têm-se:

- Valor do aluguel no início do contrato: R$ 10.000,00
  Início do contrato: 1º de outubro de 2016
- Reajuste em 1º de outubro de 2017
  Variação do índice: –1,46%
  Valor reajustado: R$ 9.854,06
- Reajuste em 1º de outubro de 2018
  Variação do índice: 10,05%
  Valor reajustado: R$ 10.844,36
- Reajuste em 1º de outubro de 2019
  Variação do índice: 3,38%
  Valor reajustado: R$ 11.211,08
- Reajuste em 1º de outubro de 2020
  Variação do índice: 17,94%
  Valor reajustado: R$ 13.222,06
- Reajuste em 1º de outubro de 2021
  Variação do índice: 24,87%
  Valor reajustado: R$ 16.510,83

Portanto, o aluguel, pela correção monetária (A_1), a partir de 1º de outubro de 2021, em números redondos, será de:

$$A_1 = R\$\ 16.510,00$$

Cálculo do valor locativo pela comparação (A₂)

O Perito realizou exaustiva pesquisa de mercado na região central do Rio de Janeiro e obteve os valores expostos a seguir. A homogeneização desses valores para o trecho do imóvel da lide foi feita através do quociente entre os respectivos V_{Lj}, considerando as sobrelojas com peso 0,5 e os subsolos com peso 0,30 em relação às lojas. No caso de pavimento-tipo, o peso representou 0,25.

As áreas equivalentes também foram homogeneizadas pelo fator de área:

$$\left(\frac{A_i}{A_r}\right)^{0,125}$$

em que A_i = área equivalente do elemento amostral, A_r = área equivalente do imóvel avaliando e o expoente é igual a 0,125 para diferenças maiores do que 30% e igual a 0,25 para diferenças menores do que 30%.

Assim, têm-se:

1. Rua Buenos Aires nº 169 (prédio com dois pavimentos)

   Térreo: 150,00 m²

   Sobrado: 150,00 m² × 0,50 = 75,00 m²

   Área equivalente: 225,00 m²

   Oferta: R$ 20.000,00 + luvas (R$ 100.000,00)

   V_{Lj} = 4.125,97

   Informante: Eng. José de Ribamar Martins de Xerez (proprietário), Tel.: (xx) xxx-xxx-xxx

   Transformação de luvas em acréscimo do aluguel:

   $$\text{Acréscimo} = \text{Luvas} \cdot \left[\frac{i(1+i)^n}{(1+i)^n - 1} \right]$$

   $$\text{Acréscimo} = 100.000,00 \times \left[\frac{0,005(1,005)^{60}}{(1,005)^{60} - 1} \right] = 1.933,00$$

   Aluguel (incluídas as luvas): R$ 21.933,00

   Preço/m²: R$ 97,48/m²

   Fator de oferta (f_o) = 0,90

   Fator de transposição (F_t) = $\dfrac{5571,94}{4125,97}$ = 1,350

   Fator de área (F_a) = $\left(\dfrac{225}{182} \right)^{0,25}$ = 1,054

   Preço/m² homogeneizado para o imóvel da lide: R$ 97,48/m² × 0,90 × 1,350 × 1,054 = R$ 124,84/m²

2. Rua da Alfândega nº 91 – D

   Loja: 200,00 m²

   Sobreloja: 100,00 m²

   Subsolo: 100,00 m²

   Área equivalente: 200 + (100 × 0,5) + (100 × 0,3) = 280,00 m²

   Oferta: R$ 25.000,00 + luvas (R$ 100.000,00)

   Acréscimo das luvas: R$ 1.433,00

   Aluguel: R$ 26.433,00

   V_{Lj} = 5.285,94

   Informante: Dr.ª Simone Feigelson Deutsch (proprietária), Tel.: (xx) xxx-xxx-xxx

   Preço/m²: R$ 94,40/m²

   $$F_a = \left(\frac{280}{182} \right)^{0,125} = 1,055$$

   $$F_t = \frac{5571,94}{5285,94} = 1,054$$

$F_o = 0,90$

Preço/m² homogeneizado: R$ 94,48/m²

3. Avenida Rio Branco n° 126 – Loja A

 Loja: 42,00 m²

 Sobreloja: 160,00 m² × 0,50 = 80,00 m²

 Área total equivalente: 122,00 m²

 Aluguel (renovado judicialmente, setembro/2021): R$ 10.000,00

 $V_{Lj} = 6.465,85$

 Informante: Ana Luiza Cargnin Lucena Dantas (Centro de Medicina Nuclear Dr.ª Ana C. L. Dantas), Tel.: (xx) xxx-xxx-xxx

 Preço/m²: R$ 81,97/m²

$$F_a = \left(\frac{122}{182}\right)^{0,125} = 0,951$$

$$F_t = \frac{5571,94}{6465,85} = 0,862$$

 Preço/m²: R$ 81,97/m² × 0,951 × 0,862 = R$ 67,17/m²

4. Avenida Rio Branco n° 128 – B

 Loja: 71,60 m²

 Sobreloja: 16,00 m² × 0,50 = 8,00 m²

 Área equivalente total: 79,60 m²

 Aluguel (contrato de 1° de julho de 2021): R$ 7.000,00

 $V_{Lj} = 6.465,85$

 Informante: Dr. Luiz Dilnei Nunes Serafim (proprietário), Tel.: (xx) xxx-xxx-xxx

 Preço/m²: R$ 87,94/m²

$$F_a = \left(\frac{79,60}{182}\right)^{0,125} = 0,901$$

 $F_t = 0,862$

 Preço/m² homogeneizado: R$ 87,94/m² × 0,901 × 0,862 = R$ 68,32/m²

5. Avenida Rio Branco n° 128 – A

 Loja: 180,35 m²

 Sobreloja: 46,34 m² × 0,50 = 23,17 m²

 Área equivalente total: 203,52 m²

 Aluguel (renovado judicialmente a partir de agosto de 2021): R$ 30.000,00

 $V_{Lj} = 6.465,85$

 Informante: Dr. Marcelo Gomes da Silva (perito), Tel.: (xx) xxx-xxx-xxx

 Preço/m²: R$ 147,41/m²

 $F_a = 1,028$

$F_t = 0,862$

Preço/m² homogeneizado: R$ 147,41/m² × 1,028 × 0,862 = R$ 130,53/m²

6. Avenida Rio Branco nº 138 – B

   Área: 175,00 m²

   Aluguel em oferta: R$ 26.000,00

   $V_{Lj} = 6.465,85$

   Informante: Dr. Vitor Mello Punaro Baratta (perito), Tel.: (xx) xxx-xxx-xxx

   Preço/m²: R$ 148,57/m²

   $F_o = 0,90$

   $F_t = 0,862$

   $F_a = 0,990$

   Preço/m² homogeneizado: R$ 148,57/m² × 0,90 × 0,862 × 0,990 = R$ 114,02/m²

7. Rua Sete de Setembro nº 48

   Loja: 226,45 m²

   Sobreloja: 400,00 m² × 0,50 = 200,00 m²

   Subsolo: 248,80 m² × 0,30 = 74,64 m²

   Área total equivalente: 501,09 m²

   Aluguel (junho de 2021): R$ 39.823,00

   $V_{Lj} = 5.500,16$

   Informante: Dr. Luiz Antônio Lameira (proprietário), Tel.: (xx) xxx-xxx-xxx

   Preço/m²: R$ 159,65/m²

   $$F_a = \left(\frac{501}{182}\right)^{0,125} = 1,135$$

   $$F_t = \frac{5571,94}{5500,16} = 1,013$$

   Preço/m² homogeneizado: R$ 79,47/m² × 1,135 × 1,013 = R$ 91,34/m²

8. Avenida Rio Branco nº 108

   Loja: 200,60 m²

   Subsolo: 196,25 m² × 0,30 = 58,87 m²

   Mezanino: 117,42 m² × 0,50 = 58,71 m²

   Sobreloja: 200,60 m² × 0,50 = 100,30 m²

   Área total equivalente: 418,48 m²

   Aluguel em oferta: R$ 35.000,00

   $V_{Lj} = 6.465,85$

   Informante: Dr. Hilário Ribeiro de Alencar (proprietário), Tel.: (xx) xxx-xxx-xxx

Preço/m²: R$ 83,64/m²

$$F_a = \left(\frac{418}{182}\right)^{0,125} = 1,109$$
$$F_t = = 0,862$$

Preço/m² homogeneizado: R$ 83,64/m² × 0,90 × 1,109 × 0,862 = R$ 71,96/m²

9. Rua do Ouvidor nº 97

Loja: 202,00 m²

Subsolo: 188,00 m² × 0,30 = 56,40 m²

Sobreloja: 262,00 m² × 0,50 = 131,00 m²

Área total equivalente: 389,40 m²

Aluguel atual: R$ 42.527,00

$V_{Lj} = 5.204,88$

Informante: Dr.ª Priscila Bruno Duque Estrada Michelli (proprietária), Tel.: (xx) xxx-xxx-xxx

Preço/m²: R$ 45,84/m²

$$F_a = \left(\frac{389}{182}\right)^{0,125} = 1,099$$

$$F_t = 1,071$$

Preço/m² homogeneizado: R$ 128,53/m²

10. Rua do Rosário nº 171

Área: 250 m²

Aluguel em oferta: R$ 20.000,00

$V_{Lj} = 5.204,88$

Informante: Eng. André Lang (perito), Tel.: (xx) xxx-xxx-xxx

Preço/m²: R$ 80,00/m²

$F_o = 0,90$

$F_a = 1,040$

$F_t = 1,071$

Preço/m² homogeneizado: R$ 80,00/m² × 0,90 × 1,040 × 1,071 = R$ 80,17/m²

11. Rua Buenos Aires nº 108 e nº 110

Loja: 298,00 m²

Sobreloja: 139,00 m² × 0,50 = 69,50 m²

2º pavimento: 298,00 m² × 0,25 = 74,50 m²

Área total equivalente: 442,00 m²

Aluguel atual: R$ 32.124,00

$V_{Lj} = 4.125,97$

Informante: Dr. João Augusto Basílio (proprietário), Tel.: (xx) xxx-xxx-xxx

Preço/m²: R$ 72,68/m²

$F_a = 1,117$

$F_t = 1,350$

Preço/m² homogeneizado: R$ 109,62/m²

12. Rua México n° 148

Loja: 122,29 m²

Sobreloja: 118,69 m² × 0,50 = 59,34 m²

Área equivalente total: 181,63 m²

Aluguel atualizado: R$ 8.454,00

$V_{Lj} = 4.532,12$

Informante: Dr. José Roberto Sampaio (proprietário), Tel.: (xx) xxx-xxx-xxx

Preço/m²: R$ 46,54/m²

$F_a = 1,00$

$$F_t = \frac{3049,21}{2744,28} = 1,11$$

Preço/m² homogeneizado: R$ 46,54/m² × 1,11 = R$ 51,65/m²

A média $\overline{X}$ dos doze elementos é:

$$\overline{X} = R\$\,99,18/m^2$$

O desvio padrão (S – *standard deviation*) é dado pela fórmula:

$$S = \sqrt{\frac{\sum(\overline{x} - x_i)^2}{n-1}}$$

$$S = 23,54$$

No presente estudo, será adotada a teoria estatística das pequenas amostras ($n < 30$), com a distribuição t de Student, para ($n - 1$) graus de liberdade e com confiança de 80%.

Os limites de confiança vêm definidos pelos modelos:

$$X_{máx} = \overline{X} + t_c \cdot \frac{s}{\sqrt{n-1}}$$

$$X_{mín} = \overline{X} - t_c \cdot \frac{s}{\sqrt{n-1}}$$

em que:

t_c = valores percentis para distribuição t de Student com 12 elementos amostrais e 80% de confiança = 1,36 (tabelado).

Assim, têm-se:

$$X_{máx} = 99{,}18 + 9{,}64 = 108{,}82/m^2$$

$$X_{mín} = 99{,}18 - 9{,}64 = 89{,}54/m^2$$

O critério de Chauvenet mostra que todos os elementos amostrais são pertinentes ao rol, a saber:

$$\frac{d}{s} \text{ máximo} = 2{,}03$$

$X_3 = 67{,}17$ (menor) $\qquad\qquad\qquad X_5 = 130{,}53$ (maior)

$$\frac{d_3}{s} = \left|\frac{67{,}17 - 99{,}18}{23{,}54}\right| = 1{,}36 < 2{,}03 \rightarrow \text{o elemento permanece}$$

$$\frac{d_5}{s} = \left|\frac{130{,}53 - 99{,}18}{23{,}54}\right| = 1{,}33 < 2{,}03 \rightarrow \text{o elemento permanece}$$

Como os elementos amostrais-limite são pertinentes ao rol, os demais também o serão, e o universo torna-se compatível. A amplitude, então, é de 108,82 – 89,54 = 19,28. Dividindo-se em três classes, tem-se 19,28 ÷ 3 = 6,43. Assim:

- 1ª classe: 89,54.................95,96
  Nesse intervalo, há dois elementos amostrais (94,48 e 91,34) → peso 2
- 2ª classe: 95,96.................102,39
  Nesse intervalo, não há elementos → peso 0
- 3ª classe: 102,39................108,82
  Nesse intervalo, não há elementos → peso 0

Soma dos valores ponderados $(S_v) = 371{,}64$.
Soma dos pesos $(S_p) = 4$.

Valor de decisão: $\dfrac{371{,}64}{4} = R\$ 92{,}91/m^2$.

Dessa forma, o valor locativo pela comparação (A_2) será de:

$$R\$ 92{,}91/m^2 \times 182{,}52 \ m^2 = R\$ 16.957{,}93$$

ou, em números redondos,

$$A_2 = R\$ 17.000{,}00$$
$$\text{(dezessete mil reais)}$$

Cálculo do valor locativo pela rentabilidade (A$_y$)

Pelo método da rentabilidade, o valor V do imóvel é dado por:

$$V = (V_{ct} + V_B) \cdot F_c$$

em que:

V = valor do imóvel;

V_{ct} = valor da cota de terreno relativa à edificação feita;

V_B = valor das benfeitorias, no estado;

F_c = coeficiente de mercado = 1,10.

Cálculo do valor da cota de terreno (V$_{ct}$)

Em primeiro lugar, calcula-se o valor V_t do terreno, através da fórmula de Harper-Berrini:

$$V_t = V_0 \cdot \sqrt{\frac{A \times T}{N}} \times K_t \cdot K$$

em que:

V_t = valor do terreno para o máximo aproveitamento edificável, referido ao mês de outubro de 2021.

V_0 = preço do metro de testada fornecido pela Prefeitura do Rio de Janeiro para o logradouro, com fins fiscais: R$ 354.509,80.

$$V_0 = R\$ 354.509,80 \text{ (outubro de 2021)}$$

A = área do terreno = 97,80 m².

T = testada = 7,10 m.

N = profundidade-padrão = 36,00 m.

K_t = fator de testada = $\sqrt{\dfrac{97,80 \times 7,10}{36}}$ = 0,877.

K = fator de incremento do V_0 para adaptá-lo ao mercado (entre 1,2 e 3,0). No caso presente = 100% = 1,50.

Substituindo-se os valores na fórmula, tem-se:

$$V_t = R\$ 354.509,80 \times \sqrt{\frac{97,80 \times 7,10}{36}} \times 0,877 \times 1,50$$

$$V_t = R\$ 2.048.242,76$$

Esse, então, é o valor potencial do terreno para o máximo aproveitamento (oito pavimentos).

Agora, há que se calcular o valor da cota para o que está edificado, através das áreas fictícias equivalentes e seus respectivos pesos.

Assim, têm-se:

- Térreo: 97,80 m² × peso 4 = 391,20 m² fictícios equivalentes.
- 2º pavimento: 97,80 m² × peso 2 = 195,60 m² fictícios equivalentes.
- 3º pavimento: 97,80 m² × peso 1,5 = 146,70 m² fictícios equivalentes.
- Cinco pavimentos-tipo virtuais (4º ao 8º): 97,80 m² × 5 × peso 1 = 489,00 m² fictícios equivalentes.
- Área fictícia equivalente total: 1.222,50 m².

R$ 2.048.242,76 ÷1.222,50 m² = R$ 1.675,45/m² fictício equivalente

Para a edificação existente, calcula-se:

R$ 1.675,45/m² fictício equivalente × (391,20 m² + 195,60 m² + 146,70 m²) = R$ 1.675,45/m² × 733,50 m² fictícios equivalentes = R$ 1.228.945,66

ou, em números redondos,

$$V_{ct} = R\$ 1.230.000,00$$
(um milhão, duzentos e trinta mil reais)

Cálculo do valor das construções, no estado (V_B)

Consultado o Sinduscon-Rio (outubro de 2021), o custo unitário básico padrão H4-3Q-N é de R$ 2.183,91/m². Para a construção-tipo, os custos indiretos são da ordem de 45%, traduzido o custo unitário como "coisa nova" de R$ 2.183,91/m² × 1,45 = R$ 3.166,67/m².

Como o prédio tem idade aparente de 30 anos, há que se depreciar a edificação, e para isso se utiliza a tabela de Ross-Heidecke. Nessa tabela, as características "idade 30", "vida 100" e "estado 2" traduzem a depreciação de 0,215, o que implica o fator de (1 − 0,215) = 0,785 para a obsolescência funcional.

Para a área construída de 286,06 m², tem-se:

$$V_B = 286,06 \text{ m}^2 \times R\$ 3.166,67/\text{m}^2 \times 0,785 = R\$ 711.098,23$$

ou, em números redondos,

$$V_B = R\$ 710.000,00$$
(setecentos e dez mil reais)

Assim, o valor V_i do imóvel, referido a outubro de 2021, será de:

$$V_i = (R\$ \, 1.230.000,00 + R\$ \, 710.000,00) \times 1,10$$
$$V_i = R\$ \, 2.134.000,00$$

ou, em números redondos,
$$V_i = R\$ \, 2.130.000,00$$
(dois milhões, cento e trinta mil reais)

A uma taxa de 10% a.a., atual taxa praticada no mercado, tem-se então o aluguel pela rentabilidade (A_3) de:

$$A_3 = R\$ \, 17.750,00$$

Quadro sintético dos valores locativos

A partir de 1º de outubro de 2021, os valores encontrados para o justo aluguel foram:
1. Correção monetária: R\$ 16.510,00.
2. Comparação: R\$ 17.000,00.
3. Rentabilidade: R\$ 17.750,00.

No arbítrio que é concedido ao Perito, optamos como justo aluguel o valor encontrado no método comparativo, ou seja:
R\$ 17.000,00
(dezessete mil reais)

Obtido o justo valor locativo, passamos a responder aos quesitos do autor.

Quesitos do autor (fl. 186 dos Autos)

1º quesito: Queiram os Senhores Perito e Assistentes Técnicos descrever sumariamente o imóvel objeto da presente ação e o estado em que o mesmo se encontra.
Resposta: Atendido no Histórico e visto nas fotos anexas.

2º quesito: Queiram os Senhores Perito e Assistentes Técnicos informar o justo aluguel para o imóvel em causa, explicando o método de cálculo utilizado.
Resposta: Atendido nos Cálculos avaliatórios.

3º quesito: Queiram os Senhores Perito e Assistentes Técnicos prestar os demais esclarecimentos que julgarem necessários.

Resposta: Nada há para acrescentar.

Quesitos dos réus (fl. 188 dos Autos)

1º quesito: Queira o Dr. Perito descrever o imóvel nº 31 da Rua Uruguaiana, sua localização, vizinhança, tipo de construção e de logradouro onde se situa, calçamento das calçadas e do logradouro, movimento comercial (se intenso ou não) das lojas que o circundam etc.

Resposta: Atendido no Histórico.

2º quesito: Queira o Dr. Perito indicar o valor locativo justo do imóvel em questão.

Resposta: Atendido nos Cálculos avaliatórios.

3º quesito: Queira o Dr. Perito prestar todos os demais esclarecimentos que julgar necessários.

Resposta: Nada há para acrescentar.

Encerramento

Tendo concluído o presente laudo em 16 (dezesseis) folhas de papel formato A4, digitadas de um só lado, 09 (nove) fotografias coloridas e enumeradas e 01 (uma) planta do imóvel em tela, tudo devidamente rubricado pelo Perito que subscreve este laudo,

Requer sua juntada aos Autos para que produzam um só fim e efeito de Direito.

N. Termos
P. Deferimento

Rio de Janeiro, 20 de novembro de 2021

Eng. Sérgio Antonio Abunahman (in memoriam)
Perito do Juízo

Avaliações especiais 5

Neste capítulo, será explicado como é feita a avaliação de estabelecimentos como cinemas, teatros, hotéis, motéis e postos de serviço em geral. Será mostrado o método da renda, segundo o modelo do arquiteto Francisco Alves Gomes Jr., o do engenheiro Celso Aprígio Guimarães Neto e o do próprio autor. Também será apresentado um modelo bastante prático e eficaz para avaliação do fundo de comércio.

5.1 Determinação do valor locativo de cinemas e teatros

Há determinados imóveis, de destinação específica, cujo aluguel não pode ser obtido pelo critério da rentabilidade, que é baseado no valor binomial terreno + benfeitorias. É o caso, por exemplo, de cinemas e teatros, que foram locados pela antiga Lei de Luvas (hoje revogada, mas não na sua essência, pela Lei nº 8.245/1991), e, portanto, foram sujeitos às Ações Renovatórias. Além de cinemas e teatros, acrescentam-se postos de gasolina, hotéis e motéis, para os quais se adota o *método da renda,* em que as avaliações de empreendimentos de base imobiliária (hotéis, *shopping centers* e outros) devem observar as prescrições da NBR 14653-4 (ABNT, 2002, item 8.2.3). A parte 4 da norma estabelece os valores de empreendimentos.

É do eminente e saudoso arquiteto Francisco Alves Gomes Jr. a fórmula a seguir apresentada, desenvolvida no IV Congresso Brasileiro de Avaliações e Perícias de Engenharia, realizado em Porto Alegre em outubro de 1984, onde o arquiteto recebeu menção honrosa. Trata-se de um importante modelo para situações em que é necessária a determinação do justo aluguel de um cinema ou teatro, calculado a partir do número de poltronas e do preço líquido do ingresso:

$$A_L = N \cdot P \cdot n \cdot 0,05$$

em que:
A_L = aluguel mensal;
N = número de poltronas para o público;
P = preço líquido do ingresso (sem impostos);
n = número mensal de sessões ou espetáculos.

O fator 0,05 representa o produto do percentual de 25% correspondente à remuneração do locador e/ou empresário pelo percentual habitual de lotação média de aproximadamente 20% da sala (0,05 = 0,25 × 0,20).

Ao avaliador terá de ser fornecido o borderô de ingressos dos doze meses que antecedem o mês da avaliação, compensando-se meses atípicos como janeiro e fevereiro, além da observação aleatória a ser feita em sessões em dias de pique (sextas-feiras e sábados à noite) e sessões diurnas durante a semana.

Exemplo 5.1

A título de exemplo, segue a aplicação da fórmula utilizada em um caso de março de 1997 para determinar o justo valor locativo do Cinema Império, situado na Ladeira dos Artistas nº 900, Aldeia Global, Rio de Janeiro. Nesse cinema, o preço do ingresso era de R$ 5,27 (líquido), com 800 poltronas para o público e três sessões por dia.

Desenvolvimento dos cálculos

Examinando-se o borderô, verifica-se uma frequência média superior aos 20% preconizados na fórmula – mais precisamente, de 26%. Assim, o valor locativo referido à março de 1997 deverá ser de:

$$A_L = N \cdot P \cdot 3 \cdot 30 \cdot 0,25 \cdot 0,26$$

$$A_L = 800 \times 5,27 \times 3 \times 30 \times 0,065$$

$$A_L = R\$ \, 24.663,00$$

(vinte e quatro mil, seiscentos e sessenta e três reais)

5.2 Avaliação de hotéis e motéis

Baseado na fórmula do arquiteto Francisco Alves Gomes Jr. para cinemas e teatros, calcada na renda efetiva, o engenheiro Celso Aprígio Guimarães Neto, ex-presidente do Ibape Nacional, deduziu o seu modelo de aplicação a hotéis e motéis, introduzindo na fórmula dois fatores específicos pertinentes: a rotatividade (igual à unidade, em se tratando de hotéis) e a área de efetiva utilização pelo hóspede em relação à área equivalente de construção do hotel, a qual sempre será inferior à unidade, conforme a NBR 12721, já comentada em capítulo anterior.

Assim, a fórmula toma o seguinte aspecto:

$$A_L = N \cdot P \cdot F \cdot d \cdot r \cdot T \cdot R_p$$

em que:

A_L = aluguel mensal do imóvel;

N = número de apartamentos do hotel;

P = valor médio das diárias na data da avaliação ou no mês em referência;

F = fração da área rentável, representada pelo quociente entre a área efetivamente utilizada pelo hóspede e a área total construída (área geradora de renda);

d = número de dias de utilização no mês = 30;

r = rotatividade média de cada apartamento (no caso de hotéis = 1);

T = taxa de ocupação média no período de 12 meses anterior à avaliação;

R_p = remuneração do investidor (entre 35% e 55%).

No cálculo da área geradora de renda, são excluídas as áreas não utilizadas pelo hóspede, como a área da recepção onde ficam os funcionários e a administração, a cozinha, os vestiários e refeitório de funcionários, os corredores de acesso aos apartamentos, os vãos de elevadores etc. A experiência demonstra que, quanto maior e mais luxuoso for o hotel, menor será a fração de área rentável, situando-se para os grandes hotéis de cinco estrelas na ordem de 50%, em geral.

No caso de motéis, aplica-se o mesmo raciocínio, com variação da rotatividade, em geral na ordem de 100% a 200% (1 a 2), representada pelo número de vezes de ingresso em cada apartamento por dia. A taxa de ocupação T será representada, então, pela unidade.

Geralmente, nos motéis, por suas configurações arquitetônicas, o F (coeficiente de área rentável) é maior do que o dos hotéis de quatro e cinco estrelas, visto que as garagens pertinentes a cada apartamento são consideradas como área de efetiva de utilização pelo hóspede, e as áreas de acesso limitam-se às áreas de rolamento de veículos.

A seguir, será apresentado um exemplo de laudo de avaliação de um hotel. Observa-se que o nome do hotel está omitido, uma vez que toda avaliação particular é estritamente confidencial. Ela pertence ao cliente que contratou o avaliador e somente com a autorização do contratante é que poderá ser divulgada. Por outro lado, a data de referência foi adaptada para o ano de 1997, quando um dos componentes da equipe de avaliadores, o querido e sempre lembrado arquiteto José Garcia Filho, já havia falecido. Fica registrada a nossa homenagem a esse extraordinário profissional.

Exemplo 5.2
LAUDO DE AVALIAÇÃO
Nota: como o laudo foi calculado em U$, os cálculos serão mantidos a título de exemplo e em homenagem aos nobres colegas, tão importantes e representativos na área da perícia e avaliação imobiliária.

Imóvel: Hotel XXXXXX – Avenida Atlântica, Copacabana, Rio de Janeiro, RJ

Mês de referência: outubro de 1997
Peritos avaliadores:
Eng. Sérgio Antonio Abunahman
CREA n° 1.445-D/RJ

Arq. José Garcia Filho
CREA n° 4.645-D/RJ

Arq. Flávio do Amaral Malafaia
CREA n° 5.951-D/RJ

Eng. Celso Aprígio Guimarães Neto
CREA n° 7.227-D/RJ

Administração do Hotel XXXXXX
Avenida Atlântica
Bairro: Copacabana, Rio de Janeiro, RJ

Os Peritos Avaliadores SÉRGIO ANTONIO ABUNAHMAN, engenheiro de CREA n° 1.445-D/RJ, JOSÉ GARCIA FILHO, arquiteto de CREA n° 4.645-D/RJ, FLÁVIO DO AMARAL MALAFAIA, arquiteto de CREA n° 5.951-D/RJ e CELSO APRÍGIO GUIMARÃES NETO, engenheiro de CREA n° 7.227-D/RJ, membros do Instituto de Engenharia Legal, vêm apresentar o LAUDO DE AVALIAÇÃO do imóvel ocupado pelo HOTEL XXXXXX, situado na Avenida Atlântica, Copacabana, Rio de Janeiro.

Objetivo da avaliação

O presente Laudo tem como objetivo a determinação do valor de mercado do imóvel situado na Avenida Atlântica, inscrição XXXX, esquina de XXXXXXXXXXXXX, bairro de Copacabana, nesta Cidade (Rio de Janeiro), ocupado pelo HOTEL XXXXXX, somente na parte relativa à construção e ao terreno.

Valor final encontrado

De acordo com os procedimentos técnicos empregados no presente trabalho, os avaliadores atribuem ao imóvel o valor real de mercado, em moeda norte--americana, de:

US$ 64.500.000,00
(sessenta e quatro milhões e quinhentos mil dólares norte-americanos)

Data de referência: outubro de 1997.

Introdução

Além da experiência profissional, os avaliadores não podem deixar de observar as regras técnicas cabíveis em cada caso e as recomendações das Normas Brasileiras de Avaliações de Imóveis Urbanos, elaboradas pela Associação Brasileira de Normas Técnicas (ABNT). As avaliações devem produzir valores que expressem as condições vigentes no mercado imobiliário local, ou seja, que representem o real *valor de mercado*.

O valor de mercado pode ser definido como o preço que o hotel poderia alcançar quando colocado à venda em prazo razoável, tendo o comprador e o vendedor pleno conhecimento de todos os usos e finalidades para os quais está adaptado e poderá ser utilizado. Ou seja, é o preço obtido através de uma livre oferta de mercado, de compra e venda à vista.

Procurou-se justificar as conclusões, fornecendo-se as bases para o julgamento dos critérios empregados e dos elementos que pareceram indispensáveis à perfeita compreensão dos valores adotados. Evitaram-se, todavia, descrição e fundamentação muito prolixas dos dados solicitados e analisados.

No presente trabalho, foram utilizados o método comparativo e o de fórmulas matemáticas, com as adaptações técnicas e homogeneizações recomendáveis em cada caso e devidamente explicitadas nas ocasiões adequadas.

Considerações gerais

O laudo de avaliação do imóvel, enumerado, calculado e particularizado a seguir, obedeceu aos seguintes princípios fundamentais:

- Os avaliadores inspecionaram pessoalmente o imóvel objeto do presente trabalho.
- Os avaliadores não têm no presente, nem contemplam no futuro, interesse algum no bem objeto desta avaliação.
- As análises, opiniões e conclusões expressas no presente trabalho são baseadas em dados, diligências, pesquisa e levantamentos efetuados pelos próprios avaliadores, e têm-se como idôneas e verdadeiras as informações prestadas a eles por terceiros.
- O laudo foi elaborado com estrita observância dos postulados constantes dos Códigos de Ética Profissional do Conselho Federal de Engenharia, Arquitetura e Agronomia (Confea), bem como do Instituto de Engenharia Legal.

Características gerais

A Avenida Atlântica é plana e asfaltada, com iluminação a vapor de mercúrio, mão dupla de direção e amplo canteiro central. Seu uso é comercial e residencial, com o predomínio de comércio de bares, restaurantes e hotéis, uma vez que o local é de destinação turística, dispensando maiores comentários por se tratar da avenida da mais famosa praia do Rio de Janeiro.

Características particulares

O Hotel XXXXXX está localizado na Avenida Atlântica e faz esquina com as ruas XXXXXXXXXXXXXXXX e XXXXXXXXXXXXXXXXX, com entrada pelos dois primeiros logradouros e acesso de serviço e à garagem pelos fundos.

O imóvel consta de dois subsolos; um pavimento de acesso; um pequeno jirau; um pavimento de transição destinado às tubulações elétricas, hidráulicas e de ar condicionado; um pavimento para a administração; restaurantes; um quarto pavimento, também de transição, utilizado para dutos e equipamentos; pavimentos com os apartamentos do 5º ao 28º; um pavimento de recreação com piscina; uma sauna e sala de ginástica; e uma cobertura, com telhado e torres de refrigeração.

No segundo subsolo estão as oficinas, equipamentos hidráulicos, coletor de esgoto, equipamentos de ar condicionado, caldeiras, depósitos de garrafas, tanque de óleo, despensa, incinerador, controle telefônico e salas de preparo de carne e vegetais. O piso é cimentado e as paredes são revestidas e pintadas, ou com azulejos nas paredes que exigem limpeza frequente.

Já no primeiro subsolo estão localizadas a expedição, lavanderia, sanitários e vestiários de empregados, exaustores, depósito de roupa suja, serviço médico e pronto-socorro, cozinha e estocagem, duas lojas com cozinha e sanitários privativos e sanitários de uso geral. A circulação tem o piso em marmorite; o refeitório e os sanitários, piso em cerâmica; e os vestiários e a lavanderia, piso também em cerâmica e azulejos até o teto. Na parede frontal, encontra-se um salão de cabeleireiro, com piso em cerâmica e lambris de madeira nas paredes.

O pavimento térreo tem o piso em granito polido, forro em madeira tipo colmeia, com luminárias embutidas, e paredes decoradas com material nobre. Os escritórios internos têm o piso revestido em carpete e as paredes revestidas e pintadas.

O primeiro pavimento duplo tem acesso pelos elevadores do saguão principal do térreo e por ampla escada na parede frontal da construção, e nele se encontram salões de convenção e um *hall* de recepção de grupos. O piso é em carpete e as paredes são revestidas e decoradas, com pé-direito duplo. Esse pavimento possui também bar, cozinha, padaria e câmaras frigoríficas.

O segundo pavimento é destinado à administração do hotel, com salas de escritórios acarpetadas e paredes revestidas e pintadas. Cinco por cento do pavimento é ocupado por dependências destinadas às tubulações de serviço, elétricas, hidráulicas e de ar condicionado. O pavimento ainda dispõe de sanitários com piso em cerâmica, azulejos nas paredes até o teto, sala de reservas e cabinas de som.

No terceiro pavimento, estão localizados o *coffee shop*, um bar, dois restaurantes e um pátio tropical aberto, com piso em lajotas São Tomé. O *coffee shop* possui piso revestido em lajotas São Tomé e forro em frisos de madeira decorativa. A cozinha principal possui piso revestido em cerâmica e azulejos até o teto e o forro em laminados metálicos. Nesse pavimento, também estão localizados o *piano bar* e o restaurante principal do hotel, com piso revestido em carpete e fechamento externo com esquadrias em alumínio e vidro, além de paredes decoradas com material nobre.

O 4° pavimento é técnico, com 90% destinados às tubulações de serviço, elétricas, hidráulicas e de ar condicionado. Nesse pavimento também se localiza a cabina geral de comunicação telefônica, com piso revestido em vulcapiso e teto rebaixado em gesso.

Do 5° ao 28° pavimento estão localizados os apartamentos do hotel, variando apenas sua distribuição, em função do aproveitamento para rouparia, salas de governanta, residências de gerentes e pequenas salas de reunião, distribuídas adequadamente em diversos pavimentos. Os quartos têm acabamento praticamente padronizado: piso revestido em carpete, parede lateral em tijolo aparente e pintura, teto rebaixado em gesso e sanitários com piso revestido em cerâmica e azulejos até o teto. Todos os apartamentos dispõem de pequena sacada com piso em cerâmica e peitoril em vidro temperado.

O 29° pavimento possui pé-direito de 1,20 m e é um piso de transição que abriga o fundo da piscina, os equipamentos de limpeza e a tubulações em geral. Já no 30° pavimento está localizada a piscina em área aberta, com *deck* de madeira, próxima a um bar com eventual música ao vivo, uma cozinha e o *room service* do hotel. Além disso, o pavimento possui também sanitários, salão de ginástica, sauna e sala de repouso.

O 31° pavimento é utilizado apenas para a casa de máquinas dos elevadores e a caixa d'água. Acima desse pavimento, localiza-se a laje de cobertura, somente na parte correspondente à casa de máquinas.

O prédio dispõe ainda de uma garagem que vai do térreo até o 28° pavimento, com três ou seis vagas em pavimentos intercalados. As garagens fazem parte integrante da edificação e reduzem a área interna destinada aos quartos. Seu acabamento é simples, com piso cimentado e paredes caiadas.

O acesso às vagas se dá por elevador de veículos com deslocamento vertical e horizontal. A edificação tem idade aparente de 16/20 anos e está em regular estado de conservação.

Para possibilitar a execução do presente trabalho, foram considerados os seguintes dados técnicos:

- Terreno:
    ◊ frente para Avenida Atlântica: 44,81 m;
    ◊ frente para a primeira via: 36,38 m;
    ◊ frente para a segunda via: 40,33 m;
    ◊ área: 1.548,69 m².
- Construção:
    ◊ área construída: 39.698,78 m²;
    ◊ área equivalente: 36.256,07 m²;
    ◊ número de quartos: 609;
    ◊ número de pavimentos: 30.

Resultados

Para atingir as finalidades da presente avaliação, foram empregados os critérios de aproveitamento e o de fórmulas matemáticas pelo custo de construção. No anexo I, efetuamos os cálculos avaliatórios indispensáveis, cujos resultados são apresentados a seguir.

Aproveitamento operacional

Com base no aproveitamento operacional do Hotel XXXXXX, em função do número de quartos, da diária média e da área total necessária ao pleno funcionamento do estabelecimento, calculamos o valor do imóvel, terreno e construção na importância de:

$$V_{i1} = US\$ \ 64.500.000,00$$

(sessenta e quatro milhões e quinhentos mil dólares norte-americanos)

Fórmulas matemáticas pelo custo de construção

Com base no custo de construção e no percentual para o terreno, obtivemos para o valor do imóvel a importância de:

$$V_{i2} = US\$ \ 80.800.000,00$$

(oitenta milhões e oitocentos mil dólares norte-americanos)

Conclusão

Considerando as características construtivas do imóvel, sua localização e todos os elementos que interferem em sua valorização ou desvalorização, os avaliadores atribuem o valor de mercado de:

$$V_i = US\$ \ 64.500.000,00$$
(sessenta e quatro milhões e quinhentos mil dólares norte-americanos)

Cálculos avaliatórios

O valor do imóvel será calculado pelo critério de aproveitamento operacional e o das fórmulas matemáticas, conforme apresentado detalhadamente a seguir.

Critério do aproveitamento operacional

Esse método consiste em se obter o valor da propriedade a partir do rendimento que ela produz, ou seja, é o método da renda como estabelece a NBR 14653-2 já comentada.

No caso específico de hotéis, entendemos que o rendimento deva ser considerado em função da área efetiva de utilização rentábil, isto é, em áreas de apartamentos, áreas de lazer, bares, restaurantes, *hall* principal de recepção e demais dependências que possam ser de utilização frequente dos hóspedes e produzam rendimento ao hotel ou atração da clientela, aumentando a taxa de ocupação.

De acordo com o levantamento feito no local e a documentação existente, destacamos a área bruta total construída e a área equivalente de construção, expostas nas Tabs. 5.1 e 5.2. Indica-se ainda que a área do terreno corresponde a 1.548,69 m².

Tab. 5.1 Área bruta total construída

Pavimentos	Área bruta (m²)
1º subsolo	1.509,00
2º subsolo	1.309,00
Garagem	2.478,28
Térreo	1.462,00
Jirau	156,00
1º pavimento	1.481,00
2º pavimento	1.481,00
3º pavimento	1.231,00
4º pavimento	1.065,00
Terraço	1.109,00
Casa de máquinas	453,00
Telhado	192,00
Tipo	25.572,00 (1.065,50 × 24 pavimentos)
Total	**39.498,28**

Tab. 5.2 Área equivalente de construção

Pavimentos	Área equivalente (m²)
Subsolo	2.818,00 × 0,35 = 986,30
Garagem	2.478,28 × 0,50 = 1.239,14
Térreo	1.462,00 × 1,20 = 1.754,40
Jirau	156,00 × 0,80 = 124,80
1º pavimento	1.481,00 × 1,00 = 1.481,00
2º pavimento	1.481,00 × 1,00 = 1.481,00
3º pavimento	1.231,00 × 1,00 = 1.231,00
4º pavimento	1.065,50 × 1,00 = 1.065,50
Tipo	1.065,50 × 24 = 25.572,00
Terraço	1.109,00 × 0,75 = 831,75
Casa de máquinas	453,00 × 0,65 = 294,45
Telhado	192,00 × 0,65 = 124,80
Área equivalente	**36.061,34**

Considerando os corredores, administração, escadas, elevadores, caixa d'água, casa de máquinas, sistemas de refrigeração e dependências de uso exclusivo do funcionamento interno do estabelecimento, estão expostas na Tab. 5.3 as áreas de efetiva utilização dos hóspedes, para produção de renda do hotel.

Tab. 5.3 Áreas utilizadas pelos hóspedes

Dependências	Área (m²)
Subsolo	310,00
Garagem	1.200,00
Térreo	400,00
1º pavimento	156,00
2º pavimento	942,00
Terraço	254,00
Apartamentos	17.364,00
Total	**20.626,00**

Nesse caso específico, a fração de área geradora de renda seria de:

$$f = \frac{20.626,00}{36.061,34} = 0,572$$

O valor da renda do imóvel é representado pelo aluguel mensal, que pode ser obtido pela seguinte expressão:

$$A_L = N \cdot D \cdot F \cdot d \cdot r \cdot T \cdot R_p$$

em que:

A_L = aluguel mensal do imóvel;
N = número de apartamentos existentes = 609;
D = valor médio das diárias cobradas, referido a outubro de 1997 = US$ 165,00;
F = fração da área construída rentábil = 0,572;
d = número de dias de utilização no mês = 30;
r = rotatividade de cada quarto (no caso de motéis) = 1,00;
T = taxa de ocupação mensal (de 40% a 80%) = 68% = 0,68;
R_p = remuneração do investidor (de 35% a 55%) = 55% = 0,55.

De acordo com as possibilidades do hotel em estudo, tem-se:
$$A_L = 609 \times US\$ 165,00 \times 0,572 \times 30 \times 1,00 \times 0,68 \times 0,55 = 644.896,00$$
$$A_L = US\$ 644.896,00$$

ou, em números redondos,
$$A_L = US\$ 645.000,00$$

Da capitalização do aluguel mensal resultará o valor do imóvel, calculado pela expressão:

$$V_i = A_L \cdot \frac{n \times 100}{t}$$

em que:
V_i = valor do imóvel;

A_L = aluguel mensal;

t = taxa de rentabilidade = 1% ao mês ou 12% a.a.;

n = período de meses de capitalização = 12.

Capitalizando o aluguel encontrado à taxa de 12% ao ano, encontra-se o valor de mercado do hotel:

$$V_i = 645.000 \times \frac{12 \times 100}{12}$$

$$V_i = US\$\ 64.500.000,00$$

(sessenta e quatro milhões e quinhentos mil dólares norte-americanos)

Esse valor é equivalente a US\$ 105.911,00 por apartamento.

Fórmulas matemáticas pelo custo de construção

Por esse método, será calculado o valor venal do imóvel com a determinação das parcelas de construção e de terreno, cuja soma será multiplicada por um coeficiente de mercado que determina a relação entre o custo e as possibilidades de comercialização do imóvel. A fórmula utilizada está exposta a seguir:

$$V_{in} = \left(V_t + V_{cn}\right) \cdot f$$

em que:

V_{in} = valor do imóvel novo;

V_{cn} = valor da construção nova;

V_t = valor do terreno, igual a um percentual de V_{in}. No caso, $V_t = 0,60 \cdot V_{in}$;

f = coeficiente de mercado, em função do bairro onde se situa o imóvel, suas características construtivas e a situação do mercado imobiliário na época da avaliação → f = 1,10.

O valor da construção nova será calculado pela equação:

$$V_{cn} = s \cdot p \cdot k$$

em que:

s = área equivalente de construção;

p = preço unitário da construção calculado pelo Sinduscon do Rio de Janeiro para o mês em referência, de acordo com o padrão construtivo do imóvel;

k = acréscimo percentual para cobrir os custos não previstos de administração, lucro do construtor, ligações, licenças e todos os custos indiretos, somente na parte relativa à construção civil.

No caso em questão, s = 36.061,34 m², p = US\$ 420,00/m² (foi utilizado o custo tipo alto) e k = 1,75. Esse percentual de 75% é referente aos custos indiretos para um hotel cinco estrelas no qual as áreas "molhadas" serão em maior número.

Assim, substituindo-se os valores, calcula-se o valor da construção nova:

$$V_{cn} = 36.061,34 \text{ m}^2 \times \text{US\$ } 420,00/\text{m}^2 \times 1,75$$

$$V_{cn} = \text{US\$ } 26.505.000,00$$

E, para o valor do imóvel novo, tem-se:

$$V_{in} = (0,60V_{in} + 26.505.000) \times 1,10$$

$$V_{in} = \text{US\$ } 85.751.000,00$$

Considerando a vida útil provável, a idade aparente e o estado de conservação, o valor da construção depreciada, em termos físicos e de obsolescência, é dado pela fórmula:

$$V_c = V_{cn} \cdot \text{coeficiente de depreciação}$$

No presente caso, para n = 80 anos, i = 20 anos e percentual de duração = 25%, tem-se o coeficiente de depreciação (k_0) = 1 – 0,185 = 0,815. Assim, o valor da construção depreciada é de:

$$V_c = \text{US\$ } 26.505.000,00 \times 0,815$$

$$V_c = \text{US\$ } 21.601.000,00$$

Portanto, o valor do imóvel usado (V_i) será de:

$$V_i = V_{in} - (V_{cn} - V_c)$$

Vi = US\$ 85.751.000,00
V_{cn} = US\$ 26.505.000,00
V_c = US\$ 21.601.000,00

$$V_i = \text{US\$ } 80.847.000,00$$

ou, em números redondos:

$$V_i = \text{US\$ } 80.800.000,00$$
(oitenta milhões e oitocentos mil dólares norte-americanos)

Esse valor é equivalente a US$ 132.677,00 por apartamento.

Eng. Sérgio Antonio Abunahman
CREA nº 1.445-D/RJ

Arq. José Garcia Filho
CREA nº 4.645-D/RJ

Arq. Flávio do Amaral Malafaia
CREA nº 5.951-D/RJ

Eng. Celso Aprígio Guimarães Neto
CREA nº 7.227-D/RJ

5.3 Determinação do valor locativo de postos de serviço

O modelo do Engenheiro Sérgio Abunahman.

Uma das avaliações que mais geram controvérsias é a que diz respeito aos postos de serviço. Estes, tal como os cinemas, teatros, hotéis e motéis, enquadram-se no rol dos "imóveis especiais", para os quais devem ser descartados o método comparativo e o da rentabilidade, apesar de ser relevada a adoção do método da renda, ou seja, aquele em que locador e locatário, de certo modo, são "sócios" no empreendimento.

O método evolutivo indicado na NBR 14653 também é adequado para a aferição do valor desse tipo de empreendimento, em que se calcula o valor do terreno separado do valor das benfeitorias.

> 8.2.4. Método evolutivo
> A composição do valor total do imóvel avaliando pode ser obtida através da conjugação de métodos, a partir do valor do terreno, considerados o custo de reprodução das benfeitorias devidamente depreciado e o fator de comercialização, ou seja:
> $$VI = (VT + CB) \cdot FC$$
> onde:
> VI é o valor do imóvel;
> VT é o valor do terreno;
> CB é o custo de reedição da benfeitoria;
> FC é o fator de comercialização. (ABNT, 2011).

No caso de um posto de serviço, se o perito avaliador optar pelo critério evolutivo e, posteriormente, pela aplicação da rentabilidade, deverá estar familiarizado não somente com materiais de construção, mas também (e principalmente) com a avaliação de equipamentos, visto que o negócio de postos de gasolina, além das construções, encerra uma gama considerável de máquinas e equipamentos, tais como bombas, compressores, elevadores, tanques etc.

Nos Estados Unidos, para a determinação do valor locativo de um posto de serviço, parte-se da fórmula simplista de aplicar-se a taxa anual de 6% sobre o faturamento bruto para representar o justo aluguel. Essa fórmula de origem americana, no nosso entendimento, não se adapta à realidade brasileira, pois nos parece majorante e, caso a utilizássemos, haveria um grande risco de se inviabilizar a sobrevivência do negócio, já que o aluguel seria representado pela aplicação do percentual de 6% ao ano, dividido por 12 meses, incidindo sobre a receita bruta da venda de combustíveis (desconsideram-se os negócios paralelos e afins existentes, tais como lavagem, minimercado, eventual estacionamento etc).

No exemplo real que apresentaremos, a aplicação de um modelo de nossa autoria, fruto de pesquisa realizada em 32 postos da região metropolitana do Rio de Janeiro, traduz um valor locativo de R$ 4.987,00 (quatro mil, novecentos e oitenta e sete reais), enquanto a simples aplicação do percentual de 6% ao ano representa o aluguel de R$ 7.860,00 (sete mil, oitocentos e sessenta reais), valor bem maior do que o encontrado com o modelo mencionado, conforme será mostrado.

A fórmula concebida pelo autor tem o seguinte aspecto:

$$A_L = \frac{i \times \left(V_g \cdot P_g \cdot L_g + V_{al} \cdot P_{al} \cdot L_{al} + V_d \cdot P_d \cdot L_d\right)}{12} \cdot K$$

em que:

A_L = valor locativo mensal;

i = taxa de rentabilidade, igual a 9% (0,09) se a locação incidir sobre o terreno nu (as benfeitorias e os equipamentos são erigidos pelo locatário ou pela distribuidora dona da bandeira) e a 12% (0,12) se a locação incidir sobre todo o imóvel (terreno, benfeitorias e equipamentos são de propriedade do locador);

V_g = volume de gasolina (em litros) vendido no período de 12 meses anteriores à avaliação ou no início do contrato renovando;

P_g = preço do litro de gasolina na data da renovação ou da avaliação;

L_g = lucro bruto do empresário dono do negócio incidente sobre a gasolina, em percentagem por litro;

V_{al} = volume de álcool (em litros) vendido no período de 12 meses anteriores à avaliação ou no início do contrato renovando;

P_{al} = preço do litro de álcool na data da renovação ou da avaliação;

L_{al} = lucro bruto do empresário dono do negócio incidente sobre o álcool, em percentagem por litro;

V_d = volume de *diesel* (em litros) vendido no período de 12 meses anteriores à avaliação ou no início do contrato renovando;

P_d = preço do litro de *diesel* na data da renovação ou da avaliação;

L_d = lucro bruto do empresário dono do negócio incidente sobre o *diesel*, em percentagem por litro;

K = coeficiente relativo ao número de boxes de lavagem (n) ou de edificações de negócios paralelos (borracheiros, minimercado, lojas de conveniência etc.), conforme a fórmula:

$$K = \frac{n}{2} + 1$$

Se:

$$n = 0 \Rightarrow K = 1$$
$$n = 1 \Rightarrow K = 1,5$$
$$n = 2 \Rightarrow K = 2,0$$
$$n = 3 \Rightarrow K = 2,5$$
$$n = 4 \Rightarrow K = 3,0$$
$$n = 5 \Rightarrow K = 3,5$$
$$n = 6 \Rightarrow K = 4,0$$

Exemplo 5.3
LAUDO DE AVALIAÇÃO

Imóvel: Alameda São Boaventura nº 1.030, Fonseca, Niterói, RJ

Mês de referência: abril de 1998

Perito avaliador: Eng. Sérgio Antonio Abunahman
CREA nº 1.445-D/RJ
Tel.: (021) xxx-xxx-xxx

Objetivo
O presente laudo tem por objetivo determinar o justo valor de mercado do imóvel situado na Alameda São Boaventura nº 1.030, Fonseca, Niterói, RJ, ocupado pelo POSTO DE SERVIÇO FONSECA DE NITERÓI, e seu consequente valor locativo.

Valor final encontrado

Aluguel = R$ 4.987,00

(quatro mil, novecentos e oitenta e sete reais)

O valor para o pagamento antecipado à vista, considerando a taxa mensal de 1,5%, é de:

$$V_i = R\$\ 196.000,00$$

(cento e noventa e seis mil reais)

Metodologia

Considerações gerais sobre a técnica de avaliações

Com o objetivo de facilitar a compreensão da técnica de avaliações, a seguir serão esclarecidos alguns conceitos e definições pertinentes à matéria.

A melhor técnica de avaliação baseia-se na experiência do avaliador, mas há regras científicas que o avaliador não pode dispensar. A avaliação de imóveis é embasada em fatos e acontecimentos que influenciam, em cada momento, o resultado final do valor do imóvel. Assim, sempre que possível, convém não se ater a um único aspecto da questão e, pelo contrário, considerar simultaneamente os fatores *custo* e *utilidade*, especialmente este último, porque todo valor decorre da utilidade.

Stanley L. McMichael, em seu *Tratado de Transación*, afirma:

> Os avaliadores de propriedades imobiliárias não têm o dom da profecia e será útil recorrer-se a eles para que estimem o valor puramente especulativo da propriedade, muito embora seja frequente desejar o proprietário precisamente este tipo de informações, especialmente quando se tem em vista uma transação.

Valor, custo e preço

As palavras *valor*, *custo* e *preço* têm significados distintos. *Preço* é a quantia paga pelo comprador ao vendedor; já o *custo* é o preço pago adicionado a todas as outras despesas em que incorre o comprador na aquisição da propriedade.

O custo de uma propriedade não é necessariamente igual ao seu valor, embora o custo seja uma prova de valor; por outro lado, na investigação do valor de uma propriedade, procura-se conhecer tanto o custo original quanto o custo de reprodução.

A palavra *valor* tem muitos sentidos e diversos elementos modificadores. As definições a seguir mostram os sentidos mais usuais em Engenharia de Avaliações:

- *Valor de mercado*: é aquele encontrado por um vendedor desejoso de vender, mas não forçado, e um comprador desejoso de comprar, mas também não forçado, tendo ambos pleno conhecimento das condições de compra e venda e da utilidade da propriedade.
- *Valor de reposição*: é aquele valor da propriedade determinado com base no quanto ela custaria (normalmente conforme os preços correntes do mercado) para ser substituída por outra igualmente satisfatória.
- *Valor rentábil*: é o valor atual das receitas líquidas prováveis e futuras, segundo prognóstico feito com base nas receitas e despesas recentes e nas tendências dos negócios.

A Suprema Corte da California, nos Estados Unidos, assim definiu o valor venal:

> VALOR VENAL ou de mercado é o maior preço em dinheiro que produziria a terra se fosse posta à venda no mercado, por tempo razoável, para encontrar comprador que adquirisse, com pleno conhecimento de todos os usos e finalidades a que se adapta e a que pode ser submetida.

1) Técnica de avaliação

Em primeiro lugar, o avaliador terá que verificar o fim a que se destina o estudo – se é para alienação, hipoteca, taxação, inventário, desapropriação, reavaliação de ativo etc. –, pois poderão surgir valores diversos dependendo do enfoque do problema.

O objetivo da avaliação é encontrar a tendência central ou média ponderada do mercado, indicada por importantes transações imobiliárias, e, para alcançar isso, o avaliador fica subordinado ao seguinte esquema de trabalho:

1. Procurar referências de vendas ou de rendas de propriedades comparáveis.
2. Atualizar os valores das propriedades considerando as diferentes épocas de transações.
3. Comparar as propriedades de referência com a propriedade que está sendo avaliada através do método mais adequado ao caso:
   a. *comparação direta*: reduzir ao mesmo denominador, ajustando as diferenças de tamanho, qualidade, localização, época de transação ou de oferta, estado de conservação etc.;

b. *comparação indireta*: comparar as rendas e aplicar a taxa de capitalização à renda da propriedade sob avaliação.

4. Pesquisar a tendência central ou média ponderada dos resultados obtidos para finalmente chegar ao valor.

Método de comparação de vendas ou ofertas

Esse método, também chamado de método de comparação direta, é uma técnica na qual a estimativa do valor de mercado é obtida sobre preços pagos em transações imobiliárias, sendo, assim, um processo de correlação de valores de propriedades vendidas.

A segurança dessa técnica depende:

1. do grau de comparabilidade de cada propriedade com aquela sob avaliação;
2. da época ou data da venda ou oferta;
3. da verificação das condições de venda;
4. da ausência de condições fora do comum afetando a transação.

Ressalvas e princípios

O presente Laudo de Avaliação obedeceu aos seguintes princípios:

a. O laudo apresenta todas as condições limitativas impostas pela metodologia empregada, que afetam as análises, opiniões e suas conclusões.

b. Para a propriedade em estudo, foi empregado o método mais recomendado, com cuidadosa pesquisa de valores de mercado e devida compatibilização e homogeneização.

c. O signatário inspecionou pessoalmente a propriedade avaliada, e o laudo foi elaborado por si e ninguém, a não ser o próprio avaliador, preparou as análises e as respectivas conclusões.

d. O laudo foi elaborado com estrita observância dos postulados constantes do Código de Ética Profissional.

e. Os honorários profissionais do avaliador não estão, de qualquer forma, subordinados às conclusões deste laudo.

f. O avaliador não tem nenhuma inclinação pessoal em relação à matéria envolvida neste laudo no presente, nem contempla, para o futuro, qualquer interesse nos bens objeto desta avaliação.

No caso presente, foi adotado o método da renda, o mais adequado para o imóvel avaliando (posto de gasolina), visto que este se enquadra nas avaliações especiais. Assim, foi empregado o modelo matemático de autoria do signatário deste laudo, já consagrado por inúmeros julgados nos Tribunais Superiores do País.

Informações

Do logradouro/do imóvel

O imóvel avaliando é um posto de gasolina da bandeira Atlantic, situado na Alameda São Boaventura nº 1.030, a principal via do bairro do Fonseca e a saída natural da cidade de Niterói para o interior do Estado. O imóvel aparenta possuir cerca de 25 (vinte e cinco) anos de construído para efeito de cálculos avaliatórios.

O logradouro é dotado de infraestrutura urbana, com pavimentação asfáltica e servido por coletivos que atendem ao imóvel. Há duas pistas separadas por um canal, e o movimento diário é estimado pelo antigo DNER em mais de 80.000 veículos, considerando ambas as pistas.

A área é comercial, industrial e residencial, e nas décadas de 1940 e 1950 foi considerada a zona nobre da cidade de Niterói, onde a população rica (classe A) edificava suas mansões, destacando-se entre elas a casa da família Carreteiro, hoje transformada em clube. O logradouro ainda apresenta farto comércio, tais como bancos, padarias, lanchonetes, supermercados, armarinhos, óticas, concessionárias de veículos, postos de gasolina, enfim, a mais variada gama de negócios.

Já o imóvel cujo aluguel se avalia está erigido num terreno com as seguintes características:

- frente: 50,00 m;
- profundidade: 30,00 m;
- área: 1.500,00 m².

Observa-se que parte do terreno é ocupada pela construção da área administrativa do Fonseca Atlético Clube, a qual ocupa 88,00 m² medidos *in loco*, o que reduz a área de utilização do posto para 1.412,00 m².

As edificações são compostas por pista de rolamento cimentada, cobertura em metal sobre as bombas, escritório com depósito, três boxes (um deles coberto e dois ao ar livre), dois sanitários e depósito.

O escritório ocupa 71,74 m² de área e possui piso revestido em lajota, cobertura em telhas de fibrocimento sobre laje pré-moldada, com um sanitário no interior. Os sanitários externos têm configuração circular, com acabamento padrão, e ocupam uma área de cerca de 20,00 m². Atrás deles há um depósito, com piso cimentado e área de 22,00 m². Já a cobertura das bombas tem área de 158,00 m².

Atualmente os boxes estão desativados. Um deles é fechado, com piso emborrachado e paredes revestidas de azulejos em parte, com área de 4,50 m × 8,00 m = 36,00 m². Dos boxes abertos, um é destinado à troca de óleo, com piso cimentado, paredes azulejadas e área de 6,60 m × 10,00 m = 66,00 m², e o outro é um boxe duplo com as mesmas características, ocupando uma área de 5,30 m × 16,00 m = 84,80 m². Tendo em vista que tais boxes são descobertos, para efeito de cálculos, serão assimilados cada qual dos descobertos a um boxe, totalizando para o posto em tela três boxes. É importante mencionar ainda que há uma edícula na parte posterior do boxe de troca de óleo, desprezível em área comercial, usada como depósito.

As bombas são duplas em número de cinco (três de gasolina e duas de álcool) e os tanques são em número de cinco, cada qual com 15.000 litros, consoante informação prestada no local na data da vistoria.

Há ainda um minimercado ligado ao prédio do escritório, para a venda de produtos como óleo, refrigerantes, sorvetes, cigarros etc.

O posto não opera com venda de óleo diesel, somente com gasolina nos seus três níveis (comum, aditivada e *premium*) e álcool combustível. Na data da vistoria, os preços praticados eram de:

- gasolina comum: R$ 0,879;
- álcool: R$ 0,699;
- gasolina aditivada: R$ 0,897;
- gasolina *premium*: R$ 0,987.

O estado de conservação do imóvel é regular, compatível com a idade, e pode ser visto nas fotos anexas ao laudo, que melhor ilustram a descrição feita. Assim, feita a descrição sintética do imóvel, passamos aos cálculos avaliatórios para a obtenção do justo aluguel a partir da data deste laudo.

Cálculos avaliatórios

Visto que o imóvel enquadra-se nas avaliações especiais, tal como cinemas, teatros, hotéis e motéis (artigos publicados anexos), emprega-se o modelo matemático de nossa autoria, já consagrado por inúmeros acórdãos e ensinamentos em cursos de extensão em Engenharia Legal e de Avaliações que ministramos em todo o País, juntamente com os MMs. Juízes Nagib Slaibi Filho e Reinaldo Pinto Alberto Filho, e por publicações especializadas na área da Engenharia Legal.

Esse modelo baseia-se na quantidade efetivamente vendida de combustível e na existência de negócios paralelos, tais como boxes de lavagem, minimercado, lojas de conveniência, borracheiro etc.

A esse respeito, anexamos documentação pertinente com laudos por nós elaborados na condição de Perito do Juízo em outras Varas Cíveis da Capital. Esse modelo matemático elimina a subjetividade de dados, como incremento do V_0, maiores ou menores percentuais de custos indiretos de construção e outros tão comumente utilizados por profissionais que não fazem da seriedade a sua meta de trabalho.

Assim, temos que o valor locativo do imóvel (A_L) é dado pelo modelo que leva o nosso nome (fórmula de Sérgio Abunahman):

$$A_L = i/12 \; [V_g \cdot P_g \cdot L_g + V_{al} \cdot P_{al} \cdot L_{al} + V_d \cdot P_d \cdot L_d] \; \cdot K$$

em que:

A_L = valor locativo mensal.

i = taxa de rentabilidade, igual a 9% (0,09) se a locação incidir sobre o terreno nu (as benfeitorias e os equipamentos são do locatário ou da distribuidora dona da bandeira) e a 12% (0,12) se a locação incidir sobre todo o imóvel (terreno, benfeitorias e equipamentos são de propriedade do locador). Nesse caso, i = 9%, já que todas as benfeitorias (construções, máquinas e equipamentos) foram erigidas pelo locatário e a locação incide apenas sobre o terreno.

V_g = volume de gasolina (em litros) vendido no período de 12 meses anteriores à avaliação ou no início do contrato renovando = 986.542 litros.

P_g = preço do litro de gasolina à data da renovação ou da avaliação = R$ 0,879/L.

L_g = lucro bruto do empresário dono do negócio incidente sobre a gasolina, em percentagem por litro = 17,29%.

V_{al} = volume de álcool (em litros) vendido no período de 12 meses anteriores à avaliação ou no início do contrato renovando = 542.311 litros.

P_{al} = preço do litro de álcool à data da renovação ou da avaliação = R$ 0,699/L.

L_{al} = lucro bruto do empresário dono do negócio incidente sobre o álcool, em percentagem por litro = 14,12%.

V_d = volume de diesel (em litros) vendido no período de 12 meses anteriores à avaliação ou no início do contrato renovando.

P_d = preço do litro de óleo diesel à data da renovação ou da avaliação.

L_d = lucro bruto do empresário dono do negócio incidente sobre o diesel, em percentagem por litro.

K = coeficiente relativo ao número de boxes de lavagem (n) ou edificações de negócios paralelos (borracheiros, minimercado, lojas de conveniência etc.). Se:

$$n = 0 \Rightarrow K = 1$$
$$n = 1 \Rightarrow K = 1{,}5$$
$$n = 2 \Rightarrow K = 2{,}0$$
$$n = 3 \Rightarrow K = 2{,}5$$
$$n = 4 \Rightarrow K = 3{,}0$$
$$n = 5 \Rightarrow K = 3{,}5$$

$$n = 6 \Rightarrow K = 4,0$$
$$n = 7 \Rightarrow K = 4,5$$

Como o posto avaliado não opera com *diesel*, mas sim com gasolina *premium* e aditivada, a fórmula terá o seguinte aspecto:

Fórmula de Sérgio Abunahman

$$A_L = i/12 \; [V_g \cdot P_g \cdot L_g + V_{al} \cdot P_{al} \cdot L_{al} + V_{gp} \cdot P_{gp} \cdot L_{gp} + V_{gad} \cdot P_{gad} \cdot L_{gad}] \cdot K$$

em que:

A_L = valor locativo mensal.

i = taxa de rentabilidade, igual a 9% (0,09).

V_g = volume de gasolina comum (em litros) vendido no período de 12 meses anteriores à avaliação ou no início do contrato renovando = 986.542 litros.

P_g = preço do litro de gasolina comum à data da renovação ou da avaliação = R$ 0,879/L.

L_g = lucro bruto do empresário dono do negócio incidente sobre a gasolina *comum*, em percentagem por litro = 17,29%.

V_{al} = volume de álcool (em litros) vendido no período de 12 meses anteriores à avaliação ou início do contrato renovando = 542.311 litros.

P_{al} = preço do litro de álcool à data da renovação ou da avaliação = R$ 0,699/L.

L_{al} = lucro bruto do empresário dono do negócio incidente sobre o álcool, em percentagem por litro = 14,12%.

V_{gp} = volume de gasolina *premium* (em litros) vendido no período de 12 meses anteriores à avaliação ou no início do contrato renovando = 117.254 litros.

P_{gp} = preço do litro de gasolina *premium* à data da renovação ou da avaliação = R$ 0,987/L.

L_{gp} = lucro bruto do empresário dono do negócio incidente sobre a gasolina *premium*, em percentagem por litro = 21,70%.

V_{gad} = volume de gasolina aditivada (em litros) vendido no período de 12 meses anteriores à avaliação ou no início do contrato renovando = 234.190 litros.

P_{gad} = preço do litro de gasolina aditivada à data da renovação ou da avaliação = R$ 0,897/L.

L_{gad} = lucro bruto do empresário dono do negócio incidente sobre a gasolina aditivada, em percentagem por litro = 17,82%.

Para o coeficiente K, toma-se por base, para outras edificações que não os boxes, a área padrão de um boxe de lavagem. No caso do imóvel avaliando, consideram-se as áreas padrão de um boxe de lavagem e as áreas homogeneizadas das edificações pertinentes aos negócios paralelos, já mencionadas, bem como as respectivas áreas de circulação dessas edificações. Também foi considerado que os dois boxes descobertos serão avaliados cada qual como um boxe, já que suas áreas são muito superiores à área padrão de um boxe fechado (aproximadamente 35,00 m²). Assim, para essas equivalências em relação aos boxes (n), tem-se que $n = 3$, portanto $K = 2,5$.

Substituindo-se os valores na fórmula, calcula-se:

$$A_L = 0,09/12 \, [986.542 \times 0,879 \times 0,1729 + 542.311 \times 0,699 \times 0,1412 + 117.254 \times 0,987 \times 0,217 + 234.190 \times 0,897 \times 0,1782] \times 2,5$$

$$A_L = R\$ \ 4.987,00$$
(quatro mil, novecentos e oitenta e sete reais)

Dessa forma, tem-se que o justo aluguel é de R\$ 4.987,00.

Considerando-se a possibilidade de acordo para o pagamento à vista do valor total no período de 60 meses (R\$ 299.220,00), há que se converter o valor encontrado para o aluguel por meio da fórmula da matemática financeira. Essa conversão será feita às taxas de 1,00%, 1,50% e 2,00% ao mês, a fim de instruir qualquer tipo de acordo. A fórmula empregada está exposta a seguir:

$$V_v = \left\{ e + \frac{s}{n} \left[\frac{(1+i)^n - 1}{i(1+i)^n} \right] \right\} \cdot P$$

em que:

V_v = valor à vista;

e = entrada (em percentagem), pagamento à vista = não há;

s = saldo devedor (em percentagem) = 100% = 1 = R\$ 299.220,00;

n = período (meses) = 60;

i = taxa representada pelos juros legais (1% ao mês + correção monetária prevista no período considerado) = 1,00 (inflação zero);

P = valor pago ao fim de n meses = R\$ 299.220,00.

Nessa fórmula, observa-se ainda que o fator intracolchetes é conhecido por FVA (fator de valor atual) de uma série uniforme.

Substituindo-se os valores no modelo, às diversas taxas, encontram-se os seguintes resultados:

1. Para taxa de 1,00% ao mês:

$$V_{v1} = \left\{ \frac{1}{60} \left[\frac{(1+0,01)^{60} - 1}{0,01(1+0,01)^{60}} \right] \right\} \times 299.220,00$$

$$V_{v1} = R\$ \ 224.190,00$$

2. Para taxa de 1,50% ao mês:

$$V_{v2} = \left\{ \frac{1}{60} \left[\frac{(1+0,015)^{60}-1}{0,015(1+0,015)^{60}} \right] \right\} \times 299.220,00$$

$$V_{v2} = R\$ \ 196.388,00$$

3. Para taxa de 2,00% ao mês:

$$V_{v3} = \left\{ \frac{1}{60} \left[\frac{(1+0,02)^{60}-1}{0,02(1+0,02)^{60}} \right] \right\} \times 299.220,00$$

$$V_{v3} = R\$ \ 173.352,00$$

Tendo em vista ser justo e razoável o emprego em títulos que à data atual possuam rendimento equivalente a 1,5% ao mês, o Perito Avaliador opina pela conversão no valor à vista para acordo nessa taxa. Assim, é sugerido o pagamento em números redondos da importância única de:

$$V = R\$ \ 196.000,00$$
(cento e noventa e seis mil reais)

Conclusão

O justo valor locativo de mercado do imóvel situado na Alameda São Boaventura nº 1.030, Fonseca, Niterói, RJ, ocupado pelo posto Fonseca, referido xxxx, é de:

$$A_L = R\$ \ 4.987,00$$
(quatro mil, novecentos e oitenta e sete reais)

Esse valor equivale ao pagamento à vista antecipado, à taxa de 1,50% ao mês, de:

$$V = R\$ \ 196.000,00$$
(cento e noventa e seis mil reais)

Encerramento

Damos por encerrado o presente laudo em 18 (dezoito) folhas de papel formato ofício digitadas de um só lado, seguido de 05 (cinco) fotografias coloridas e enumeradas, acompanhadas de material pertinente e das qualificações profissionais do Perito Avaliador.

Niterói, 26 de abril de 1998

Eng. Sérgio Antonio Abunahman
CREA nº 1.445-D/RJ

Obs.: a aplicação do percentual de 6% como valor locativo, de acordo com a teoria norte-americana, traduziria um aluguel mensal de R$ 7.860,00 (sete mil, oitocentos e sessenta reais), já que o faturamento bruto ao final de um ano, representado pelo produto das quantidades dos combustíveis vendidos e dos preços respectivos (considera-se o preço da data-base da avaliação), é de R$ 1.572.047,00 (um milhão, quinhentos e setenta e dois mil e quarenta e sete reais).

5.4 Fundo de comércio

Será a determinação do *fundo de comércio* uma prova pericial de engenharia ou de contabilidade?

Muito se tem discutido sobre o fundo de comércio e a sua obtenção para efeito de indenização, quer nos casos de desapropriação, quer nos de retomada de imóvel locado sob a égide comercial, quando pertinente.

Entre as inúmeras definições clássicas do que é *empresa*, a mais sintética de todas aborda de forma objetiva o seu fim: *a empresa é um conjunto de meios reunidos e organizados com vista a realizar um lucro*. A atividade-fim da empresa é o lucro como fruto da produção, seja ela de natureza industrial, repassadora de bens ou prestadora de serviços.

Se a empresa perde o seu pouso, o *ponto* onde ela se encontra estabelecida, há um prejuízo representado pelo dano ao seu *fundo de comércio*. Este é admitido juridicamente como uma universalidade de direito, confundindo-se com a propriedade industrial e comercial, e engloba, sinteticamente:

a. Bens corpóreos:
* imóveis (terreno e benfeitorias);
* instalações, móveis e utensílios, máquinas e equipamentos, ferramentas e acessórios, veículos e estoques.

b. Direitos e bens incorpóreos:
* direitos de renovação de contrato de locação;
* nome do estabelecimento, sua insígnia, seu símbolo publicitário, marcas registradas, patentes, desenhos e modelos;
* ponto comercial e clientela;
* força atrativa, conceito e crédito.

O *fundo de comércio* é composto de elementos orgânicos que o comerciante agrupa com o objetivo de constituir uma clientela necessária à sua atividade comercial. Esses elementos, unidos por uma atribuição comum na formação de uma clientela (considerada ela mesma um elemento), dão um apoio ao *fundo de comércio*, que, assim, se torna uma atividade jurídica, distinta dos elementos que o compõem.

Na grande maioria dos casos, o item *ponto comercial e clientela* é o que demandará maior peso na indenização, já que, em geral, o nome ou a marca não sofrem desgaste considerável, a não ser que haja o desmantelamento total do negócio.

Há alguns anos, a marca *Coca-Cola* foi avaliada nos Estados Unidos e chegou a uma inimaginável cifra para nós, sendo representativa de uma importância em dólares equivalente à quinta parte da dívida externa brasileira. E isso, reiteramos, somente para o nome, a marca *Coca-Cola*...

Existem marcas que, de tão enraizadas pela tradição, incorporam-se ao vocabulário do dia a dia como sinônimos do produto de que fazem parte. É o caso do nome *Gillette* para lâminas de barbear, *Brahma* para cervejas ou xerox para cópias.

Tempos atrás tivemos oportunidade de elaborar um parecer dando valor à marca de uma tradicional rede de lojas de artigos de vestimenta, com mais de sessenta anos de tradição, e verificamos que o *nome* era o que ela tinha de mais precioso, o qual superava até o patrimônio imobiliário, mesmo na situação pré-falimentar em que se encontrava, fruto dos sucessivos e mirabolantes planos econômicos que assolaram o País.

Assim, o *fundo de comércio*, por se tratar de um bem, é obviamente alienável e indenizável. Uma pessoa jurídica forçada a mudar-se do imóvel onde se encontra estabelecida deverá ser indenizada sobre os seguintes itens:

a. despesas de mudança;
b. instalações;
c. aluguéis não desfrutados e diferenças de aluguéis;
d. despesas de pessoal;
e. *fundo de comércio*;
f. lucros cessantes.

No caso de um imóvel onde se acha instalada uma empresa comercial, observa-se que a empresa não foi objeto da desapropriação, e sim o prédio onde ela se estabelecia, pouco importando se era imóvel próprio ou se a empresa estava na condição de simples locatária. Se próprio, seria adicionado aos itens anteriores o valor do imóvel, obviamente. Ao proprietário do prédio cabe a indenização incidente sobre o seu valor e à pessoa jurídica ocupante do local cabe a referente ao fundo de comércio, tenha ou não sido desmantelado o negócio. É claro que, se a empresa for totalmente desfeita pelo desalojamento, a indenização será total, ou seja, incidente sobre todo o fundo de comércio calculado. Se, pelo contrário, a desapropriação implicar apenas a transferência da empresa, mantendo o nível ocupacional e mercante em outro local, a indenização deverá incidir sobre um percentual daquele fundo de comércio calculado, costumeiramente adotado na ordem de 70% sobre o valor total.

A jurisprudência nos mostra que "o prédio destinado pelo locatário ao uso comercial ou industrial é aquele em que ele explora o comércio, onde exerce a sua atividade, que julgou como ponto para atrair a clientela, que tornou conhecido daqueles que com ele transijam, que valorizou, em suma, com o seu trabalho, para os fins a que o destinou. O fundo de comércio não é somente o estoque de mercadorias, é, sobretudo, a clientela e o ponto". Dessa forma, a proteção do *fundo de comércio* é, indubitavelmente, uma obrigação.

Jean Guyénot, professor de Direito da Universidade de Paris, é taxativo ao afirmar que "*source productice de richesses pour celui qui en est le titulaire, de fonds de commerce prend une valeur marchande, et comme tous les biens appréciables en argent, il devient objet de protecion légale*" (Guyénot, 1994), ou seja, como fonte produtora de riquezas, o fundo de comércio toma um valor de mercado e, como todo bem apreciável em dinheiro, torna-se objeto de proteção legal.

Para Alfredo Buzaid (1981), "o fundo de comércio é um bem da natureza dos que se encontram sob proteção da Constituição Federal, no ponto em que garante a propriedade privada, razão porque deve ser indenizado, na ocorrência de desapropriação do imóvel onde ele se acha radicado".

Já Pontes de Miranda (1970) declarou que

> o fundo de comércio deve ser indenizado de forma autônoma, no caso de ocupar, ele, um imóvel que haja sido desapropriado. O Estado, ao desapropriar o prédio, expropria propriedade mais direito ao uso do prédio. A indenização do fundo de comércio não se sub-roga no valor do imóvel desapropriado, sendo outra relação jurídica e, como tal, devendo ser tratada, por sua natureza de propriedade.

Talvez pelo fato de não haver sub-rogação no valor do imóvel, a grande maioria dos magistrados determina duas perícias para o cálculo da indenização incidente sobre um imóvel desapropriado onde se achava instalada uma empresa: uma de natureza da Engenharia, para avaliação do imóvel propriamente dito, e outra elaborada por Perito contador, para determinação do fundo de comércio.

Na nossa ótica, é desnecessária a indicação de Perito contábil, pois entendemos ser a determinação do fundo de comércio também pertinente à área técnica de Engenharia, conforme mostrado a seguir, e um profissional com vivência no ramo poderá se incumbir plenamente (e talvez com mais êxito) de sua determinação.

O fundo de comércio, conforme visto anteriormente, pode ser calculado através da expressão simplificada de Fernando Guilherme Martins:

$$FC = L/(1 + i)n$$

em que:

FC = fundo de comércio;

L = lucro líquido total no ciclo de três anos imediatamente anterior à indenização, estimado e em valor atual;

i = taxa mensal legal de juros (0,5% ao mês)

n = número de meses no período = 36 meses.

Quando se fala em lucro líquido, pensa-se logo na contabilidade... Mas nem sempre (geralmente, quase nunca) a contabilidade reflete a situação de uma empresa (*vide* casos de grandes bancos, que motivaram as intervenções do Banco Central). Inclusive, o exame frio da contabilidade poderia até mesmo acusar a inexistência de fundo de comércio, por não haver lucro contábil, e aí seria opinada a não indenização, em virtude de a empresa estabelecida no imóvel desapropriado não ser rentável.

Imaginemos uma trivial questão de desapropriação de um imóvel que envolva uma empresa comercial ali estabelecida, suscetível com mais facilidade de mascarar os seus lucros – um botequim, por exemplo. Se forem examinados os seus balanços, provavelmente 90% desses estabelecimentos irão apontar prejuízos, sem dúvida razão pela qual o recolhimento de tributos nesse tipo de negócio é feito por estimativa.

A prova pericial nesses casos não é feita para se determinar se há ou não sonegação. Isso é outro problema, não pertinente à obtenção da justa indenização pelo desalojamento ou desmantelamento total do negócio.

Um Perito engenheiro ou arquiteto procuraria se cercar de outros elementos que não os frios livros contábeis/balanços. Se o negócio não foi desmantelado e se encontra em operação em outro local, seria apreciado o real faturamento pela observação in loco do movimento, tal como o empreendedor de um *shopping center* faz com o lojista para aferir o volume de vendas, que é objeto do aluguel percentual pactuado para aquele tipo de empreendimento.

Dessa observação, estima-se o lucro líquido pela aferição das despesas reais (e não as "contábeis") do negócio. Caso tenha ocorrido o desmantelamento do negócio, procura-se empresa de atividade semelhante na área e, mesmo que não sejam fornecidos ao Perito dados específicos, já que aquela é estranha à Ação proposta, o movimento de um bar pode ser facilmente aferido por observação.

Em se tratando de empresa fabril, o exame da linha de produção, número de empregados necessários a todos os setores, faturamento e despesas pode e deve ser aferido por um Perito engenheiro ou arquiteto com muito mais propriedade do que por um Perito contador, que é menos ligado a essa atividade, em relação ao profissional de Engenharia/Arquitetura. O lucro líquido, então, seria estimado, e, com a aplicação do modelo de cálculo visto, com certeza matemática seria obtido o fundo de comércio pertinente.

O levantamento técnico do engenheiro ou arquiteto exclui eventuais sonegações presentes nos balanços, e, mesmo que se diga que a punição do sonegador deverá se refletir na diminuição da indenização que ele deveria receber, tecnicamente não seria correto confundir duas figuras para a obtenção do justo valor de indenização pelo fundo de comércio: uma correspondente à efetiva rentabilidade da empresa (e que um engenheiro apura com facilidade) e outra correspondente à diminuição irreal dessa rentabilidade pela sonegação de dados meramente contábeis.

AÇÕES REVISIONAIS EM IMÓVEIS RESIDENCIAIS

Inicialmente, o autor apresenta seus agradecimentos ao professor e engenheiro Milton Jacob Mandelblatt, ex-presidente do Instituto de Engenharia Legal (IEL, hoje Ibape-RJ), idealizador do modelo matemático que leva seu nome e aqui será demonstrado, integrante há décadas do corpo docente dos Cursos de Extensão em Engenharia Legal e de Avaliações ministrados em inúmeras entidades, entre elas a Universidade Federal Fluminense (UFF) e a Pontifícia Universidade Católica do Rio de Janeiro (PUC-Rio).

A locação predial urbana é regulada pela Lei nº 8.245, de 18 de outubro de 1991, que revogou a Lei nº 6.649, de 16 de maio de 1979, e também o Decreto nº 24.150 (Lei de Luvas), de abril de 1934, o qual regulamentou as locações comerciais durante mais de 55 anos.

Entende-se por *prédio*, no Direito, qualquer terreno com edificação, terreno com plantação ou terreno limpo. A expressão *direito predial* significa, pois, o conjunto de normas jurídicas relativas ao imóvel, advindo as expressões *locação predial* ou *locação de prédios* serem pertinentes às locações de imóveis.

Os prédios, de acordo com o Código de Processo Civil (CPC), são divididos em urbanos e rurais. Há ainda uma terceira classificação (rústicos), consoante seu destino, independentemente de sua localização. Assim, os prédios destinados à agricultura e à pecuária são prédios rurais ou rústicos, e aqueles de fins não rurais são residenciais, de comércios, salas, indústrias etc. As locações rústicas não estão sujeitas ao CPC, nem às leis anteriores pertinentes à locação (Lei nº 6.649/1979 e Decreto nº 24.150/1934) e nem à lei atual (Lei nº 8.245/1991), mas sim à Lei nº 4.504/1964, conhecida como *Estatuto da Terra*.

Antes do advento da Lei nº 6.649/1979, o inquilino que estivesse no imóvel locado após 1967 poderia ser despejado, e para tal bastava a vontade do locador mediante uma simples denunciação do contrato, que se convertia em Ação de Despejo. Era a chamada *denúncia vazia*, ou seja, a denúncia sem substância ou maiores razões. Com a Lei nº 6.649/1979, as restrições para a retomada de um imóvel locado para fins residenciais passaram a ser severas (para uso próprio ou para ascendente ou descendente que não seja proprietário etc.).

No caso de imóveis residenciais, em se alienando a coisa locada (respeitado, obviamente, o direito de preferência do locatário), o novo proprietário não fica obrigado a respeitar o contrato e pode pedir o imóvel para seu uso.

Com tantas restrições, o único ponto favorável ao locador era a revisão de aluguel, que podia ser pedida após o quinto ano do contrato.

Ora, num sistema hiperinflacionário, com tantas tablitas e pacotes impostos pelos sucessivos e malogrados planos econômicos que vitimaram o País, verificou-se que a Lei do Inquilinato não agradava aos locatários, muito menos aos locadores, e era a maior razão da existência de milhares de imóveis vazios – seus proprietários preferiam essa situação a alugá-los e, em pouco tempo, verem o seu capital se deteriorar.

A Lei nº 8.245/1991 fez profundas modificações na legislação anterior, com destaque para as que possibilitaram o retorno da figura da denúncia vazia (todavia, com restrições a prazos) e a que estabeleceu que o pedido de revisão de aluguel passasse de quinquenal para trienal. Esta última modificação, entretanto, é uma via de mesma direção, mas com duplo sentido, pois também permite ao inquilino propor em Juízo a redução do aluguel após esse prazo, se as condições de mercado do local forem adversas aos índices corretivos pactuados. Nagib Slaibi Filho, em seu livro *Comentários à Nova Lei do Inquilinato*, ensina que "a revisão é o ato (judicial ou consensual) que altera o valor da remuneração da locação de acordo com o *valor do mercado*" (1995, grifo nosso).

É importante para o Perito saber que o valor a ser determinado no seu laudo tem como data-base a da citação do réu, ou seja, a data na qual o Oficial de Justiça deu conhecimento ao réu (seja ele locador ou locatário) de que foi proposta uma Ação de Revisão de Aluguel que pretende colocar o aluguel em preço de mercado.

Desde o advento da Lei nº 6.649/1979, o julgador se viu à frente de um problema: qual a justa taxa de remuneração de capital para um imóvel residencial? Será a mesma taxa do comercial (10% a 12% ao ano)?

Os primeiros julgados para os quais foi atribuída a taxa de 12% ao ano implicaram distorções caracterizadas pelo fato de essa taxa representar um valor maior que o de mercado.

Uma tese apresentada no XI Congresso Pan-Americano de Avaliações, realizado em agosto de 1979, em São Paulo, após pesquisas em várias regiões dessa cidade, apresentou uma taxa líquida para imóveis residenciais. Essa pesquisa observou que, de modo geral, quanto maior e mais luxuoso for o imóvel, menor será a taxa, e também verificou que a taxa de renda líquida empregada no cálculo dos aluguéis comerciais (de 12% ao ano) não pode ser aplicada indistintamente para os imóveis residenciais, visto que estes apresentam taxas mais elásticas, diretamente relacionadas com o padrão construtivo do imóvel.

Assim, de forma geral e explicativa, têm-se para os imóveis residenciais as taxas mostradas na Tab. 6.1. Ressalta-se que a aplicação dessas taxas não deve ser rígida; elas são fruto das observações efetuadas.

Numa tentativa de uniformizar os julgados, o antigo Tribunal de Alçada Cível do Rio de Janeiro (hoje extinto) consagrou a taxa de 8% ao ano como a taxa justa para os imóveis residenciais. Porém, conhecemos decisões de algumas Câmaras daquele Tribunal que adotam as taxas de 5%, 6%, 7% e até mesmo 12% ao ano para imóvel de alto padrão no bairro de Ipanema.

A promulgação do Plano Real em 1º de julho de 1994 fez com que

Tab. 6.1 Taxas estimadas de rentabilidades

Padrão residencial	Taxa de renda anual
Proletário	15%
Modesto	12%
Médio inferior	8%
Médio comercial	7,2%
Médio superior	6,5%
Fino	5,5%
Luxo	5%

houvesse uma alta artificial e especulativa nos preços dos aluguéis, e os proprietários temeram que se repetisse o ocorrido com o Plano Cruzado em 27 de fevereiro de 1986. A simples menção da possibilidade de um congelamento fez com que os aluguéis a partir daquela data tivessem uma estratosférica elevação, e seus valores, na prática, superaram em muito a taxa máxima de 1% ao mês, inclusive com casos em que os aluguéis atingiram mais de 2% ao mês. Posteriormente, o mercado foi se acomodando e voltando aos índices históricos de retorno do capital empregado.

Há que se levar em conta que a vetustez ou obsolescência num imóvel residencial é bem mais significativa do que num imóvel comercial, no qual o proprietário aluga praticamente as três paredes e o locatário imprime o acabamento que o seu negócio requer, pouco importando a idade do prédio. Assim, um imóvel residencial de trinta anos deverá ser muito mais depreciado do que um imóvel comercial com essa mesma idade.

É oportuno ainda lembrar que as locações prediais se classificam em:

- Urbanas:
  a. Residenciais.
  b. Não residenciais:
    ◊ comerciais (que tem fundo de comércio a proteger);
    ◊ não detentores de fundo de comércio (por exemplo, consultório médico, dentário etc.).

6.1 Determinação do valor locativo justo de imóveis urbanos

A jurisprudência reinante consagrou o método da rentabilidade, ou seja, aquele em que o aluguel representa uma justa taxa de retorno do capital posto à disposição do locador.

O Eng. Milton Jacob Mandelblatt criou um modelo matemático bastante simples para se obter o valor de imóveis urbanos, de aplicação consagrada para apartamentos, mas também utilizável em lojas e salas comerciais, com o devido emprego dos parâmetros pertinentes. Esse modelo está aprovado em todo o País através de inúmeros julgados e de aplicação pelos avaliadores.

Para se chegar à fórmula proposta por Mandelblatt, parte-se das seguintes relações seguintes:

$$V_i = V_{in} - V_{cn} \times d \qquad \text{(6.1)}$$

em que:

V_i = valor do imóvel, no estado;
V_{in} = valor do imóvel, se fosse novo;
V_{cn} = valor da construção, se fosse nova;
d = fator de depreciação, obtido pelo Critério de Ross-Heidecke, diretamente na Tab. A.3.

O valor de V_{in} é dado por:

$$V_{in} = (V_{ct} + V_{cn}) \times K \qquad \text{(6.2)}$$

em que:

V_{ct} = valor da quota de terreno correspondente ao imóvel;
K = coeficiente de mercado, correspondente à relação entre o valor de mercado do imóvel e seu valor "nominal".

Entende-se por valor "nominal" do imóvel o seu custo total real, incluídos custos financeiros, BDI, impostos, taxas, lucros previstos etc. Evidentemente, numa economia estável, o valor "nominal" seria igual ao valor de mercado, e K seria igual a 1, mas na fase atual de instabilidade financeira, K poderá ser maior, menor ou até mesmo igual a 1, variando em função da localização e das características do imóvel e também das condições do mercado local.

Em síntese, K será um fator que indica se o mercado é *comprador* ($K > 1$) ou *vendedor* ($K < 1$) e, na prática, deverá, em condições normais, situar-se entre 0,80 e 1,30, em se tratando de imóveis residenciais.

Para encontrar o valor de V_{ct}, tem-se a fórmula:

$$V_{ct} = r \cdot V_{in} \qquad \text{(6.3)}$$

em que:

r = relação percentual entre o valor da quota de terreno e o valor do imóvel novo, obtido por pesquisa de mercado para cada bairro ou região do município.

Já o valor de V_{cn} é calculado por:

$$V_{cn} = A \cdot C \qquad (6.4)$$

em que:

A = área construída equivalente do imóvel. No caso de apartamento, deverá ser considerada a área útil acrescida do percentual pertinente às paredes (15%), do rateio das partes comuns do prédio (10% a 15%) e, caso seja dotado de garagem, da área equivalente dela (12,50 m²).

C = custo unitário básico da construção (CUB) fornecido pelo Sinduscon, acrescido dos custos não incluídos nos cálculos do CUB e dos custos indiretos (usualmente de 35% a 65%).

Substituindo-se as equações de V_{ct} e V_{cn} na de V_{in}, tem-se:

$$V_{in} = (r \cdot V_{in} + A \cdot C) \cdot K$$

$$V_{in} - r \cdot V_{in} \cdot K = A \cdot C \cdot K$$

$$V_{in} \cdot (1 - r \cdot K) = A \cdot C \cdot K$$

$$V_{in} = \frac{A \cdot C \cdot K}{1 - r \cdot K} \qquad (6.5)$$

Substituindo-se as equações encontradas na equação de V_i, faz-se:

$$V_i = \frac{A \cdot C \cdot K}{1 - r \cdot K} - A \cdot C \cdot d$$

Reduzindo ao mesmo denominador:

$$V_i = \frac{A \cdot C \cdot K - A \cdot C \cdot d(1 - r \cdot K)}{1 - r \cdot K}$$

Após colocar em evidência os termos A e C, tem-se, finalmente, a fórmula conhecida como *modelo de Mandelblatt*:

$$\boxed{V_i = \frac{A \cdot C \cdot \left[K - d \cdot (1 - r \cdot K) \right]}{1 - r \cdot K}} \qquad (6.6)$$

A seguir, como exemplo do uso dessa fórmula, será apresentado um laudo em Ação de Revisão de Aluguel, elaborado em março de 1997 e com referência ao mês de janeiro de 1997.

Exemplo 6.1

Exmo. Sr. Dr. Juiz de Direito da 29ª Vara Cível do Rio de Janeiro, RJ

Escr.: Manoel Fernandes
Processo nº 00001
Ação: Revisão de Aluguel
Autores: Amim Boumaroun e Flávia Boumaroun
Réu: Mauro de Souza Gomes

Tenho a honra de passar às mãos de V. Exa. o Laudo como Perito do Juízo na Ação suprarreferida.

Sirvo-me da oportunidade para solicitar a expedição do alvará para levantamento dos honorários no valor R$ 800,00 (oitocentos reais) + acréscimos legais.

N. Termos,
P. Deferimento.

Rio de Janeiro, 30 de março de 1997

Eng. Sérgio Antonio Abunahman
Perito do Juízo

Exmo. Sr. Dr. Juiz de Direito da 29ª Vara Cível do Rio de Janeiro, RJ

Escr.: Manoel Fernandes
Processo nº 00001
Ação: Revisão de Aluguel
Autores: Amim Boumaroun e Flávia Boumaroun
Réu: Mauro de Souza Gomes

SÉRGIO ANTONIO ABUNAHMAN, engenheiro registrado no CREA sob o nº 1.445-D/RJ, honrado por V. Exa. como Perito do Juízo na Ação suprarreferida, após ser compromissado compareceu ao local acompanhado da Assistente Técnica dos autores, Eng.ª IARA MARIA LINHARES NAGLE (o réu não indicou Assistente) e vem apresentar o seu Laudo na forma que se segue:

Histórico

Trata-se de Ação Revisional proposta por AMIM BOUMAROUN e FLÁVIA BOUMAROUN, proprietários do imóvel situado na Rua Engenheiro Julião de

Castelo nº XX, apto. YY, Méier, Rio de Janeiro, RJ, contra o inquilino MAURO DE SOUZA GOMES, com o objetivo de reajuste do aluguel a partir da citação que se processou em 21 de janeiro de 1997.

Para novo aluguel, o Autor pede o mínimo de R$ 750,00 (setecentos e cinquenta reais), com o qual não concorda o Réu na contestação, sem, contudo, fazer contraproposta de valor.

O logradouro é dotado de toda infraestrutura urbana, servido por coletivos próximos e caracterizado por construções residenciais. O apartamento da lide situa-se no edifício MONTE CASTELO, prédio residencial de aproximadamente 30 anos de construído, com 60 apartamentos em dez pavimentos (nove pavimentos-tipo + cobertura), distribuídos em seis apartamentos por andar. O prédio é servido por dois elevadores, com uma vaga de garagem para cada apartamento, e dispõe de salão de festas e interfone. O prédio não tem porteiro noturno; cada morador possui a sua chave.

O apartamento da lide é composto de sala com jardim de inverno, circulação, dois quartos, banheiro, cozinha conjugada com a área, além de quarto e banheiro de empregada. O piso da sala, da circulação e dos quartos é taqueado em peroba e as paredes são pintadas com tinta plástica de cor gelo emassada, com esquadrias de alumínio de correr com vidro ondulado.

O banheiro tem piso revestido em cerâmica preta 7 × 15 e paredes revestidas até o teto de azulejos na cor rosa, com vaso, bidê e pia na cor rosa e boxe do chuveiro com fechamento em alumínio e poliestireno.

A cozinha tem piso revestido em placas de cerâmica 20 × 20, paredes revestidas de azulejos verdes até o teto e banca de mármore com armário na parte inferior, e é conjugada com uma área de serviço, esta com tanque de alvenaria revestido de azulejos e uma despensa. O quarto de empregada tem o mesmo acabamento da parte social e seu WC tem piso revestido em cerâmica, paredes revestidas de azulejos brancos até o teto, vaso e pia brancos e chuveiro elétrico.

O apartamento da lide apresenta-se em estado regular, compatível com a idade do prédio. Suas áreas úteis, medidas in loco, estão dispostas a seguir:

- sala: 4,10 m × 3,00 m + jardim de inverno (1,30 m × 3,15 m) = 16,39 m²;
- primeiro quarto: 3,00 m × 3,05 m = 9,15 m²;
- segundo quarto: 3,00 m × 3,15 m = 9,45 m²;
- terceiro quarto: 3,00 m × 3,05 m = 9,15 m²;
- circulação: 2,90 m × 1,00 m = 2,90 m²;
- banheiro: 2,00 m × 1,65 m = 3,30 m²;
- cozinha/área: 2,95 m × 3,20 m + tanque (0,55 m × 0,55 m) = 9,74 m²;

- quarto de empregada: 2,00 m × 1,60 m = 3,20 m²;
- WC: 0,90 m × 1,30 m = 1,17 m².

Dessa forma, tem-se a seguinte relação de áreas:
- área útil total: 64,45 m²;
- área construída privativa: 64,45 m × 1,15 m (15% correspondendo à projeção das paredes internas) = 74,12 m².
- área construída equivalente: 74,12 m² × 1,10 (10% correspondente ao rateio das partes comuns do prédio) + área equivalente da garagem (12,50 m²) = 94,03 m².

O apartamento pode visto nas fotos anexas ao laudo, que melhor ilustram a sua descrição. Assim, feita a descrição sucinta do imóvel, passamos aos cálculos avaliatórios para a obtenção do justo aluguel a partir da citação (21 de janeiro de 1997).

Cálculos avaliatórios

O valor V_i do apartamento é dado pelo modelo:

$$V_i = \frac{A \cdot C \cdot \left[K - d \cdot (1 - r \cdot K)\right]}{1 - r \cdot K}$$

em que:

V_i = valor do apartamento referido a janeiro de 1997;

A = área construída = 94,03 m²;

C = custo unitário básico (CUB) da construção fornecido pelo Sinduscon do Rio de Janeiro (valor referente a janeiro de 1997) acrescido do percentual de 40% relativo aos custos não incluídos nos cálculos do CUB e custos indiretos: C = R\$ 372,22/m² × 1,40 = R\$ 521,10/m²;

K = coeficiente de mercado = 1,10;

d = depreciação física obtida diretamente pela tabela de Ross-Heidecke (idade = 30, vida = 100, estado = 2,5) = 0,26;

r = cota de terreno, em percentagem, relativa ao empreendimento novo, apartamento de fundos na Rua Engenheiro Julião de Castelo = 25% = 0,25.

Substituindo-se os valores na fórmula, tem-se:

$$V_i = \frac{94,03 \times 521,10 \times \left[1,10 - 0,26 \times (1 - 0,25 \times 1,10)\right]}{(1 - 0,25 \times 1,10)}$$

ou, em números redondos,

$$V_i = R\$ 61.600,00$$
(sessenta e um mil e seiscentos reais)

Os imóveis residenciais refletem taxas de rentabilidade mais elásticas que os imóveis comerciais, para os quais a jurisprudência consagrou a taxa de 12% ao ano. Assim, apresentaremos ao MM. Juiz Condutor do Feito os valores dos aluguéis com taxa variando de 6% a 12% ao ano, à data da citação (21 de janeiro de 1997) – ver Tab. 6.2.

Tab. 6.2   Tabela de rentabilidade

Taxa (%)	Aluguel (R$)
6%	308,00
7%	359,00
8%	410,00
9%	462,00
10%	513,00
11%	564,00
12%	616,00

O Perito entende que, para o imóvel da lide, a taxa mais justa seja a de 12% ao ano, uma vez que o Plano Real imprimiu uma efetiva elevação nos valores locativos. Essa decisão, então, traduz o aluguel a partir de 21 de janeiro de 1997, em números redondos, de:

$$A_L = R\$ 620,00$$
(seiscentos e vinte reais)

O exame e a decisão sobre as demais taxas ficarão a cargo do MM. Juiz Condutor do Feito, que mais sabiamente opinará.

Obtido o justo aluguel, passamos a responder aos quesitos dos autores.

Quesitos dos autores (fl. 22 dos Autos)

1º quesito: Queira o ilustre Perito descrever o imóvel objeto da revisão e sua localização, juntando um croqui do imóvel.
Resposta: Atendido no Histórico e visto nas fotos anexas.

2º quesito: Queira o ilustre Perito fixar o valor do aluguel a preço de mercado na forma legal.
Resposta: Atendido nos Cálculos avaliatórios.

3º quesito: Queira o ilustre Perito esclarecer outros informes necessários ao deslinde do Feito.
Resposta: Nada há para acrescentar ao que já foi dito.

Quesitos do réu (fl. 25 dos Autos)

1º quesito: Queira o Sr. Perito descrever o imóvel objeto da presente Ação.
Resposta: Atendido no Histórico.

2° quesito: Queira o Sr. Perito informar se o prédio onde o imóvel está situado tem porteiro na parte da noite e se há esquema de segurança para o edifício.
Resposta: Não.

3° quesito: Queira o Sr. Perito informar o justo valor locativo do imóvel à data da citação, tendo em vista os aspectos relativos a segurança, idade do prédio e grande número de apartamentos por andar, além do fato de o imóvel ser de fundos e possuir apenas um banheiro.
Resposta: Atendido nos Cálculos avaliatórios.

4° quesito: Queira o Sr. Perito informar o que mais julgue necessário.
Resposta: Nada há para acrescentar.

Encerramento

Tendo concluído o presente Laudo em 07 (sete) folhas de papel formato ofício datilografadas de um só lado, 04 (quatro) fotografias coloridas e enumeradas, tudo devidamente rubricado pelo Perito que subscreve este Laudo,

Requer sua juntada aos Autos para que produza um só fim e efeito de Direito.

N. Termos,
P. Deferimento.

Rio de Janeiro, 30 de março de 1997

Eng. Sérgio Antonio Abunahman
Perito do Juízo

6.2 O modelo de Mandelblatt-Camacaro

O engenheiro e professor venezuelano Miguel Camacaro Perez, tradutor deste livro para a língua de Cervantes, fez uma alteração no modelo de Mandelblatt do método evolutivo, para possibilitar também a avaliação do valor do terreno embutido no valor do imóvel.

Através desse modelo, o valor da propriedade é determinado pelo cálculo do valor da construção, conforme o método de custo novo de reprodução; já o valor da terra é assumido como uma contribuição percentual do valor da propriedade (cota de terreno). O modelo considera as seguintes relações:

$$V_i = (V_t + V_c) \cdot F_c \qquad \text{(6.7)}$$

em que:

V_i = valor do imóvel;

V_t = valor do terreno;

V_c = valor da construção, no estado;

F_c = fator de comercialização (indicador do mercado).

Para se determinar V_t, utiliza-se a seguinte expressão:

$$V_t = r_t \cdot V_i \qquad \text{(6.8)}$$

em que:

r_t = contribuição percentual do valor da terra para o valor da propriedade (cota de terreno), que deve ser baseada em uma pesquisa de mercado para cada bairro ou região da cidade.

Já o valor da construção (V_c) é determinado pela equação:

$$V_c = V_{cn} - D \qquad \text{(6.9)}$$

em que:

V_{cn} = valor da construção nova;

D = depreciação da construção, determinado por:

$$D = \delta\left(V_{cn} - V_r\right) \qquad \text{(6.10)}$$

em que:

V_r = valor residual da construção;

δ = fator de depreciação, obtido a partir dos critérios de Ross-Heidecke, ao se aplicar a seguinte relação:

$$\delta = \left[(1-\alpha)\cdot c + \alpha\right] \qquad \text{(6.11)}$$

em que:

c = fator Heidecke, que depende da condição e manutenção do imóvel na data da avaliação;

α = relação entre a idade do imóvel (e) e tempo de vida (v), expressa em:

$$\alpha = \frac{1}{2}\left(\frac{e}{v} + \frac{e^2}{v^2}\right) \qquad \text{(6.12)}$$

Para a determinação do valor residual da construção (V_r), tem-se:

$$V_r = r \cdot V_{cn} \qquad \text{(6.13)}$$

em que:

r = percentagem residual no final da vida útil do imóvel.

Substituindo-se a Eq. 6.8 na Eq. 6.7, tem-se:

$$V_i = \left(r_t \cdot V_i + V_c\right) \cdot F_C \qquad\qquad \textbf{(6.14)}$$

E a Eq. 6.10 na Eq. 6.9, tem-se:

$$V_C = V_{cn} - \left[\delta \cdot \left(V_{cn} - V_r\right)\right] \qquad\qquad \textbf{(6.15)}$$

Agora, define-se a seguinte expressão:

$$\left(V_{cn} - V_r\right) = V_{cn} \cdot F_r \qquad\qquad \textbf{(6.16)}$$

em que:

$(V_{cn} - V_r)$ = diferença entre o valor novo da construção e o valor residual;

F_r = fator de valor residual, sendo $F_r = (1 - r)$.

Substituindo-se a Eq. 6.16 na Eq. 6.15, tem-se:

$$V_C = V_{cn} - \left(\delta \cdot V_{cn} \cdot F_r\right) \qquad\qquad \textbf{(6.17)}$$

E a Eq. 6.17 na Eq. 6.14, tem-se:

$$V_i = \left[r_t \cdot V_i + V_{cn} - \left(\delta \cdot V_{cn} \cdot F_r\right)\right] \cdot F_C \qquad\qquad \textbf{(6.18)}$$

Explicitando-se V_i da expressão anterior, tem-se por fim o modelo de Mandelblatt-Camacaro:

$$V_i = \frac{V_{cn} \cdot \left(1 - \delta \cdot F_r\right) \cdot F_C}{\left(1 - r_t \cdot F_C\right)} \qquad\qquad \textbf{(6.19)}$$

Esse modelo pode ser solucionado através da Tab. 6.3.

Assim, de acordo com a Tab. 6.3, obtêm-se pelo modelo Mandelblatt--Camacaro o valor de R$ 1.675.000,00, em números redondos, e pelo modelo de Mandelblatt o valor de R$ 1.610.000,00, o que, em termos de Engenharia de Avaliações, é a mesma ordem de grandeza.

Tab. 6.3 **Tabela comparativa dos modelos Mandelblatt-Camacaro**

Modelo Mandelblatt-Camacaro		Modelo Mandelblatt	
Dados para o cálculo do valor do imóvel (apartamento padrão alto no bairro de Copacabana)		Dados para o cálculo do valor do imóvel (apartamento padrão alto no bairro de Copacabana).	
V_i = valor do imóvel (R$)	1.675.425,08	V_i = valor do imóvel (R$)	1.609.629,02
A = área equivalente de construção – incluída uma vaga de garagem (m²)	186,00	A = área equivalente de construção – incluída uma vaga de garagem (m²)	186,00
CUB = custo unitário básico padrão alto com oito pavimentos (junho de 2020) – Sinduscon-RJ (R$)	1.879,39	CUB = custo unitário básico padrão alto com oito pavimentos (junho de 2020) – Sinduscon-RJ (R$)	1.879,39
CI = percentual de custos indiretos (35% a 65%)	60%	CI = percentual de custos indiretos (35% a 65%)	60%
C = custo de reprodução da construção (R$/m²)	3.007,02	C = custo de reprodução da construção (R$/m²)	3.007,02
F_C = fator de mercado ou de comercialização (admissível)	1,15	F_C = fator de mercado ou de comercialização (admissível)	1,15
c = fator Heidecke (admissível)	0,07	c = fator Heidecke (admissível)	0,07
F_r = fator residual (admissível)	0,17	e = idade aparente da construção (anos)	30,00
e = idade aparente da construção (anos)	30,00		
v = vida útil da construção (anos)	100,00	v = vida útil da construção (anos)	100,00
δ = fator de depreciação	0,251350	δ = fator de depreciação	0,251350
C_t = cota de terreno em Copacabana* (admissível)	0,55	C_t = cota de terreno em Copacabana* (admissível)	0,55
Resultado para o valor do imóvel e do terreno:		Resultado para o valor do imóvel e do terreno:	
Valor da construção (R$)	535.407,58	Valor da construção (R$)	514.381,45
Valor do terreno (R$)	921.483,79	Valor do terreno (R$)	885.295,96
Valor do terreno e da construção (R$)	1.456.891,37	Valor do terreno e da construção (R$)	1.399.677,41
Valor do imóvel – junho 2020 (R$)	1.675.425,08	Valor do imóvel – junho de 2020 (R$)	1.609.629,02

*Cota de terreno em Copacabana, excetuando-se a Avenida Atlântica.

6.3 Avaliação de lojas de galerias

Muitos "peritos" confundem lojas de galerias com lojas de *shopping centers*. Estas são estruturas particulares, quer no que diz respeito à disposição das suas lojas, quer no que tange à tipologia dos contratos que, via de regra, preveem um aluguel mínimo e/ou um aluguel percentual sobre as vendas, prevalecendo o que for maior.

Ao contrário das lojas de *shopping centers*, as lojas de galeria apresentam um valor locativo geralmente inferior às lojas de beira de rua, visto que, sem dúvida, ao passante eventual o interior da galeria oferece menos atrativos e menor visão do que a loja de rua. Corroborando essa ideia, a experiência tem nos mostrado que, nos bairros mais nobres do Rio de Janeiro, como Copacabana, Ipanema, Leblon, Tijuca etc., as lojas de galeria têm seu valor na ordem de 60% a 70% do valor daquelas de frente para a rua; já essa relação para as sobrelojas está em torno de 50%.

Apesar disso, nota-se que é procedimento comum a muitos profissionais calcular o valor do terreno e, depois, multiplicar esse valor pela fração ideal de terreno para se obter o valor da cota relativa à loja de galeria. Nada mais condenável, pois que absurdo! Em assim procedendo, o valor da parte destinada ao terreno será o mesmo, quer a loja esteja de frente para a rua, quer esteja no interior da galeria ou até mesmo na casa de máquinas, se fosse possível. A fração ideal é incorpórea, e nada tem a ver com a cota de terreno, a qual é o "peso" que o terreno possui no conjunto do prédio.

Em nosso entendimento, o método comparativo (que é o recomendado para lojas de *shopping centers*) deveria ser o modelo adotado para lojas de galeria, desde que respeitados os fatores de homogeneização pertinentes (lojas aos fundos, com menor visão, em braços "sem saída" etc.), com contemporaneidade de contratos. Como isso não é possível, o modelo que mais se adequa à determinação do valor locativo para lojas em galerias é a fórmula de Mandelblatt.

$$V_i = \frac{A \cdot C \cdot \left[K - d \cdot (1 - r \cdot K) \right]}{1 - r \cdot K} \tag{6.20}$$

em que:

V_i = valor do imóvel;

A = área equivalente de construção;

C = custo unitário básico da construção acrescido dos custos não incluídos nos cálculos do CUB do Sinduscon e custos indiretos;

K = coeficiente de mercado;

d = depreciação física obtida pelo critério de Ross-Heidecke;

r = cota de terreno, em percentagem, relativa ao imóvel novo.

É justamente o parâmetro K que irá diferenciar o valor da loja de beira de rua do valor da loja no interior da galeria.

Para exemplificar, considere-se num trecho da Avenida Nossa Senhora de Copacabana, não muito valorizado, uma loja com 20,00 m² de frente para a rua e 30 anos de construída. Ingressa-se no modelo de Mandelblatt com os seguintes parâmetros, referidos a janeiro de 1997:

- A = 20,00 m²;
- C = R$ 610,00/m² (incluídos os custos não incluídos nos cálculos do CUB do Sinduscon e custos indiretos);
- K = 1,15;
- d = 0,215 (vida 100, idade 30, estado 2);
- r = 65% = 0,65.

Substituindo-se os valores na fórmula, tem-se:

$$V_i = \frac{20,00 \times 610,00 \times \left[1,15 - 0,215 \times (1 - 0,65 \times 1,15)\right]}{(1 - 0,65 \times 1,15)} = R\$\ 52.941,00$$

ou, em números redondos,

$$V_i = R\$\ 53.000,00$$

O valor do aluguel, então, é de R$ 530,00 (R$ 26,50/m²).

Para a mesma loja, mas no interior da galeria, o que varia em relação à loja de rua é o parâmetro K, e tem-se o valor K = 1,00.

Aplicando-o à fórmula, calcula-se:

$$V_i = \frac{20,00 \times 610,00 \left[1,00 - 0,215(1 - 0,65 \times 1,00)\right]}{1 - 0,65 \times 1,00} R\$\ 32.234,14$$

$$V_i = R\$\ 32.234,00$$

ou, em números redondos,

$$V_i = R\$\ 32.200,00$$
(trinta e dois mil e duzentos reais)

Assim, o valor de aluguel para a loja dentro da galeria é de R$ 322,00 (R$ 15,60/m²), o que corresponde a aproximadamente 60% do valor encontrado para a loja de rua.

Determinação do valor locativo em lojas de shopping centers

7

O *shopping center*, sem dúvida nenhuma, foi uma inovação, uma "explosão" dentro do comércio; inclusive, ousou-se denominá-lo "templo do consumo", e ainda dizemos mais: templo do consumo e do lazer.

O Decreto n° 24.150/1934, que até 1991 regia a locação comercial no país, já era uma verdadeira "colcha de retalhos", e foram feitas acrobacias para adaptarem-no aos novos ramos de comércio que foram surgindo, pois, na década de 1930, o que se conhecia era a quitanda da esquina, o botequim no centro da quadra, o açougue, o armarinho de bugigangas, entre outros. Nem de longe se poderia sonhar com as estruturas físicas monumentais dos *shopping centers*, que surgiram nos Estados Unidos na década de 1950 (não confundir com lojas de departamentos ou galerias, que são mais antigas, da década de 1920).

O primeiro desses conjuntos no Brasil foi o *shopping center* do Méier, no Rio de Janeiro, construído há pouco mais de 55 anos. Apesar de ter esse nome, todavia, o conjunto era uma situação intermediária entre as lojas de galeria e os atuais *shopping centers*, com a sua concepção monumental, infraestrutura de lazer e oferecimento de várias outras atrações que não propriamente a atração do consumo. Foi em 1966, em São Paulo, que foi construído o *shopping center* Iguatemi, o primeiro com as características próprias do estabelecimento que conhecemos hoje com esse nome: as peculiaridades do contrato (aluguel percentual e aluguel mínimo), a estrutura organizacional etc.

Um contrato é primordialmente um fenômeno de natureza econômica antes de ser de natureza jurídica. A quase totalidade dos julgados numa Ação Renovatória ou Revisional está discutindo aspectos econômicos. Ninguém discute, por exemplo, a cláusula contratual que diz que o objeto da Ação é o imóvel X da rua Y, tampouco a cláusula em que é dito que o locatário deve pagar o aluguel na casa do locador até o dia 10 de cada mês. Todavia, no período compreendido entre um ano e seis meses anteriores ao término do contrato, começam a surgir conflitos de interesses absolutamente econômicos: é o inquilino achando que está pagando muito ao proprietário, e, reciprocamente, o locador achando que o inquilino está lhe pagando mal, pois o prédio vale muito mais do que lhe é pago.

Dentro desses interesses econômicos, é defeso ao especialista desconhecer que uma loja de beira de rua é inferior em termos comerciais a uma loja num grande *shopping center*, onde circulam diariamente cerca de 50.000 a 60.000 pessoas que vão olhar a sua vitrine. Assim, se a determinação do justo valor locativo de uma loja qualquer já é motivo de polêmica, em se tratando de lojas no complexo de um *shopping center*, essa polêmica se acentua ainda mais. Mesmo que a nova legislação as tenha enquadrado perfeitamente no contexto da locação comercial, o que de certa forma ilidiu o conflito quanto à sua natureza, muito se discutiu se as lojas de *shopping centers* se enquadravam em um contrato de *locação*, de *participação*, de *estabelecimento* ou *atípico*.

O que ocorre de diferente na avaliação de uma unidade do *shopping* é que devem ser considerados dois elementos, enquanto na loja de rua apenas um elemento se faz obrigatório: o posicionamento físico da loja naquele local. Já nas lojas de *shopping*, além do posicionamento físico, deve ser levada em conta também a parcela pertinente ao fundo de comércio. A quantificação e a qualificação do *fundo de comércio* diz respeito a quem a unidade pertence: ao empreendedor ou ao lojista, ou, se pertence a ambos, em que proporções. Existem duas correntes na classificação da posse do fundo de comércio num *shopping*: uma advoga que existem dois fundos de comércio, e a outra diz haver somente um fundo de comércio com dois titulares. Nós entendemos que essa segunda posição é a mais correta.

O objetivo primordial deste capítulo é estabelecer a metodologia mais adequada para a determinação do justo valor locativo numa loja de *shopping center* em casos de Ações Renovatórias ou Revisionais.

Nos cálculos apresentados neste capítulo, será utilizada a moeda que, mesmo antes do advento do real, já era o indexador informal da Economia: o *dólar*, visto que todo o planejamento financeiro de um *shopping center* é feito nessa moeda.

Dois são os métodos clássicos de determinação do justo valor locativo, como bem sabemos: o método da rentabilidade, a partir do qual se convencionou jurisprudencialmente dizer que o justo valor locacional é aquele que representa um retorno de 1% sobre o valor do imóvel, e o método comparativo, suscetível a uma série de falhas quando se trabalha com uma loja de beira de rua.

No método da rentabilidade, dizemos que essa taxa de 1% é absolutamente teórica, visto que é confortável deslocar duas casas decimais do valor do imóvel para se atribuir o valor locativo. No sistema inflacionário não existe imóvel nenhum que reflita como taxa de locação 1% ao mês, pois para tanto deveria ser estabelecido um aluguel *pro rata* que variasse todos os dias, já que, dentro de um ou dois meses, o aluguel estaria completamente defasado e jamais representaria 1%, a não ser naquela data da avaliação.

Assim, apesar de a determinação do justo valor locativo de uma unidade de *shopping center* parecer muito mais fácil pelo método da rentabilidade que a do valor de uma loja de beira de rua, esse método, que já causa tantos conflitos entre os julgadores e os próprios profissionais de perícia, revela-se inadmissível quando levado para uma unidade de *shopping*. Neste capítulo, deseja-se mostrar que o método comparativo é o único adequado para as lojas de *shopping*, sem provocar discrepâncias.

Essa controvérsia gera uma polêmica inexistente no caso das lojas de *shopping*, pois, como já dito, o único método válido é o comparativo, em que se compara a loja em avaliação com outras lojas dentro da mesmíssima área de influência comercial. Esse método mostra-se falho para as lojas de rua, devido à incidência de *luvas* em grande maioria dos contratos ou a não similitude de zonas de influência. Todavia, nos casos de *shopping centers*, pela uniformidade de localização e de valores das lojas, esse método segue uma lei de formação livre de fatores estranhos.

Para se arbitrar o valor de qualquer imóvel, há essencialmente que se comparar. Sem a comparação, é impossível determinar seu real valor locativo. No caso de impossibilidade, por inexistirem imóveis semelhantes no logradouro, vai-se a outro logradouro de força comercial semelhante e efetua-se uma transposição adequada.

Além de a margem de controvérsia no método da rentabilidade ao se calcular o valor do terreno por fórmulas matemáticas ser muito grande, outro fato que demonstra a inviabilidade da aplicação desse método numa loja de *shopping* é que as suas "unidades" são indivisíveis, ou seja, não faz sentido falar em cota de terreno para determinada loja. Não confunda *cota de terreno* com *fração ideal de terreno*, que são coisas distintas: a cota é o "peso" que o pedaço do terreno tem no conjunto, e a fração, que é incorpórea, é o valor cuja soma de todas representa a unidade.

Um erro muito comum cometido por alguns Peritos é considerar, para efeito de avaliação, que a loja de *shopping* se situa na beira de rua e, depois desse procedimento, atribuir-lhe determinado incremento para *levá-la* ao interior do *shopping*. Nada mais incorreto. É fácil verificar esse equívoco se tomássemos, por exemplo, as lojas do Barra Shopping, no Rio de Janeiro, que conta com mais de 600 lojas e ainda está em fase de expansão, e as dispuséssemos lado a lado ao longo da Avenida das Américas: sem a infraestrutura que o *shopping* apresenta, elas não teriam a mesma potencialidade comercial que apresentam no complexo do *shopping*.

Conclui-se, pois, que o único método admissível é o comparativo.

A influência das deficiências de informações que o método comparativo apresenta para lojas de rua não ocorre no caso dos *shopping centers*, pela própria estrutura organizacional que apresentam. As informações computadorizadas fornecidas pela administração dos *shoppings* são confiáveis e refletem a realidade, razão pela qual podemos dizer que se torna até mais fácil se avaliar o valor locativo em lojas de *shopping center*, em comparação a lojas de beira de rua.

Suponhamos que na criação de um *shopping center* foi estabelecido um contrato que previa o aluguel de US$ 16,00/m² nos primeiros 12 meses da locação (vamos nos abstrair do aluguel percentual, cingindo a nossa exposição à determinação do aluguel mínimo mensal). Esse mesmo contrato prevê um escalonamento que estabelece US$ 20,00/m² no segundo ano e US$ 26,00/m² no terceiro, quarto e quinto ano.

Admite-se que, durante a vigência do contrato, diversas lojas passaram a outras mãos, com a devida anuência do empreendedor, ou que espontaneamente alguns lojistas abandonaram o negócio, deixando-os livres para novas locações.

Quando o empreendedor cobrou US$ 16,00/m² no início da locação, em vez de US$ 26,00/m², na realidade ele estava cobrando o risco do empreendimento, apesar de saber que tal empreendimento não ter sucesso é hipótese remota, devido aos estudos preliminares feitos. Quando o contrato prevê no segundo ano o valor de US$ 20,00/m², não se está admitindo uma "inflação do dólar", e sim uma valorização, um crescimento, comum ao empreendedor e ao lojista. O mesmo ocorre para o valor seguinte, de US$ 26,00/m².

Na proximidade do término do contrato (período de um ano a seis meses), ao procurar o empreendedor, o lojista verifica novos valores, por exemplo, US$ 55,00/m² no primeiro ano, US$ 65,00/m² no segundo ano e US$ 85,00/m² nos anos subsequentes. O que significam esses números? São os números que serão apresentados ao Perito, pois 40% das lojas entenderam, por exemplo, renovar por esses valores, em virtude das novas locações realizadas e do próprio sentimento da valorização que o conjunto apresentou no período. Alguns dirão que os valores estão altos, comparados aos valores iniciais (quase três vezes mais). Ledo engano! Na prática, esses valores talvez até sejam iguais. Mas por quê?

No *shopping*, a criação de riqueza é comum. Não raro se observa nos anúncios publicitários de *shoppings* prestes a serem inaugurados a perfeita comunhão entre o lojista e o empreendedor, que pode se converter em divórcio litigioso à medida que surgem os conflitos de interesse econômico, principalmente quando da renovação do contrato. No exemplo anterior, isso se demonstra pelo valor de mercado no interior do *shopping*, que já está na ordem de US$ 55,00/m², e o lojista ainda quer pagar os US$ 16,00/m² que pagava no início de seu contrato.

Quando dizemos que na renovação o valor de US$ 55,00/m² praticamente coincide com os US$ 26,00/m², é por causa do *fundo de comércio* consubstanciado pela *res sperata*, que é erradamente assimilada por alguns como *luvas*, quando são coisas distintas.

O empreendedor empata o seu capital de gênio, de trabalho econômico, para fazer nascer o *shopping* e, por isso, cobra através da *res sperata*. Na realidade, a *res sperata* é a parcela do fundo de comércio pertencente ao empreendedor, cedida ao lojista por um prazo determinado, que é o de duração do contrato.

Ora, quando o lojista paga US$ 16,00/m², ele já pagou a *res sperata*. Na renovação, ao pagar US$ 55,00/m², ele está pagando por duas parcelas que na loja de beira de rua não existem. A loja de rua paga pela localização física da loja no espaço da rua. Já no *shopping*, grosseiramente falando, na renovação está "embutida" uma segunda *res sperata*.

O trabalho do empreendedor é contínuo. Embora seu grande esforço tenha sido na implantação do *shopping*, quando acaba o período contratual, ele continua trabalhando. Inclusive, a prática demonstra que a participação do *shopping* no fundo de comércio é tão grande que, ao se adquirir um relógio, por exemplo, é raro o consumidor dizer que o comprou numa determinada loja, associando a compra ao nome do *shopping center* onde está situada a loja em que efetuou o negócio. O que vem ao inconsciente do consumidor é o *shopping center*, e não a loja em que adquiriu o bem.

Outro fato demonstrativo é que o empreendedor, ao alugar uma loja de 50 m² no *shopping*, não está fazendo como o proprietário de uma loja de beira de rua, que aluga apenas o espaço físico de 50 m². Ele está alugando todos os espaços indiretos utilizados, as áreas de atração, os benefícios e circulação etc. que, de forma objetiva, contribuem para a comercialização dos produtos.

Dessa forma, no nosso entendimento, torna-se indubitável a existência de um único fundo de comércio pertencente a dois titulares: o empreendedor e o lojista. O empreendedor é quem fornece toda a infraestrutura ao lojista e possibilita que cerca de 60.000 pessoas possam ver a sua vitrine diariamente.

O preço de cessão de espaço mais elevado em um *shopping center* no Brasil equipara-se ao valor de um *shopping* em Miami. Uma pesquisa realizada em Miami demonstrou o valor de US$ 9,00/sf em 1985 e de US$ 11,64/sf em 1986 (sf = pé quadrado). Fazendo as devidas conversões para a unidade usual no

Brasil e transformando pé quadrado em metro quadrado, o valor médio de US\$ 10,00/sf representa US\$ 107,00/m². Observa-se que a valorização efetivamente ocorreu e nada tem a ver com a inflação: esse *shopping center* de valor mais elevado no Brasil tem o aluguel na ordem de US\$ 100,00/m².

O que se quer mostrar é que na renovação ingressa outra parcela, que é exatamente o embutimento do fundo de comércio do empreendedor através da segunda *res sperata*, já que aquela cláusula paga de uma só vez ao empreendedor, no início da locação, deu-se para cobrir a sua parcela no prazo contratual de cinco, seis, sete ou oito anos.

Vai surgir ainda aquela dúvida: se é um fato incontestável que o fundo de comércio é pertinente a ambos, empreendedor e lojista, que devem estar em perfeita sintonia, quanto em percentagem irá caber ao empreendedor e quanto irá caber ao lojista? A seguir, tentaremos responder a essa pergunta, apresentando uma formulação matemática conjuminada ao aspecto jurídico.

A noção jurídica seria considerar a *res sperata* como a parcela do fundo de comércio pertencente ao empreendedor, que ele cede ao lojista pelo prazo exato de duração do contrato, parcela esta que não aparece nos US\$ 16,00/m² iniciais ao contrato tomado como exemplo, uma vez que ele já pagou à vista a *res sperata*. Vamos ver então o que significa a *res sperata* paga à vista, diluída no prazo contratual.

Imagina-se uma fórmula da matemática financeira:

$$A = RS \cdot \frac{i(1+i)^n}{(1+i)^n - 1}$$

em que:

A = acréscimo no aluguel mensal, representado pelo pagamento da *res sperata*;
RS = *res sperata*;
i = taxa nominal de juros de 0,5% ao mês;
n = período contratual, em meses.

Como exemplo, tem-se um contrato de oito anos, em que a *res sperata* foi de US\$ 200.000,00 e o aluguel ponderado (média ponderada entre os valores locativos nos meses estabelecidos pela progressão de aumento no contrato), de US\$ 24,00/m² para uma loja com área de 65,00 m². Suponhamos um contrato progressivo com aluguel nos 12 primeiros meses de US\$ 16,00/m², nos 24 meses subsequentes, de US\$ 20,00/m², e, nos últimos 60 meses, de US\$ 26,00/m².

A média ponderada, isso é, a distribuição de valores vai equivaler a 96 meses de aluguel a US\$ 23,25/m², como se segue:

$$\frac{16 \times 12 + 20 \times 24 + 26 \times 60}{96} = US\$ \ 23,25/m^2 \cong US\$ \ 24,00/m^2$$

Substituindo-se os valores na fórmula, após transformar-se o valor da *res sperata* em valor unitário (US$ 200.000 ÷ 65 m² = US$ 3.076,00/m²), têm-se:

$$RS = US\$ \ 3.076,00/m^2$$

$$i = 0,5\% \text{ ao mês} = 0,005$$

$$n = 8 \text{ anos} = 96 \text{ meses}$$

$$A = 3.076,00 \times \frac{0,005(1+0,005)^{96}}{(1+0,005)^{96}-1}$$

$$A = US\$ \ 40,42/m^2$$

Assim, ao aluguel médio de US$ 23,25/m² foi feito um acréscimo de US$ 40,42/m², e o aluguel real passa a ser de:

$$US\$ \ 23,25 + US\$ \ 40,42 = US\$ \ 63,67/m^2$$

Como a *res sperata* é a parcela do fundo de comércio cedida pelo empreendedor ao lojista no período contratual, nesse exemplo calculada como US$ 40,42/m² ao mês, tem-se que ela representa cerca de 60% (63,50%, mais exatamente) dos US$ 63,67/m² totais e, por consequência, o valor restante (US$ 23,25/m²) corresponderá a cerca de 40% (36,5%, mais exatamente). A conclusão a que se chega é que o fundo de comércio, num *shopping center*, é único e possui dois titulares, e o empreendedor detém cerca de 60% do valor e o lojista, 40%.

Isso também demonstra a impertinência do método da rentabilidade na obtenção do justo valor locativo em uma loja de *shopping center*, pois nele não há como embutir de forma confiável a parcela do fundo de comércio pertinente ao empreendedor. Não se deve esquecer que, no caso das lojas de beira de rua, o método da rentabilidade é muito indicado, pois o fundo de comércio (que nele não aparece) pertence integralmente ao lojista.

O fundo de comércio é quantificável. Dele se ocuparam vários autores, entre os quais o saudoso Prof. Alfredo Buzaid.

Ainda não surgiu nenhum caso em que se deva determinar o fundo de comércio num *shopping center*, mas chegará o dia que esse fundo de comércio deverá ser mensurado. Para tanto, o engenheiro Fernando Guilherme Martins estabeleceu a seguinte fórmula:

$$FC = \frac{L}{(1+i)^n}$$

em que:

FC = fundo de comércio;

L = lucro líquido auferido nos três anos antecedentes à indenização;

n = número de meses no período de três anos = 36;

i = taxa mensal de juros = 0,5% = 0,005.

Cabe-nos, por fim, relatar um caso interessante.

Uma concessionária de energia elétrica desapropriou uma série de imóveis no bairro de São Cristóvão, no Rio de Janeiro, para fazer uma subestação. Entre esses imóveis, havia um bar pertencente a um cidadão, locatário do imóvel, que teve de transferir o seu negócio para outro bairro, mais precisamente para a Avenida Suburbana, um local menos propício ao comércio de bar, em virtude de o bairro anterior se situar numa zona industrial com frequência maciça de operários.

Inconformado, o dono do bar (locatário do imóvel) ingressa em Juízo com uma Ação Ordinária, requerendo o fundo de comércio pelo seu desalojamento – nesse caso, a indenização não é integral, e sim parcial, já que não houve desmantelamento do negócio. Fomos nomeados Peritos para estabelecer a justa indenização pelo fundo de comércio.

Examinando os balanços do estabelecimento nos últimos cinco anos, verificamos que, em todos esses exercícios, o bar havia fechado "no vermelho", ou seja, com prejuízos sistemáticos. À luz da documentação contábil, não haveria o que indenizar, pois o lucro líquido (L) apurado inexistia.

Fomos ao novo estabelecimento do autor da Ação e lá constatamos o seu bom movimento, com quatro empregados, inclusive um deles a nível gerencial. Ora, a tributação nesse tipo de estabelecimento é por estimativa.

Concluímos que, embora fechasse seus balanços no prejuízo, o autor tinha lucro, pois no período em que lá estivemos ele atendeu um considerável número de pessoas, e avaliamos que esse lucro seria, no mínimo, igual ao dobro do que ele pagava ao seu empregado de nível gerencial (se fosse igual, era melhor que fechasse o estabelecimento e fosse trabalhar como gerente em outro, sem correr riscos). O autor era um emérito sonegador.

Ao levar o valor para a fórmula, concluímos por uma determinada indenização, visto que ninguém em sã consciência, a não ser uma multinacional recebendo dólares da matriz, poderia suportar três anos de prejuízo sem fechar.

A concessionária de energia, através de seus advogados, alegou que o laudo era absurdo, pois, sem lucro há cinco anos, o autor não teria direito à indenização. Prestando esclarecimento, fizemos nossas ponderações e argumentamos que a concessionária deveria denunciar o autor por sonegação aos órgãos competentes.

Não cabia ao Perito fazer uma análise contábil, mas sim efetivamente aferir que o negócio era lucrativo. Uma eventual e até mais do que certa sonegação não era problema pertinente ao Perito.

A sentença, confirmada em Segunda Instância, julgou procedente o pedido, condenando a concessionária ao pagamento de indenização pelo fundo de comércio, ainda que os balanços dos últimos cinco anos tenham sido "no vermelho".

Em síntese, esse exemplo foi dado para demonstrar que, se no "botequim da esquina", cujo proprietário era um emérito sonegador, o fundo de comércio é mensurável e quantificável, com muito mais certeza matemática ele o será numa loja de *shopping center*, sujeita à permanente auditoria do empreendedor e onde os produtos consumidos são menos suscetíveis de sonegação do que os de um botequim.

Assim, está demonstrada a adequação da adoção do método comparativo para se determinar o valor locativo numa loja de *shopping center* e, por conseguinte, a inaplicabilidade do método da rentabilidade, o que inclusive já está sendo consagrado na esmagadora maioria da jurisprudência vigente.

8   Desapropriações, mutilações e faixas de servidão

A *desapropriação* é a figura jurídica que permite ao Estado a aquisição forçosa de uma propriedade, visando a realização de benefícios públicos. O professor José Cretella Júnior, em seu trabalho *Comentários à Lei de Desapropriação*, define-a como "o ato de direito público pelo qual a administração, fundamentada na necessidade pública, na utilidade pública ou no interesse social, obriga o proprietário a transferir a propriedade de um bem, ao estado ou a particulares, mediante prévia e justa indenização" (Cretella Júnior, 1995).

Assim, os dois tipos de desapropriação são:
- por necessidade ou utilidade pública;
- por interesse social.

Além da União, Estados e municípios, no Brasil também podem atuar como expropriantes as concessionárias de serviços públicos, ainda que não pertençam ao Poder Público diretamente. Qualquer bem pode ser expropriado, menos a pessoa física. Numa linha direta, a União pode desapropriar bens estaduais ou municipais, mas não o inverso, ou seja, uma Prefeitura não pode desapropriar um bem estadual, assim como o Estado não pode desapropriar um bem federal.

A Legislação expropriatória deve abordar, nos seus aspectos mais gerais:
- **a.** a declaração de utilidade pública;
- **b.** o órgão expropriante;
- **c.** o objeto da desapropriação e individualização do bem expropriado;
- **d.** a indenização justa;
- **e.** os procedimentos (pré-judiciais e judiciais);
- **f.** a expropriação indireta;
- **g.** a retrocessão.

a) Declaração de utilidade pública

Também chamada de qualificação, a declaração de utilidade pública define a obra pública, sem descrever especificamente o bem a expropriar, e a respectiva autorização do direito de desapropriação.

b) Órgão expropriante

Como já dito, são unidades pertinentes à União, ao Estado ou ao município, bem como concessionárias de serviços públicos, às quais são assegurados direitos iguais no que tange ao ato expropriatório.

c) Objeto da desapropriação

O objeto da desapropriação é todo bem cuja aquisição para o poder público signifique um ato de imprescindível necessidade ou benefício para a comunidade.

Tais bens nem sempre são imóveis – eles podem ser bens tangíveis ou intangíveis. Uma obra de arte, uma partida de comestíveis, uma propriedade que tenha sido sede de acontecimentos históricos, por exemplo, somam-se aos bens tangíveis, assim como as terras para abertura de rodovias, construção de represas, edifícios públicos, escolas etc. Entre os bens intangíveis, há os casos de se desalojar os inquilinos de um prédio, com o fim de ocupá-lo com escritórios ou repartições públicas. Isso significa que, justificada a causa de utilidade pública, nenhum bem pode ser excluído como objeto de desapropriação.

A legislação expropriatória é bem explícita no que diz respeito à individualização do bem expropriado: tais bens devem ser perfeitamente caracterizados e delimitados. Suscetível de polêmica é o aspecto da lei em que se discute se a desapropriação deve ater-se exclusivamente ao bem ou fração do bem para a execução da obra pública ou se pode estender-se em dimensões maiores, com a finalidade de formar a base econômica ou ornamental da referida obra. Nos diversos países da América do Sul, as legislações não se assemelham nesse aspecto. No caso da Venezuela, o segundo procedimento é autorizado com reservas, enquanto na Argentina ele é feito com bastante amplitude, pois a lei específica autoriza a serem desapropriados não somente os bens necessários como também aqueles cuja ocupação convenha à finalidade principal da mesma.

Segundo o saudoso Prof. Eng. Dante Guerrero, ex-Presidente do *Tribunal de Tasaciones* da República Argentina, os direitos de desapropriação devem ser estendidos às zonas de influência beneficiadas com as futuras obras públicas (estradas, represas, avenidas), já que a "contribuição de melhoria" com que elas se beneficiam deve ser a favor da comunidade, representada pelo Estado. O órgão expropriante arca com o custo e a carga que a obra representa, e a valorização da futura obra não pode beneficiar exclusivamente o proprietário, o qual, por razões circunstanciais, vê multiplicado consideravelmente o valor da sua propriedade remanescente, sem ao menos ser atingido parcialmente pela superfície da obra que tanto o enriquece. O ilustre engenheiro argentino tinha a opinião de que, dessa maneira, as obras seriam menos onerosas para a comunidade, pois seriam autofinanciadas com a revenda das sobras valorizadas.

No caso do Rio de Janeiro, estabeleceu-se uma polêmica com as áreas desapropriadas remanescentes para a zona de influência do Metrô, e foi discutida a sua revenda ou transformação em áreas de lazer para a comunidade.

Reciprocamente, há casos em que a desapropriação parcial de um imóvel representa uma perda enorme de valor para a sua área remanescente.

d) Indenização justa

A indenização deve abranger o valor real, atual e de mercado do bem expropriado, assim como os danos, prejuízos, despesas de mudança e transporte e qualquer outra deterioração econômica imputada ao ato expropriatório.

O valor real é aquele que deve ser obtido com critério técnico e ser fruto de análise do mercado de ofertas e transações efetuadas. Deve representar exatamente o valor que o expropriado obteria em uma livre oferta de venda, não se levando em conta as avaliações com fins fiscais, fixadas para cobrança de impostos, tampouco o maior ou menor valor que a futura obra pública possa produzir na área.

No conceito de valor atual, relacionado com a data em que se produz a avaliação do bem, existe nas legislações americanas uma verdadeira disparidade de critérios. Isso cria sérios problemas de injustiças nos países onde a inflação produz uma verdadeira deterioração do poder aquisitivo da moeda. O racional seria fixar o valor do bem no instante em que o expropriante se imite em sua posse, pois assim o expropriado não sofreria prejuízo decorrente da deterioração monetária, se o pagamento da indenização fosse imediato.

Na maioria dos casos, ocorre que o expropriado recebe uma parte do valor, oferecida pelo expropriante, e o restante somente após uma longa demanda judicial, que na prática nunca é inferior a um ano. Sob esse aspecto, é minimizado o prejuízo do expropriado, pois ao valor encontrado em perícia à data do laudo soma-se a correção monetária oficial até a data do efetivo recebimento.

A avaliação é algo instantâneo. Isso significa que, chegada a fase pericial do processo expropriatório, nem sempre ele irá refletir as condições existentes quando da desapropriação, pois em muitos casos a obra pública já está concluída, com os inerentes melhoramentos e valorizações impostos à zona de influência. Por outro lado, o ato expropriatório é sempre precedido de estudos e constantes visitas de técnicos à região, o que cria o "fantasma" da desapropriação e produz uma retração natural no mercado de transações antes da concretização do ato, o que pode falsear dados para posterior avaliação.

A indenização não pode abranger aspectos subjetivos, tais como fatores hipotéticos, lucros presumíveis e aspectos pessoais ou sentimentais. Em contrapartida, ela não pode e não deve deixar de considerar os benefícios ou prejuízos diretos.

e) Procedimentos

Os procedimentos pré-judiciais são aqueles em que a avaliação e o oferecimento prévio representam o valor de mercado e não há necessidade do trâmite judicial, equivalendo a uma simples compra direta, de acordo com o proprietário afetado.

Todavia, se não há acordo entre o órgão expropriante e o expropriado, os procedimentos judiciais são a única via para a obtenção da justa indenização pelo bem. É aí que, então, o Juiz indica o seu Perito para proceder à avaliação, e as Partes fazem o mesmo através de seus Assistentes Técnicos.

Na Argentina, com a existência do *Tribunal de Tasaciones*, o percentual de desapropriação que ingressa em Juízo é mínimo.

f) Expropriação inversa (prevista na legislação argentina)

Por expropriação inversa, prevista na legislação argentina, entende-se o caso de um bem ou zona ser afetado, por lei, para sua futura desapropriação com fins de obra pública, o que significa uma automática restrição ao domínio pleno da propriedade, isto é, um "congelamento" das possibilidades de renda e operacionais do bem.

Entretanto, tal prejuízo – e esse é o termo conveniente de emprego – não pode se manter por períodos longos sem que se concretize a desapropriação e indenização correspondente. Deve-se, pois, garantir ao expropriado o direito de serem eles os indicadores do processo em Juízo quando, passado certo tempo, sua propriedade continuar disponível, ou então deve-se tornar liberado de novo o imóvel.

g) Retrocessão

Se realizada a desapropriação de um imóvel com determinado fim e não for dado a ele o uso pré-fixado, cabe ao proprietário o direito de exigir a devolução do bem.

Feitas as considerações de ordem genérica, o estudo relativo às desapropriações será dividido em dois aspectos: desapropriações relativas a glebas e lotes urbanizados e desapropriações relativas a faixas de servidão.

8.1 Glebas e lotes urbanizados

Em se tratando de glebas passíveis de loteamento, a norma de avaliações NBR 14653-2 define gleba urbanizável como "terreno passível de receber obras de infraestrutura urbana, visando o seu aproveitamento eficiente, por meio de loteamento, desmembramento ou implantação de empreendimento". Ainda nessa norma encontra-se a definição de lote como a "porção de terreno resultante de parcelamento do solo urbano" (ABNT, 2011).

Na zona urbana, é mais raro de se encontrar glebas (áreas com mais de 16.500,00 m²). O tratamento a ser dado a elas, se houver benfeitorias, é o comum: o custo de reposição é calculado aliado ao terreno (lotes urbanizados).

Ora, torna-se difícil estabelecer comparação de transação para glebas na área urbana. Assim, o método comparativo é recomendado da seguinte forma: através de pesquisas, estabelece-se o valor do m² para lotes urbanizados na área e transporta-se para a gleba, grosseiramente falando, cerca de 30% desse valor, pois os 70% restantes correspondem às obras de infraestrutura, arruamento e calçamento, arborização, área verde etc.

Assim, por exemplo, numa desapropriação no bairro de Jacarepaguá, no Rio de Janeiro, em que se atingiu uma área bruta não urbanizada de 50.000,00 m², sabendo-se que o preço médio unitário de lotes urbanizados é de R$ 100,00/m², a gleba em questão valeria aproximadamente R$ 30,00/m², ou seja, R$ 1.500.000,00.

A fórmula do engenheiro uruguaio Oscar Olave é uma metodologia pautada no aproveitamento da gleba, ou seja, método involutivo, que utiliza os valores unitários de lotes urbanizados, obtidos na região, e é calculado pelo método comparativo, conforme apresentado mais adiante.

A rigor, o método involutivo, no qual se estudam a análise do investimento e a sua viabilidade econômica, é o que deve ser empregado, embora seja bem mais trabalhoso.

Na Tab. 8.1 são apresentados os fatores de gleba, conquanto modernamente rejeitados, preconizados pelo Decreto nº 9.788 de 30 de dezembro de 1971 da Prefeitura do município de São Paulo.

Os fatores de gleba devem ser empregados com reservas, pois não são rígidos, e sim paramétricos para a obtenção dos valores das glebas, conhecendo-se o valor do lote urbanizado.

Assim, há de ser computado o conhecimento total do preço unitário de terreno urbanizado para depois se proceder ao estudo englobativo do custo da urbanização, da comercialização, da legalização e da aquisição da gleba, além dos impostos que onerarão o empreendimento. Ora, é uma simples questão de diferença que determinará o preço de aquisição a ser pago pela gleba para viabilizar um empreendimento.

Oscar Olave deduziu uma fórmula que simplifica bastante a aplicação do método involutivo, sem necessidade de se fazer um detalhado estudo de massa ou anteprojeto do loteamento – basta conhecer o valor unitário do lote urbanizado na região. Esse processo levou o nome de *método involutivo simplificado*. A fórmula de Olave, como é chamada, está transcrita a seguir:

$$V_g = \frac{S \cdot (1 - K) \cdot q}{1 + L} - D$$

em que:

V_g = valor bruto da gleba;
S = área total da gleba;
K = perdas do arruamento e áreas livres (em %) = 35%;
q = preço médio de venda do m² de lote na região;
D = despesas legais com urbanização = 30% de (S · (1 – K) · q);
L = lucro razoável do incorporador (em %) = 25%.

Tab. 8.1 Fatores de gleba

Área (m²)	Fator	Área (m²)	Fator
16.000	0,684	80.000	0,461
18.000	0,663	85.000	0,454
20.000	0,646	90.000	0,449
22.000	0,633	95.000	0,444
24.000	0,617	100.000	0,436
26.000	0,606	120.000	0,419
28.000	0,595	140.000	0,404
30.000	0,585	160.000	0,392
32.000	0,576	180.000	0,381
34.000	0,560	200.000	0,372
38.000	0,553	250.000	0,355
40.000	0,545	300.000	0,342
42.000	0,540	350.000	0,331
44.000	0,532	400.000	0,322
46.000	0,527	450.000	0,315
48.000	0,521	500.000	0,310
50.000	0,517	600.000	0,302
55.000	0,505	700.000	0,296
60.000	0,494	800.000	0,291
65.000	0,485	900.000	0,289
70.000	0,476	1.000.000 ou mais	0,288
75.000	0,469		

Apresenta-se então um exemplo elucidativo.

Exemplo 8.1

Tem-se uma gleba com área de 835.841,00 m² e K = 35%, localizada numa região cujo preço médio de venda do m² de lote (q) é de R$ 105,00/m². Qual o valor bruto da gleba?

$$D = 0,30 \times 835.841,00\,(1 - 0,35) \times 105,00$$

$$D = R\$\ 17.113.844,00$$

$$V_g = \frac{835.841,00 \times (1 - 0,35) \times 105,00}{1 + 0,25} - 17.113.844,00$$

$$V_g = R\$ 28.523.000,00$$

O Eng. João Ruy Canteiro instituiu uma tabela com fatores de ponderação para lotes urbanos e suburbanos (Tab. 8.2), de acordo com os melhoramentos apresentados, partindo-se de um lote paradigma.

A situação paradigma ou modular é aquela que atende os melhoramentos constantes em (1), (2), (4), (5) e (6), mais frequente nos loteamentos cortados por rodovias.

Dessa maneira, na ausência dos melhoramentos, o valor unitário básico será reduzido ao multiplicá-lo pela recíproca da unidade somada às percentagens correspondentes aos melhoramentos não existentes. Exemplificam-se os casos a seguir, com V_u sendo o valor unitário básico e V_p, o valor ponderado aplicável.

Tab. 8.2 Tabela de fatores de ponderação para lotes urbanos e suburbanos

Melhoramentos	%
1 – Água	15% = 0,15
2 – Esgoto	10% = 0,10
3 – Luz pública	5% = 0,05
4 – Luz domiciliar	15% = 0,15
5 – Guias e sarjetas	10% = 0,10
6 – Pavimentação	30% = 0,30
7 – Telefone	5% = 0,05
8 – Canalização para gás	1% = 0,01
9 – Arborização	1% = 0,01

1. Caso em que o lote tenha todos os melhoramentos da situação paradigma, exceto a água:

$$V_p = \frac{V_u}{1 + 0,15} = \frac{V_u}{1,15}$$

2. Caso em que o lote não tenha nenhum dos melhoramentos da situação paradigma:

$$V_p = \frac{V_u}{1 + 0,15 + 0,10 + 0,15 + 0,10 + 0,30} = \frac{V_u}{1,80}$$

3. Caso de lote sem nenhum dos melhoramentos da situação paradigma, mas com luz pública:

$$V_p = \frac{V_u}{1,80} + V_u \times 0,05$$

É ainda do Eng. João Ruy Canteiro o estudo que estabeleceu os fatores para atender à topografia, superfície e acessibilidade, quer para lotes urbanos ou suburbanos, partindo-se do terreno plano como situação paradigma (= 1,00). Esses fatores já foram vistos quando do estudo de terrenos urbanos.

- Fator de *topografia*
  - ◊ Caído para os fundos:
    - **a.** até 5% = 0,95;
    - **b.** de 5% até 10% = 0,90;
    - **c.** maior que 10% = 0,80.
  - ◊ Em aclive:
    - **a.** suave = 0,95;
    - **b.** acentuado = 0,90.
- Fator de *superfície*
  (paradigma: terreno seco = 1,00)
  - **a.** pantanoso = 0,60;
  - **b.** alagadiço = 0,70.
- Fator de *acessibilidade* (transporte)
  (paradigma: terreno de difícil acesso, desprovido de condução próxima = 1,00)
  - **a.** condução próxima = 1,02;
  - **b.** condução direta = 1,05.

Sendo os fatores de ponderação independentes entre si, haverá um somatório para cada um dos itens (melhoramentos públicos, topografia, superfície e condução), caracterizados por X1, X2, X3 e X4 (acréscimos no valor básico V_u referentes aos n fatores – f_n).

Assim, o valor do lote será:

$$V = V_u + \sum \Delta X$$
$$\Delta X = (X_1 + X_2 + X_3 + X_4)$$
$$X_1 = (f_1 \cdot V_u - V_u) = V_u(f_1 - 1)$$
$$X_2 = (f_2 \cdot V_u - V_u) = V_u(f_2 - 1)$$
$$X_3 = (f_3 \cdot V_u - V_u) = V_u(f_3 - 1)$$
$$X_4 = (f_4 \cdot V_u - V_u) = V_u(f_4 - 1)$$
$$\sum \Delta X = V_u(\sum f_n - n)$$

Então, têm-se:

$$V = V_u + V_u(\sum f_n - n) = V_u(\sum f_n - n + 1)$$
$$V_p = V_u(\sum f_n - n + 1)$$

No caso de terrenos, há de se considerar se a desapropriação foi total ou parcial. Muitas vezes a desapropriação, ainda que parcial, causa um prejuízo total no terreno, invalidando-o para futuro aproveitamento. Nesse caso, a indenização terá de ser total, considerando-se a perda global do bem.

As mutilações nos terrenos, quando não impedem o uso construtivo da área remanescente, fazem com que o avaliador opte pelo método do *antes e depois*, que consiste no cálculo da indenização por meio da diferença entre os valores do terreno *antes* da mutilação e *depois* da mesma. Nos exemplos práticos, será apresentado um laudo pertinente.

8.2 Faixas de servidão

No que tange às *faixas de servidão de passagem*, a matéria é bastante discutível, mormente no que diz respeito às linhas de transmissão de energia elétrica, pois não há uma norma técnica padronizada para o cálculo do justo, real e atual valor da faixa expropriada.

As decisões judiciais estabelecem uma gama bastante variada em relação aos percentuais de valor que ditas faixas representam sobre o domínio pleno. Já tivemos conhecimento de Acórdãos estabelecendo o percentual de 10%, e outros de 20%, 30%, 40%, 50%, 60% ou mais para indenização da faixa, em relação ao domínio pleno despido das benfeitorias.

Basicamente, são recomendados três processos de cálculo:

- O método *antes e depois*, aplicado a toda a propriedade, em que se calcula o valor da faixa através da diferença.
- O método do *custo aproximado*, em que se estima o custo de reposição ou de reprodução das benfeitorias, menos a depreciação e mais o valor da terra.
- O método *comparativo*, em que se extrai o valor básico unitário da terra a partir de pesquisa de mercado na região, obtida através das transações e ofertas de imóveis que sirvam como comparação, devidamente homogeneizados.

A servidão é, de fato, um caso particular da desapropriação e é definida nos países americanos como sendo *uma facilidade sobre a terra de outrem*. Indubitavelmente, a constituição de uma servidão de passagem envolve riscos, incômodos e restrições ao imóvel serviente. Por vezes, ela produz a obsolescência total no imóvel.

As servidões são classificadas em três grupos:

1. Subterrâneas:
   - oleodutos;
   - gaseodutos;
   - eletrodutos para energia elétrica;
   - galerias de águas pluviais;
   - drenos;
   - emissários de esgotos sanitários ou industriais.

2. Superficiais:
   - estradas vicinais;
   - estradas de ligação rurais;
   - canais e outros.
3. Aéreas:
   - linhas de transmissão de energia elétrica;
   - cabos telefônicos;
   - viadutos e outros, desde que ocupem o espaço aéreo do imóvel.

No caso particular de servidões para linhas de transmissão de energia elétrica, que são as mais comuns, há que se levar em conta os riscos, os incômodos e as restrições que esse tipo de servidão origina, a saber:

1. Riscos:
   - Possibilidade de rompimento dos cabos elétricos, por vários motivos (fadiga do material, ventos).
   - Defeitos no isolamento e/ou no aterramento, próximo às estruturas das torres.
   - Maior facilidade de atração de raios.
2. Incômodos:
   - Indução, causando interferência nos aparelhos elétricos (rádio, televisão).
   - Passagem pela faixa do pessoal da manutenção, alheio ao proprietário do imóvel serviente.
   - Problemas psicológicos criados junto aos colonos que são reticentes em residir próximo às torres.
3. Restrições:
   - Impedimento de qualquer tipo de construção na faixa, já que sua implantação torna-a *non aedificandi* e obriga a demolição das edificações existentes, quando houver.
   - Proibição de culturas de maior porte, sendo permitida a passagem (embora não indicada). A servidão permite culturas baixas com consequente aferição de rendimentos dentro da sua faixa.
   - Proibição de queimadas, não apenas na faixa como também na área lindeira.

Obviamente, as restrições não traduzem o impedimento da faixa, que só se verifica quando da necessidade de construção de muros ou cercas, do impedimento de uso por motivos de segurança ou em trechos de zona urbana com grande movimentação de pessoas e veículos. Nesses casos, a indenização abrangerá o valor unitário relativo ao domínio pleno, e não ao seu percentual.

Existem vários estudos que tentaram padronizar os percentuais de depreciação para as faixas de servidão através de tabelas. A Tab. 8.3 mostra o estudo de Philippe Westin e os coeficientes por ele encontrados.

Tab. 8.3 Coeficientes de depreciação para faixas de servidão

Fatores depreciativos	Índices de depreciação para linhas de transmissão
Proibição de construção	0,30
Limitação de culturas	0,10
Perigos decorrentes	0,10
Indução	0,02
Fiscalização e reparos	0,03
Desvalorização da área remanescente	0,08
Seccionamento do imóvel (corte)	0,10 a 0,20

O valor da indenização para faixas de servidão seria calculado através da Eq. 8.1.

$$V_i = n \cdot V_f \qquad (8.1)$$

em que:

V_i = valor da indenização;

n = índice ou fator de depreciação;

V_f = valor da terra nua da faixa (imóvel serviente).

Esses percentuais, sem rigidez, não refletem o que pode ocorrer numa região; eles servem tão somente como parâmetros.

O Eng. José Carlos Pellegrino, uma das maiores expressões da Engenharia de Avaliações no País, realizou um estudo em que, baseado na taxa de capitalização representativa/da renda líquida que a terra nua proporcionaria se não fosse instituída a servidão, estabeleceu valores para n considerando o imóvel na zona urbana ou na rural. Assim, preparou-se a Eq. 8.2.

$$i \cdot V_i = t \cdot V_f \qquad (8.2)$$

em que:

V_i = valor da indenização pela instituição da servidão;

V_f = valor real das terras nuas da faixa utilizada;

i = taxa de renda líquida anual sobre o capital representado pela indenização a receber (sobre V_i);

t = taxa de renda líquida anual sobre os valores das terras nuas da faixa de servidão (sobre V_f).

A Eq. 8.2 traduz que a renda líquida obtida através da aplicação da importância a ser recebida pelo proprietário das terras, a título de indenização, deve ser sempre igual à renda líquida que a área da faixa expropriada proporcionaria se não fosse a servidão.

Levando-se à Eq. 8.2 o valor de V_i obtido na Eq. 8.1, tem-se:

$$i \cdot n \cdot V_f = t \cdot V_f \qquad \textbf{(8.3)}$$

Em seguida, elimina-se V_f:

$$i \cdot n = t \rightarrow n = \frac{t}{i} \qquad \textbf{(8.4)}$$

Sem considerar a correção monetária, o valor de i será de 12% ao ano. Já o valor de t é determinado através de estudo estatístico na cidade de São Paulo, feito pelo Ibape-SP, no qual se fixou a taxa para rendimento líquido anual para terrenos em 8% ao ano.

Desse modo, para zonas urbanas, têm-se:

$$i = 12\% \text{ a.a.} = 0,12$$

$$t = 8\% \text{ a.a.} = 0,08$$

Então:

$$n = \frac{0,08}{0,12} \Rightarrow n = 0,6667$$

No estudo feito pelo Eng. José Carlos Pellegrino, a taxa para zonas rurais situou-se em torno de 4% ao ano, o que faz com que n seja igual a:

$$n = \frac{0,04}{0,12} = 0,3333$$

Portanto, à guisa de parâmetro ilustrativo, os valores de n seriam:
- zona urbana: $n = 0,6667$, $i = 12\%$ e $t = 8\%$;
- zona rural: $n = 0,3333$, $i = 12\%$ e $t = 4\%$.

A seguir, serão apresentados exemplos reais de laudos em ações de desapropriação no Estado do Rio de Janeiro e no Estado do Espírito Santo, que abrangeram interesse público na execução de rodovias (intermunicipal e urbana) e linhas de transmissão.

Exemplo 8.2

Exmo. Sr. Dr. Juiz de Direito da 15ª Vara da Fazenda Pública do Rio de Janeiro, RJ

Processo nº 0000
Ação: Desapropriação

Autor: município do Rio de Janeiro
Réu: Augusto Francisco Mathias

SÉRGIO ANTONIO ABUNAHMAN, engenheiro registrado no CREA sob o n° 1.445-D/RJ, honrado por V. Ex.ª como Perito do Juízo na Ação suprarreferida, após ser compromissado compareceu ao local em companhia dos assistentes técnicos das Partes, engenheira ROSANGELA PEREIRA DE QUEIROZ NOGUEIRA (do Autor) e engenheira LÍVIA SANTOS ARUEIRA (do Réu) e vem apresentar o seu Laudo na forma que se segue:

Histórico

Trata-se de desapropriação efetuada pelo município do Rio de Janeiro para a implementação da Rodovia RJ-160, já executada, conforme mostram as fotos anexadas no laudo.

O imóvel é o terreno sem benfeitorias que levou o n° 149-C da Rua Mario Barbedo, na Vila Valqueire, de propriedade de AUGUSTO FRANCISCO MATHIAS.

A referida desapropriação mutilou o terreno em tela, que antes da imissão de posse e consequente utilização tinha as seguintes características:

* frente: 10,00 m;
* fundos: 10,00 m;
* extensão da frente aos fundos por ambos os lados: 50,00 m;
* área: 500,00 m² (quinhentos metros quadrados).

A nova situação do terreno, mostrada na planta da fl. 9, passou a ser a seguinte:

* frente: 11,00 m;
* fundos: 10,00 m;
* extensão da frente aos fundos pelo lado direito: 29,00 m;
* extensão da frente aos fundos pelo lado esquerdo: 32,00 m;
* área remanescente: 305,00 m² (trezentos e cinco metros quadrados).

O terreno, antes retangular, passou a ter configuração trapezoidal. Além disso, com as obras de execução da Rodovia RJ-160, o terreno passou a ter frente para a Estrada Japoré, sob o n° 1.225.

O logradouro já se apresenta urbanizado e dotado de boa infraestrutura (asfalto, transporte coletivo, luz etc.).

A Estrada Japoré, para a qual o lote passou a ter frente depois das obras, tem plataforma de 10,50 m e calçada de 3,20 m de largura. É local residencial, com comércio próximo (a cerca de 600 m), e localizado perto da entrada da Base Aérea dos Afonsos (a mais ou menos 500 m).

Cálculos avaliatórios

O valor da indenização pela mutilação do terreno será calculado pelo critério do *antes e depois*, isto é, procede-se ao cálculo do valor do terreno *antes* da desapropriação e *depois* da desapropriação, através da fórmula de Harper--Berrini, e a diferença será o valor da indenização justa. Assim:

$$V_{ind} = V_A - V_D$$

em que:

V_{ind} = valor da indenização;
V_A = valor do lote antes da desapropriação;
V_D = valor do lote depois da desapropriação.

A fórmula de Harper-Berrini é dada pela expressão:

$$V_t = V_0 \cdot \sqrt{\frac{A \cdot T}{N}}$$

em que:

V_t = valor do terreno;
V_0 = preço do metro de testada obtido por meio de pesquisa de venda de lotes;
A = área do terreno;
T = testada;
N = profundidade-padrão.

Na situação de *antes* da desapropriação, A = 500,00 m² e T = 10,00 m. Para o cálculo do valor de V_0, o Perito apresentará a seguir pesquisa referente à venda de lotes, alguns com benfeitorias, todas referidas à data do laudo (janeiro de 1998).

1. Rua Capitão Mário Barbedo nº 185 (casa)

   Oferta: R$ 55.000,00

   Área do terreno: 360,00 m²

   Área construída: 82,00 m²

   Idade do imóvel: 35 anos

   Dedução das benfeitorias: 82,00 m² × R$ 463,00/m² × 1,35 × (1 – 0,306) = R$ 35.570,00

   Custo unitário básico = R$ 463,00/m²

   Custo indireto: 35%

Depreciação (d): 0,306

Valor correspondente ao terreno: R$ 55.000,00 – R$ 35.500,00 = R$ 19.500,00

Preço/m²: R$ 54,17/m²

$F_a = 0,92$

Preço/m² homogeneizado: R$ 50,00/m²

Informante: Eng. Ibá Ilha Moreira (proprietário), tel.:

Obs.: o proprietário não aceita oferta, portanto o fator de oferta é igual à unidade.

2. Avenida Marechal Fontenelle n° 804 (lote)

    Área: 520,00 m²

    Oferta: R$ 40.000,00

    Preço/m²: R$ 76,92/m²

    $F_{of} = 0,90$

    $F_a = 1,01$

    $F_t = 0,85$

    Preço/m² homogeneizado: R$ 59,40/m²

    Informante: Dr. Leonardo Sarmento Couto (procurador do proprietário, tel.:)

3. Rua das Camélias n° 20, lote 2-A

    Área: 360,00 m²

    Oferta: R$ 28.000,00

    Preço/m²: R$ 77,78/m²

    $F_{of} = 0,90$

    $F_a = 0,92$

    $F_t = 1,00$

    Preço/m² homogeneizado: R$ 64,40/m²

    Informante: Eng.ª Terezinha Lemos (proprietária), tel.:

4. Rua das Hortências n° 42 (lote 5)

    Área: 420,00 m²

    Oferta: R$ 30.000,00

    Preço/m²: R$ 71,42/m²

    $F_{of} = 0,90$

    $F_a = 0,96$

    $F_t = 1,00$

    Preço/m² homogeneizado: R$ 61,54/m²

    Informante: Dr. Davi Cargnin Mendes (proprietário), tel.:

5. Rua Capitão Mário Barbedo n° 1.201 (lote)

    Área: 300,00 m²

Oferta: R$ 20.000,00

Preço/m²: R$ 66,66/m²

$F_{of} = 0,90$

$F_a = 0,938$

$F_t = 1,0$

Preço/m² homogeneizado = R$ 56,00/m²

Informante: Dr. Luiz Henrique de Faria Lucena Dantas (procurador do proprietário), tel.:

Assim, têm-se que a média dos cinco elementos amostrais recolhidos é de $\overline{X}$ = R$ 58,30/m² e o desvio padrão é de S = 5,58. Para o limite crítico de Chauvenet valendo 1,65, faz-se:

$$\frac{d_1}{S} = 1,52 < 1,65$$

$$\frac{d_3}{S} = 1,09 < 1,65$$

Com todos os elementos amostrais sendo pertinentes, calculam-se $X_{máx}$ e $X_{mín}$:

$$X_{\substack{máx \\ mín}} = \overline{X} \pm t_c \cdot \frac{S}{\sqrt{n-1}} = 58,30 \pm 1,53 \cdot \frac{5,58}{2}$$

$$X_{máx} = \text{R\$ } 62,58/\text{m}^2$$
$$X_{mín} = \text{R\$ } 54,02/\text{m}^2$$

A amplitude $(X_{máx} - X_{mín})$, então, é de 8,56. Divindindo-a em três classes (8,56 ÷ 3 = 2,85), têm-se:

- 1ª classe: 54,02............................56,87
  Nesse intervalo, há um elemento (56,00) → peso 1.
- 2ª classe: 56,87............................59,73
  Nesse intervalo, há um elemento (59,40) → peso 1.
- 3ª classe: 59,73............................62,58
  Nesse intervalo, há um elemento (61,54) → peso 1.

$$\text{Decisão: } \frac{56,00 + 59,40 + 61,54}{3} = \text{R\$ } 59,00/\text{m}^2$$

Para um lote padrão de 360,00 m² e frente de 12,00 m, tem-se o valor (V_t) de R$ 59,00/m² × 360,00 m² = R$ 21.240,00. Utilizando-se a fórmula de Harper-Berrini, obtém-se o V_0 médio do logradouro:

$$R\$ 21.240,00 = V_0 \times \sqrt{\frac{360 \times 12}{36}}$$

$$\boxed{V_0 = R\$ 1.938,94}$$

Com o valor do V_0, retorna-se à fórmula de Harper-Berrini para os dois casos:

1. *Antes* da desapropriação:

$$V_{t;antes} = R\$ 1.938,94 \sqrt{\frac{500 \times 10}{36}}$$

$$V_{t;antes} = R\$ 1.938,94 \times 11,78511 = R\$ 22.850,00$$

$V_{t;antes}$ = R\$ 22.850,00 (vinte e dois mil, oitocentos e cinquenta reais)

2. *Depois* da desapropriação:

$$V_{t;depois} = R\$ 1.938,94 \sqrt{\frac{305 \times 11}{36}}$$

$$V_{t;depois} = R\$ 1.938,94 \times 9,653726 = R\$ 18.718,00$$

$V_{t;depois}$ = R\$ 18.718,00 (dezoito mil, setecentos e dezoito reais)

Para se obter o valor da indenização, faz-se a diferença entre os valores encontrados:

$$R\$ 22.850,00 - R\$ 18.718,00 = R\$ 4.132,00$$

$$V_i = R\$ 4.132,00$$

(quatro mil, cento e trinta e dois reais)

Obtido o justo valor da indenização, passamos aos quesitos do expropriado.

Quesitos do expropriado (fl. xx dos Autos)

Observa-se que apenas o expropriado formulou quesitos.

1° quesito: Queira o Dr. Perito descrever o imóvel, esclarecendo suas metragens (terreno e área edificada), idade e estado de conservação.

Resposta: O terreno foi amplamente descrito no Histórico do laudo. Nele não há benfeitorias ou edificações.

2º quesito: Queira o Dr. Perito esclarecer se o percentual utilizado pelos membros do Instituto de Engenharia Legal é razoável para a adequação dos custos unitários da construção (relação em anexo).

Resposta: Sim, porém não há sentido desse quesito na Ação, visto não existir construção nenhuma no terreno em pauta.

3º quesito: Queira o Dr. Perito dar o valor atual do imóvel, e se nesse valor estarão incluídas despesas como escrituras, imposto de transmissão, registro imobiliário, despachante etc., com as quais o expropriado forçosamente terá de arcar na aquisição de outro imóvel.

Resposta: O quesito não tem sentido, pois o que ocorreu foi uma mutilação do terreno, que não o incapacita para construções.

O valor da indenização, conforme amplamente exposto, é de R$ 4.132,00 (quatro mil, cento e trinta e dois reais).

4º quesito: Queira o Dr. Perito acrescentar quaisquer outras informações que julgar necessárias, efetuando as correções que entender convenientes.

Resposta: Nada há para acrescentar ao que já foi dito.

Encerramento
Tendo concluído o presente laudo em 08 (oito) folhas de papel formato ofício datilografadas de um só lado, 04 (quatro) fotografias coloridas e enumeradas, tudo devidamente rubricado pelo Perito que subscreve este laudo,

Requer sua juntada aos Autos para que produza um só fim e efeito de Direito.

N. Termos

P. Deferimento

Rio de Janeiro, 12 de fevereiro de 1998

Eng. Sérgio Antonio Abunahman
Perito do Juízo

Exemplo 8.3
LAUDO DE AVALIAÇÃO

Imóvel: faixa de servidão com frente para a Avenida Carlos Lindenberg, Vila Velha, Espírito Santo, e área total de 41.579,00 m² (parte avalianda = 39.719,00 m²).

Peritos Avaliadores: Eng. Sérgio Antonio Abunahman
CREA n° 1.445-D/RJ
Tel.: (021) xxx-xxx-xxx
Eng. ALBERTO LÉLIO MOREIRA
CREA n° 2.947-D/RJ

Objetivo

O presente laudo tem por objetivo determinar o *justo valor de mercado* da faixa de servidão aérea situada na Avenida (antiga Rodovia) Carlos Lindenberg, com frente também para a Rodovia Darly Santos, em Vila Velha, Espírito Santo, com área total de 41.579,00 m², a seguir discriminada em seus parciais:

- área pertinente a N. C. (não integrante da avaliação): 1.860,00 m²;
- área pertinente ao E. A. C.: 27.470,00 m²;
- área pertinente à R. I.: 12.249,00 m².

O trabalho é referido a janeiro de 1998 e foi elaborado por solicitação de R. I. e E. A. C.

Valor final encontrado

Área de E. A. C.

- Linha de transmissão (faixa): R$ 1.400.970,00;
- Desvalorização da área remanescente: R$ 251.433,00.

Subtotal 1 em números redondos: R$ 1.652.000,00

$$V_{i;E.A.C.} = R\$ 1.652.000,00$$
(um milhão, seiscentos e cinquenta e dois mil reais)

Área de R. I.

- Linha de transmissão (faixa): R$ 1.041.165,00;
- Desvalorização da área remanescente: R$ 118.318,00.

Subtotal 2 em números redondos: R$ 1.159.000,00

$$V_{i;R.I.} = R\$ 1.159.000,00$$
(um milhão, cento e cinquenta e nove mil reais)

$$V_{i;total} = R\$ 2.811.000,00$$
(dois milhões, oitocentos e onze mil reais)

Cálculos avaliatórios
Do logradouro/do imóvel

O logradouro onde se situa o imóvel avaliando, Avenida Carlos Lindenberg, é a avenida de maior fluxo de veículos de todo o Estado do Espírito Santo, e é dotado de infraestrutura urbana, pavimentado e servido por coletivos. O imóvel objeto do presente laudo fica localizado na Rodovia Carlos Lindenberg ao lado do Hipermercado Carrefour, local denominado Aribiri, no município de Vila Velha. O local possui os seguintes melhoramentos públicos: água, energia elétrica, pavimentação asfáltica, rede de telefones, transporte coletivo e excelentes condições de acesso, conforme já dito.

Além de a área em apreço ser vizinha ao Carrefour, hipermercado de alta movimentação comercial, ela está localizada próximo ao Porto de Capuaba no cruzamento das Rodovias Carlos Lindenberg e Darly Santos, o que garante ao local condições ideais de movimentação de mercadorias. Essas rodovias são as principais vias de escoamento do Porto de Capuaba, e também são ligação de vários bairros, como Novo México, Aribiri, Ataide, Ibes, São Torquato, Cobilândia etc., bairros de grande densidade populacional, o que confere ao local características particulares de grande interesse para os empresários do setor de comércio de grande circulação. Essa singularidade pode ser confirmada com a escolha do local pelo Hipermercado Carrefour, que certamente desenvolveu estudos de viabilidade comparando as diversas regiões da "Grande Vitória". O fato de o Carrefour ter se instalado naquele local contribui para atrair para o local, em especial para os logradouros vizinhos, um fluxo de consumidores constante e regular. O Carrefour funciona como uma autêntica âncora, à semelhança do que ocorre nos *shopping centers*.

Cabe ressaltar que, em face da importância do local e do crescente fluxo de veículos pelo cruzamento das rodovias já citadas, existe um projeto para construção de uma rotatória naquele cruzamento, fator que, sem nenhuma dúvida, conduz a uma valorização dos terrenos circunvizinhos, conforme já está demonstrado pelo mercado.

A região é caracterizada pela Prefeitura Municipal de Vila Velha como "zona especial".

Do imóvel serviente

O terreno integrante do imóvel em questão tem forma irregular e frente para a Rodovia Carlos Lindenberg, e está caracterizado no levantamento planialtimétrico (anexo 2) e nas fotografias aéreas (anexo 1). O terreno tem as seguintes confrontações:

- frente: Rodovia Carlos Lindemberg;

- fundos: herdeiros de A. L.;
- lateral direita: Hipermercado Carrefour e R. I.;
- lateral esquerda: herdeiros de A. L.

Essas confrontações, bem como as medidas e angulações, foram obtidas pelo levantamento planialtimétrico citado, objeto do anexo 2. As fotos integrantes do anexo 1 dão melhor ideia da descrição da área em questão.

As superfícies totais dos imóveis servientes são:

- Área de E. A. C.: 514.274,80 m².
- Área de R. I.: 61.920,00 m² + 19.928,00 m² = 81.848,00 m².

Observações:

1. A Rodovia Carlos Lindenberg divide as áreas em 61.920,00 m² de frente ao Carrefour e 19.928,00 m² ao lado, entre a rodovia e a área pertinente a E. A. C.
2. A área pertinente a E. A. C. apresenta parte de alagados, razão pela qual será dada uma desvalorização na ordem de 60% (sessenta por cento) sobre o valor unitário encontrado para essa parte, uma vez que estudo do Eng. João Ruy Canteiro estabeleceu que, em se tratando de superfícies sujeitas a alagadiços, esse é o percentual adequado para homogeneizá-las em relação ao terreno paradigma seco tomado como a unidade.
3. As áreas estão desprovidas de construções.

Avaliação do imóvel

Antes de procedermos à avaliação das áreas em tela, é necessário que se faça breve apreciação sobre o processo expropriatório abrangente das servidões de passagem.

No que tange às *faixas de servidão de passagem*, a matéria é bastante discutível, mormente no que diz respeito às linhas de transmissão de energia elétrica, pois não há uma norma técnica padronizada para o cálculo do justo, real e atual valor da faixa expropriada.

As decisões judiciais têm, em sua grande maioria, se fixado nos dois percentuais de valor que tais faixas representam sobre o domínio pleno despido das benfeitorias. A mais usual e consagrada pela jurisprudência maciça é a que estabelece os percentuais de 66% (sessenta e seis por cento) em se tratando de áreas urbanas (como a presente) e de 33% (trinta e três por cento) em se tratando de áreas rurais, ambos decorrentes de apurado estudo feito pelo Eng. José Carlos Pellegrino, ex-presidente do Ibape. Portanto, para a área em questão, o percentual adotado para a faixa de servidão em relação ao imóvel serviente (terra nua) será de 66%, já que se trata de área urbana.

Basicamente, são recomendados três processos:

- O método *antes e depois*, aplicado a toda a propriedade, em que se calcula o valor da faixa através da diferença.
- O método do *custo aproximado*, em que se estima o custo de reposição ou de reprodução das benfeitorias, menos a depreciação e mais o valor da terra.
- O método *comparativo*, em que se extrai o valor básico unitário da terra a partir de pesquisa de mercado na região, obtida através das transações e ofertas de imóveis que sirvam como comparação, devidamente homogeneizados.

A servidão é, de fato, um caso particular da desapropriação e é definida nos países americanos como sendo *uma facilidade sobre a terra de outrem*. Indubitavelmente, a constituição de uma servidão de passagem envolve riscos, incômodos e restrições ao imóvel serviente. *Por vezes, ela produz a obsolescência total no imóvel* (grifo dos signatários).

As servidões são classificadas em três grupos:

1. Subterrâneas:
   - oleodutos;
   - gaseodutos;
   - eletrodutos para energia elétrica;
   - galerias de águas pluviais;
   - drenos;
   - emissários de esgotos sanitários ou industriais.
2. Superficiais:
   - estradas vicinais;
   - estradas de ligação rurais;
   - canais e outros.
3. Aéreas:
   - linhas de transmissão de energia elétrica;
   - cabos telefônicos;
   - viadutos e outros, desde que ocupem o espaço aéreo do imóvel.

No caso particular de servidões para linhas de transmissão de energia elétrica, que são as mais comuns, há que se levar em conta os riscos, os incômodos e as restrições que esse tipo de servisão origina, a saber:

1. Riscos:
   - Possibilidade de rompimento dos cabos elétricos, por vários motivos (fadiga do material, ventos).
   - Defeitos no isolamento e/ou no aterramento, próximo às estruturas das torres.
   - Maior facilidade de atração de raios.
2. Incômodos:
   - Indução, causando interferência nos aparelhos elétricos (rádio, televisão).
   - Passagem pela faixa do pessoal da manutenção, alheio ao proprietário do imóvel serviente.
   - Problemas psicológicos criados junto aos moradores da região, que são reticentes em residir próximo às torres.
3. Restrições:
   - Impedimento de qualquer tipo de construção na faixa, já que sua implantação torna-a *non aedificandi* e obriga a demolição das edificações existentes, quando houver.
   - Proibição de culturas de maior porte, sendo permitida a passagem (embora não indicada). A servidão permite tão somente culturas baixas.
   - Proibição de queimadas, não apenas na faixa como também na área lindeira.

Obviamente, as restrições não traduzem o impedimento da faixa, que só se verifica quando da necessidade de construção de muros ou cercas, do impedimento de uso por motivos de segurança ou em trechos de zona urbana com grande movimentação de pessoas e veículos. Nesses casos, a indenização deverá abranger o valor unitário relativo ao domínio pleno, e não ao seu percentual.

No caso presente, os avaliadores realizaram exaustiva pesquisa de mercado junto a corretores locais e jornais, assim como em transação efetivamente realizada pelo Carrefour, devidamente homogeneizada através dos fatores adequados, descritos a seguir.

Fator de correção de área (F_a)

Certamente, os valores unitários para áreas menores deverão ser maiores. Assim, têm-se os seguintes *fatores de área*:

$$Fa = \left[\frac{\text{Área do elemento pesquisado}}{\text{Área do elemento avaliando}}\right]^{1/4} \rightarrow \text{quando a diferença entre os}$$

elementos for inferior a 30%

$$Fa = \left[\frac{\text{Área do elemento pesquisado}}{\text{Área do elemento avaliando}}\right]^{1/8} \rightarrow \text{quando a diferença entre os}$$

elementos for superior a 30%

Observa-se que, no caso presente, é tomada como padrão a área total do imóvel serviente pertencente a E. A. C., com superfície de 514.274,80 m². Posteriormente será feita a homogeneização para a área pertinente a R. I., com superfície de 81.848,00 m².

Fator de fonte (F_f)

Para amostras em *oferta*, em que a euforia do vendedor ou corretor exige uma contraproposta, geralmente se utiliza o *fator de fonte* (F_f), que deve estar situado na faixa de 0,80 a 1,00. Esse último valor é quando, obviamente, o vendedor não aceita a negociação por valor abaixo do oferecido, em nenhuma hipótese.

Assim, a pesquisa realizada junto a jornais e corretores acusou as seguintes ofertas e/ou transação efetivamente ocorrida:
1. Área na Rodovia Darly Santos, ao lado do Carrefour
   Área: 48.000,00 m²
   Testada: 86,00 m
   Preço/m²: R$ 200,00
   $F_f = 0,85$
   $F_a = 0,74$
   Preço/m² homogeneizado: R$ 126,00/m²
   Informante: Corretor José Luiz Amaral Couto (Classificados A Gazeta, 11/01/1998), tel.:
2. Área na Rodovia Darly Santos, em frente ao Carrefour
   Área: 5.000,00 m²
   Testada: 140,00 m
   Preço/m²: R$ 230,00
   $F_f = 0,85$
   $F_a = 0,56$
   Preço/m² homogeneizado: R$ 109,00/m²

Informante: Corretor Chaves (Classificados A Gazeta, 11/01/1998), tel.:

3. Área na Rodovia Carlos Lindenberg, em frente ao Carrefour

Área: 65.000,00 m²

Testada: 200,00 m

Preço/m²: R$ 230,00

$F_f = 0,85$

$F_a = 0,77$

Preço/m² homogeneizado: R$ 151,00/m²

Informante: Corretor Chaves (Classificados A Gazeta, 11/01/1998), tel.:

4. Área no trevo oposto ao Carrefour, com frente para a Rodovia Darly Santos, na esquina com a Avenida Carlos Lindenberg

Área: 28.000,00 m²

Preço/m²: R$ 150,00/m²

$F_f = 0,85$

$F_a = 0,69$

Preço/m² homogeneizado: R$ 88,00/m²

Informante: Corretora Biajoli Imóveis, tel.:

5. Área na Rodovia Carlos Lindenberg, com frente para a Rodovia Darly Santos, transação efetuada pelo Carrefour em junho de 1997

Área (terra nua): 118.766,34 m²

Parte transacionada: 95,7463% = 113.714,37 m²

Valor da transação (em junho de 1997, incluindo as construções): R$ 34.664.945,18

Valor da transação corrigido para janeiro de 1998: R$ 36.398.022,00

Área construída: 25.409,90 m²

Dedução das construções: R$ 500,00/m² × 25.409,90 m² = R$ 12.704.950,00

Valor da transação considerando apenas a área nua: R$ 36.398.022,00 – R$ 12.704.950,00 = R$ 23.693.072,00

Preço/m²: R$ 208,00/m²

$F_f = 1,00$

$F_a = 0,82$

Preço/m² homogeneizado: R$ 170,00/m²

Dessa forma, tem-se formado o rol amostral para a terra nua seca:

$$X_1 = R\$ 126,00/m²$$
$$X_2 = R\$ 109,00/m²$$

$$X_3 = R\$\ 151,00/m^2$$
$$X_4 = R\$\ 88,00/m^2$$
$$X_5 = R\$\ 170,00/m^2$$

A média $\overline{X}$ dos cinco elementos é de R\$ 128,80/m². Já o desvio padrão (S – *standard deviation*) é dado pela fórmula:

$$S = \sqrt{\frac{\Sigma\left(x_i-\overline{x}\right)^2}{n-1}}$$

$$S = 32,61$$

A seguir, verifica-se a pertinência do rol pelo critério excludente de Chauvenet. Os elementos extremos são $X_4 = R\$\ 88,00/m^2$ e $X_5 = R\$\ 170,00/m^2$, e o valor crítico para cinco elementos é de 1,65.

$$\left|\frac{d_4}{S}\right| = \left|\frac{128,80-88,00}{32,61}\right| = 1,25 < 1,65 \rightarrow \text{o elemento permanece}$$

$$\left|\frac{d_5}{S}\right| = \left|\frac{128,80-170,00}{32,61}\right| = 1,26 < 1,65 \rightarrow \text{o elemento permanece}$$

Como os elementos-limites são pertinentes, os demais também o são, e o rol é compatível.

No presente estudo, será utilizada a teoria estatística das pequenas amostras ($n < 30$), com a distribuição t de Student para n elementos e $(n - 1)$ graus de liberdade, com confiança de 80%, consoante a NB que rege a matéria. Os limites de confiança vêm definidos pelo modelo a seguir:

$$X_{\substack{máx \\ mín}} = \overline{X} \pm t_c \cdot \frac{S}{\sqrt{n-1}}$$

em que t_c = valores percentis para distribuição t de Student, com cinco elementos, quatro graus de liberdade e confiança de 80% (tabelado) = 1,53.

Substituindo-se os valores no modelo, tem-se:

$$X_{\substack{máx \\ mín}} = 128,80 \pm 1,53 \times \frac{32,61}{\sqrt{4}}$$

$$X_{máx} = R\$\ 153,74/m^2$$

$$X_{mín} = R\$\ 103,85/m^2$$

A amplitude do intervalo é: $X_{máx} - X_{mín}$ = 153,74 – 103,85 = 49,89. Dividin-do-a em três classes para a determinação do valor de decisão, tem-se que A = 49,89 ÷ 3 = 16,63.

- 1ª classe: 103,85.................................120,48
  Nesse intervalo, há um elemento (109,00) → peso 1.
- 2ª classe: 120,48.................................137,11
  Nesse intervalo há um elemento (126,00) → peso 1.
- 3ª classe: 137,11.................................153,74
  Nesse intervalo, há um elemento (151,00) → peso 1.

A soma dos pesos (S_p) é 3, e a dos valores ponderados (S_v) é 386. Dessa forma, para a tomada de decisão, faz-se:

$$S_p \div S_v = 386 \div 3 = R\$ 128,66/m^2$$

Esse é o valor da terra nua (imóvel serviente), em área seca não sujeita a alagadiços. Partindo-se desse valor e aplicando-se o percentual de 66% para a linha de transmissão, tem-se o valor unitário da linha de transmissão de R\$ 128,66/m² × 0,66 = R\$ 85,00/m².

Assim, para as áreas avaliadas, sendo o valor unitário paradigma de R\$ 85,00/m² para a faixa de servidão, calculam-se:

1. Área pertinente a E. A. C.:
   27.470,00 m² × 0,60 × R\$ 85,00/m² = R\$ 1.400.970,00
2. Área pertinente a R. I.:
   12.249,00 m² × R\$ 85,00/m² = R\$ 1.041.165,00

Desvalorização dos remanescentes das áreas

Atendendo às restrições citadas e considerando que há indubitavelmente uma desvalorização das terras remanescentes, essa desvalorização será esti-mada através de um percentual incidente sobre a parte que está afetada pela instituição da linha de transmissão além da própria faixa. A área pertencente a E. A. C. tem cerca de 260,00 m de frente para a Avenida Carlos Linden-berg, sendo que a testada, da faixa até o canal de Arabiri, o qual a separa do Carrefour, é de cerca de 60,00 m, com a faixa correspondente a 5,34% do total serviente.

Assim, entendemos que a faixa de influência da instituição da linha de transmissão é de cerca de 100,00 m lineares, correspondente a 38% do total remanescente. Portanto, a área remanescente afetada é de 514.274,80 m² × 0,38 = 195.424,00 m².

O percentual justo e razoável de prejuízo desse remanescente é da ordem de 1% (um por cento), razão pela qual ao valor da faixa deverá ser agregado esse valor, ou seja:

$$195.424,00 \text{ m}^2 \times 0,01 \times \text{R\$ } 128,66/\text{m}^2 = \text{R\$ } 251.433,00$$

Para a área pertinente a R. I., atenta-se que a faixa corresponde a 17,42% da área total do serviente e que a frente para a Avenida Carlos Lindenberg é de cerca de 200,00 m. Dessa forma, o prejuízo residual dessa área é maior do que o da anterior, razão pela qual é estimado em 2% do valor unitário do serviente, ou seja:

$$\text{R\$ } 85,00/\text{m}^2 \times 0,02 \times (81.848,00 \text{ m}^2 - 12.249,00 \text{ m}^2 = 69.599,00 \text{ m}^2) =$$
$$\text{R\$ } 118.318,00$$

Conclusão

Os valores das indenizações incidentes pela instituição da linha de transmissão, referidos a janeiro de 1998, por todos os cálculos feitos, deverão ser de:

1. Área de E. A. C.
   - Linha de transmissão (faixa): R$ 1.400.970,00;
   - Desvalorização do remanescente: R$ 251.433,00;

Subtotal 1 em números redondos: $V_{i;E.A.C.}$ = R$ 1.652.000,00 (um milhão, seiscentos e cinquenta e dois mil reais)

1. Área de R. I.
   - Linha de transmissão (faixa): R$ 1.041.165,00;
   - Desvalorização do remanescente: R$ 118.318,00.

Subtotal 2 em números redondos: $V_{i;R.I.}$ = R$ 1.159.000,00 (um milhão, cento e cinquenta e nove mil reais)

$$V_{i;total} = \text{R\$ } 2.811.000,00$$
(dois milhões, oitocentos e onze mil reais)

O justo valor total da indenização devida pela instituição da faixa de servidão nas áreas situadas na Avenida Carlos Lindenberg, Vila Velha, Espírito Santo, referido a xxxx, é de:

$$V_{i;total} = \text{R\$ } 2.811.000,00$$
(dois milhões, oitocentos e onze mil reais)

Encerramento

Damos por encerrado o presente laudo em 20 (vinte) folhas de papel formato ofício digitadas de um só lado, seguidas dos anexos:

1. Anexo 1: Fotografias coloridas.
2. Anexo 2: Levantamento planialtimétrico da área.
3. Anexo 3: Escritura e anúncios publicados.
4. Anexo 4: Qualificações profissionais dos signatários.

Vila Velha, 14 de março de 1998

Eng. Sérgio Antonio Abunahman
CREA nº 1.445-D/RJ
Eng. Alberto Lélio Moreira
CREA nº 2.947-D/RJ

Avaliação de imóveis rurais 9

O autor expressa os seus agradecimentos ao engenheiro agrônomo e notável perito Carlos Augusto Arantes pela colaboração prestada neste capítulo.

A avaliação de imóveis rurais é normalizada pela NBR 14653-3 (antiga NBR 8799) da ABNT (2019b). A própria extensão desse assunto poderia exigir um curso exclusivamente destinado aos imóveis rurais, mas procuraremos sintetizar os aspectos mais importantes e básicos para o desempenho da função avaliatória.

Henrique de Barros conceituou admiravelmente a terra como sendo "um bem econômico, sem custo de produção por ser anterior à própria humanidade, todavia constitui riqueza cuja utilidade é medida pela capacidade de originar rendimentos". Sem dúvida, tal como nos terrenos urbanos, a terra vale pela sua capacidade de produzir renda. É, pois, o valor de rendimento a que aspira chegar o avaliador. Observa-se aqui que não se estão discutindo valores de terra nua, mas sim o valor da terra relativa ao valor do imóvel com suas culturas, pastagens, acessões naturais etc.

Segundo Arantes e Saldanha (2017):

> Terra nua é a terra que foi desbravada, porém que naquele exato momento da avaliação encontra-se descoberta de qualquer tipo de cobertura vegetal não natural, seja cultura, pastagem, ou reflorestamento.

Incorporam-se à terra, portanto, as benfeitorias, que são os melhoramentos classificados em dois grupos:

a. *Benfeitorias construtivas*: edificações, cercas, canais de irrigação, instalações para abastecimento de água e energia elétrica, estradas, aceiros etc. São as benfeitorias não reprodutivas.

b. *Culturas comerciais*: pastagens, reflorestamentos, lavouras etc., incluídas aqui tanto as culturas permanentes como as temporárias. São as benfeitorias reprodutivas.

As benfeitorias não reprodutivas são definidas por Arantes e Saldanha (2017) como

> melhoramentos permanentes que incorporam ao solo e cuja remoção implica destruição, alteração, fratura ou dano, compreendendo edificações, vedos, terreiros, instalações de abastecimento de água, de energia elétrica, de irrigação e outras que, por sua natureza e função e por se acharem aderidas ao chão, não são negociáveis nem rentáveis separadamente das terras. As benfeitorias não reprodutivas são entendidas como capital fundiário não produtivo. (Arantes; Saldanha, 2017).

Já as benfeitorias reprodutivas são as

> culturas comerciais ou domésticas, implantadas no terreno, cuja remoção implica perda total ou parcial, compreendendo culturas permanentes, florestas e pastagens cultivadas, e que, embora não negociáveis separadamente do solo, podem ter cotação em separado, para base de negócios de propriedades rurais. Produções vegetais são entendidas como capital fundiário produtivo. (Arantes; Saldanha, 2017).

Alguns autores, como E. R. Renne, são da opinião de que as benfeitorias devem ser avaliadas não na base, entre outras do seu custo de construção, mas do ponto de vista de sua utilidade à fazenda, dentro dos tipos de exploração estabelecidos. O avaliador deve então avaliar as benfeitorias numa base que reflita, em termos de utilidade, a relação entre as benfeitorias e a fazenda como uma unidade de produção.

Tanto é que, em determinados casos, as benfeitorias são classificadas e avaliadas conforme consideradas úteis, necessárias ou voluptuárias.

Sem esgotar o assunto, além das benfeitorias, definem-se a seguir alguns pontos relevantes para o estudo do valor do imóvel rural:

1. *Percentual de área aberta*: também é conhecido como percentual de área agricultável do imóvel. É evidente que, quanto maior o percentual de área agricultável no imóvel, maior será a sua capacidade de gerar receita e renda, e, dessa forma, maior será o valor para o bem.

2. *Solos do imóvel*: os melhores solos agregam melhores valores ao imóvel rural, visto que têm maior capacidade de produção e renda.

3. *Vias de escoamento*: é irrefutável que um imóvel cuja produção seja de difícil escoamento será bastante desvalorizado em relação a outro

de igual capacidade de produção e de fácil colocação nos centros consumidores.

4. *Recursos naturais*: os recursos naturais para finalidades agrícolas são os corpos hídricos, os cursos d'água, as pastagens naturais e as matas nativas. Tais recursos não têm custo de produção.

Às benfeitorias ainda se agregam os equipamentos existentes, como máquinas e implementos agrícolas, conjuntos de irrigação e fertilização, veículos, animais de tração etc., e as obras de infraestrutura ou melhoramentos fundiários, como estradas internas, energia elétrica, telefonia, adubação, drenagem, correção de acidez do solo etc. Observa-se que nem sempre as máquinas, equipamentos e semoventes são avaliados em conjunto com as terras do imóvel. Essa avaliação irá depender do escopo contratado do serviço.

9.1 Metodologia de avaliação

Os métodos de avaliação usuais para imóveis rurais são:

- *método analítico*: indireto ou de renda;
- *método sintético*: direto ou comparativo.

9.1.1 Método analítico

O primeiro método (analítico ou de renda) é mais difícil e factível de erros, pois o engenheiro avaliador necessita de dados contábeis reais, nem sempre – na verdade, quase nunca – disponíveis no imóvel avaliando. Ou então o avaliador precisa considerar parâmetros de mercado, como valor de arrendamento de pasto, valor de arrendamento de terras para diferentes tipos de culturas etc.

Deduzidas as despesas e os custos de produção, há de se aplicar sobre a renda líquida uma taxa de capitalização (representativa da atividade) para apuração do valor da terra. Avultam, pois, os dois pontos primordiais no método analítico: a *determinação da renda líquida* e a *aplicação da taxa adequada de capitalização*.

Como a avaliação é algo instantâneo, embora sejam sazonais os custos de produção, os preços do produto devem ser os da época da avaliação, levando-se em consideração que não haja um fator especulativo de mercado na ocasião (por exemplo, aumento de preço por falta de determinado produto).

Num sistema inflacionário, o método passa por delicados desvios. Devem ser computados os aumentos de fertilizantes e defensivos agrícolas que acompanham a alta dos combustíveis no mercado interno e, além disso, no item *produção* há diversificação de produtos que reagem individualmente conforme sua natureza (por exemplo, imóvel produtor de leite ou cana-de--açúcar ou outro item diverso). Assim, há que se estabelecer um valor de rendimento líquido por hectare para cada item.

A título de exemplo, suponhamos que uma área de 160,00 ha de terra tenha sido vendida por R$ 200.000,00 (duzentos mil reais). Observação feita em campo e na contabilidade do imóvel avaliando constatou que os rendimentos obtidos para cada classe de capacidade de uso existente no imóvel eram os dispostos na Tab. 9.1.

Tab. 9.1 **Quadro-resumo das classes**

	Área em ha	Rendimento (R$/ha)	%	Fator de ponderação
Classe A	60,00	R$ 200,00	100	1,00
Classe B	60,00	R$ 160,00	80	0,80
Classe C	40,00	R$ 60,00	30	0,30

sendo:

100% = parcela que produz maior rendimento;

80% = percentual relativo à segunda parcela em rendimento;

30% = percentual relativo à terceira parcela em rendimento.

O valor unitário da terra de classe B seria:

$$V_u = R\$ \ 200.000,00 \ , \ 160 \ ha = R\$ \ 1.250,00/ha$$

O valor da parcela que produz maior rendimento, no caso a classe A, é obtido pela expressão a seguir:

$$V_m = V_t \times \left[\frac{1}{(A_1 \times F_1) + (A_2 \times F_2) + (A_3 \times F_3) + \ldots + (A_n \times F_n)} \right]$$

em que:

V_m = valor unitário da classe de capacidade de uso da terra (parcela) de maior rendimento;

V_t = valor total de venda da propriedade;

A_i, i = 1,..., n = área das classes de capacidade de uso da terra (parcelas) de maior rendimento em ordem decrescente;

F_i, i = 1,..., n = fatores de ponderação determinados a partir da classe de capacidade de uso da terra (parcela) de maior rendimento.

Assim, substituindo-se os valores da Tab. 9.1 na equação, tem-se:

$$V_A = \frac{R\$ \ 200.000,00}{(60,00 \ ha \times 1,00) + (60,00 \ ha \times 0,80) + (40,00 \ ha \times 0,30)}$$

$$V_A = \frac{R\$ \ 200.000,00}{120,00 \ ha}$$

$$V_A = R\$ \ 1.666,66/ha$$

A partir do valor unitário da parcela de maior rendimento (classe A), obtêm-se os valores unitários para as demais parcelas, através dos fatores de ponderação respectivos:

$$V_B = V_A \cdot F_2$$

$$V_B = R\$ \ 1.666,66/ha \times 0,80 = R\$ \ 1.333,33/ha$$

$$V_C = V_A \cdot F_3$$

$$V_C = R\$ \ 1.666,66/ha \times 0,30 = R\$ \ 499,99/ha$$

Multiplicando-se esses valores pelas respectivas áreas, têm-se:

V_A = R\$ 1.666,66/ha × 60,00 ha = R\$ 100.000,00
V_B = R\$ 1.333,33/ha × 60,00 ha = R\$ 80.000,00
V_C = R\$ 499,99/ha × 40,00 ha = R\$ 20.000,00
Valor total do imóvel = R\$ 200.000,00

A expressão considerada na avaliação de imóvel pelo método da renda é:

$$VTI = \frac{RL}{i}$$

em que:
V_{TI} = valor total do imóvel;
R_L = renda líquida apurada no período de um ano;
i = taxa de juros anuais considerada.

Pode-se ainda considerar a taxa líquida (descontada a inflação) de juros anuais, ficando a expressão da seguinte forma:

$$VTI = \frac{RL}{i_l}$$

em que:
i_L = taxa líquida de juros anuais considerada.

Na obtenção da taxa líquida (i_L), considera-se a taxa anual de juros rurais descontada a taxa anual de inflação oficial no período.

Como exemplo, suponha-se a avaliação de um imóvel rural com área total (A_{TI}) de 100,00 ha, área útil de produção (A_U) de 80,00 ha, arrendado para cultura de cana-de-açúcar, com receita líquida (R_L) anual de R$ 1.000,00/ha. A taxa de juros (i) usuais para a cultura é de 6,50% ao ano, e a taxa anual de inflação (d), de 3,8% ao ano. Como resultado, seriam consideradas as seguintes equações:

$$A_U = A_{TI} - A_R$$
$$i_L = i - d$$
$$V_i = R_L \div i_L$$
$$V_{UA} = V_i \cdot A_U \div A_{TI}$$
$$V_{TI} = V_{UA} \cdot A_{TI}$$

em que:

A_R = área com restrições de uso (área de preservação permanente – APP, reserva legal ou outras);

i_L = taxa de juros anual líquida a considerar;

V_i = valor da unidade de área em produção do imóvel (R$/ha);

V_{UA} = valor por unidade de área total do imóvel.

Têm-se, então:

• *Área* (A_U)

$$A_U = A_{TI} - A_R$$
$$A_U = 100,00 \text{ ha} - 80,00 \text{ ha}$$
$$A_U = 20,00 \text{ ha}$$

• *Taxa de juros* (i_L)

$$i_L = i - d$$
$$i_L = 6,50\% \text{ a.a.} - 3,80\% \text{ a.a.}$$
$$i_L = 2,70\% \text{ a.a.}$$

• *Valor por unidade de área produtiva* (V_i)

$$V_i = R\$ \ 1.000,00 \div 2,70\% \text{ a.a.}$$
$$V_i = R\$ \ 37.037,04/\text{ha}$$

• *Valor por unidade de área total do imóvel* (V_{UA})

$$V_{UA} = V_i \cdot A_U \div A_{TI}$$
$$V_{UA} = R\$ \ 37.037,04/\text{ha} \times 80,00 \text{ ha} \div 100,00 \text{ ha}$$
$$V_{UA} = R\$ \ 29.629,63/\text{ha}$$

- Valor total do imóvel avaliando (V_{TI})

$$V_{TI} = V_{UA} \cdot A_{TI}$$
$$V_{TI} = R\$ \ 29.629,63/ha \times 100,00 \ ha$$
$$V_{TI} = R\$ \ 2.962.962,96$$

O engenheiro avaliador deve ter cuidado na escolha de suas fontes de informação. Como visto no exemplo, recomenda-se a consideração das taxas anuais usuais de mercado agropecuário na região do imóvel, ou seja, as taxas de empréstimo para atividade agropecuária. O engenheiro pode ainda considerar no seu modelo o desconto da taxa de inflação anual.

9.1.2 Método sintético

É o método comparativo, mais frequente na avaliação de propriedades rurais. Procede-se como no caso de imóveis urbanos, atentando-se, porém, a uma homogeneização mais cuidadosa, visto que as produções e a qualidade de terra podem não ser semelhantes, ainda que na mesma região.

Nesse método, os maquinários, equipamentos e semoventes são avaliados separadamente. A avaliação em separado das benfeitorias reprodutivas se faz usualmente por dois motivos: o laudo de avaliação se prestará ou para fins tributacionais rurais (Declaração do Imposto sobre a Propriedade Territorial Rural – DITR) ou para fins de desapropriação do imóvel com o objetivo de reforma agrária (em que as benfeitorias são indenizadas em dinheiro e a terra nua, em Títulos da Dívida Agrária – TDAs). Em ambos os casos, além do método comparativo, normalmente se conjuga ainda o método evolutivo, no qual a soma de seus componentes resultará no valor final do imóvel ($V_{TI} = V_{Benf} + V_{TN}$). Em avaliação para compra e venda, fusão, cisão, incorporação e garantia, normalmente não se separa o valor das benfeitorias. Entretanto, via de regra, vale o escopo da contratação para essa definição.

Torna-se interessante conhecer o *Manual Brasileiro para Levantamento da Capacidade de Uso da Terra* (Marques, 1971). Segundo esse manual, há oito classes de capacidade de uso da terra, agrupadas em três categorias, a saber:

- *Terras cultiváveis*
  - ◊ *Classe I*: terras cultiváveis sem problemas simples de conservação.
  - ◊ *Classe II*: terras cultiváveis aparentemente sem problemas especiais de conservação.
  - ◊ *Classe III*: terras cultiváveis com problemas complexos de conservação.
  - ◊ *Classe IV*: terras cultiváveis apenas ocasionalmente ou em extensão limitada, com sérios problemas de conservação.

- *Terras cultiváveis apenas em casos especiais de algumas culturas permanentes e adaptadas em geral para pastagem ou reflorestamento*
  ◊ *Classe V*: terras cultiváveis apenas em casos especiais de algumas culturas permanentes e adaptadas em geral para pastagens ou reflorestamento, sem necessidade de práticas especiais de conservação.
  ◊ *Classe VI*: terras cultiváveis apenas em casos especiais de algumas culturas permanentes e adaptadas em geral para reflorestamento, com problemas simples de conservação.
  ◊ *Classe VII*: terras cultiváveis apenas em casos especiais de algumas culturas e adaptadas em geral para pastagens e reflorestamento, com problemas complexos de conservação.
- *Terras impróprias para vegetação produtiva e próprias para proteção da fauna silvestre, recreação ou armazenamento de água*
  ◊ *Classe VIII*: terras impróprias para cultura, pastagem ou reflorestamento, podendo servir apenas como abrigo da fauna silvestre, como ambiente para recreação ou para fins de armazenamento de água.

Conforme Norton (1939 apud Arantes; Saldanha, 2017), as oito classes apresentam as configurações mostradas no Quadro 9.1, em que, quanto maior for o número da classe, maior o grau de limitação de uso.

Quadro 9.1   Classificação das terras de acordo com classes de serventia

Classe	Preservação de flora e fauna	Silvicultura e/ou pastagens	Pastos			Lavoura			
			Limitada	Moderada	Intensa	Limitada	Moderada	Intensa	Muito intensa
I									
II									
III									
IV									
V									
VI									
VII									
VIII									

Fonte: Norton (1939).

9.2 Situação do imóvel do ponto de vista da circulação

O Quadro 9.2 apresenta a escala de valor em percentagem da influência dos imóveis sobre o valor da terra, de autoria de Octávio Teixeira Mendes Sobrinho (1973), precursor da Engenharia de Avaliações no âmbito rural.

Quadro 9.2 **Situação dos prédios rústicos e sua influência sobre o valor da terra**

Situação	Características	Escala de valor em %
Ótima	Imóvel com face para rodovia asfaltada, com importância limitada das distâncias	100
Muito boa	Imóvel servido por rodovia de primeira classe, não pavimentada, com importância relativa das distâncias	95
Boa	Imóvel servido por rodovia não pavimentada, mas que oferece condições seguras de praticabilidade durante todo o ano, com importância significativa das distâncias	90
Desfavorável	Imóvel servido por estradas e servidões de passagem, que não oferecem condições satisfatórias de praticabilidade, com vias e distâncias se equivalendo	80
Má	Como a situação anterior, porém interceptada por fechos nas servidões e com sérios problemas de praticabilidade na estação chuvosa, com distância e classe de estrada se equivalendo	75
Péssima	Como a situação anterior, com sérios problemas de praticabilidade mesmo na estação seca, interceptada por córregos e ribeirões, sem pontes, com vau cativo ao volume das águas	70

Fonte: Mendes Sobrinho (1973).

Do mesmo autor, a Tab. 9.2 mostra valores de terras rústicas segundo a capacidade de uso do solo e a situação do imóvel do ponto de vista da circulação.

Como exemplo, deseja-se avaliar uma gleba que se enquadre na classe IV (cultivável apenas ocasionalmente etc.), com localização consideravelmente desfavorável devido à precariedade das vias de escoamento. Buscando-se na Tab. 9.2, encontra-se para o imóvel o valor de 0,440.

A pesquisa amostral, após regular saneamento conforme a NBR 14653-3, possibilitou a obtenção do valor do alqueire geométrico (48.400,00 m²) na média de R$ 1.600,00/ha em situação ótima (escoamento de produção por via direta asfaltada) e classe III de usos dos solos, o que corresponde ao fator de 0,75. Assim, o valor do imóvel avaliando é de:

$$V_U = R\$ \ 1.600,00 \times (0,440 \div 0,75)$$

$$V_U = R\$ \ 938,67/hectare$$

Tab. 9.2 **Situação das terras rústicas segundo a capacidade de uso do solo**

Classe Situação	I 100%	II 95%	III 75%	IV 55%	V 50%	VI 40%	VII 30%	VIII 20%
Muito boa 95%	0,950	0,903	0,713	0,523	0,475	0,380	0,285	0,190
Boa 90%	0,900	0,855	0,675	0,495	0,450	0,360	0,270	0,180
Desfavorável 80%	0,800	0,760	0,600	0,440	0,400	0,320	0,240	0,160
Má 75%	0,750	0,713	0,563	0,413	0,375	0,300	0,225	0,150
Péssima 70%	0,700	0,665	0,525	0,385	0,350	0,280	0,210	0,140

Fonte: Mendes Sobrinho (1973).

9.3 Avaliação de bosques de eucalipto

A avaliação de um bosque de eucalipto, com idade superior a um ano, parte do valor do estéreo ou do metro cúbico da madeira, considerando ainda todos os custos envolvidos no período. Nesse cálculo, considera-se somente o valor do volume de tronco aproveitável, descontadas as galhadas.

Suponha-se um bosque com superfície de 26,00 ha, cujo preço do metro cúbico no mercado regional do imóvel avaliando seja de R\$ 50,00/m³ no campo. Conforme obtido em vistoria a campo, a média do bosque de eucalipto do imóvel avaliando possui diâmetro (D) de 0,30 m e altura média (h_m) de 12,00 m. Para calcular a área basal (S), faz-se:

$$S = \frac{\pi}{4} \cdot D^2$$

$$S = \frac{\pi}{4}(0,30)^2$$
$$S = 0,0706858 \ m^2$$

O volume V_a da árvore, incluídas as galhadas, é calculado pela equação:
$$V_a = S \cdot F_f \cdot h_m$$

em que F_f é o fator de forma (tabelado), o qual varia de 0,5 a 0,7. No caso presente, será tomado F_f = 0,6.

Substituindo-se os valores na equação, tem-se:
$$V_a = 0,0706858 \times 0,6 \times 12,00 \text{ m} = 0,5089 \text{ m}^3$$

Portanto, o volume médio calculado (V_a) do tronco com as galhadas é de 0,5089 m³/árvore.

Dividindo-se esse valor pelo fator 0,7, que é o correspondente à exclusão das galhadas, encontra-se:
$$0,5089 \text{ m}^3 \div 0,70 = 0,72704 \text{ m}^3$$

Como o espaçamento encontrado no imóvel avaliando foi de 4,00 m²/pé, para a área total de 26,00 ha (260.000,00 m²), tem-se a quantidade de:
$$260.000,00 \text{ m}^2 \div 4,00 \text{ m}^2/\text{pé} = 65.000 \text{ pés}$$

Essa quantidade terá o volume de:
$$V = 65.000 \text{ pés} \times 0,7270 \text{ m}^3$$

$$V = 47.255,00 \text{ m}^3$$

Computando-se 20% de perdas, tem-se:
$$V = 47.255,00 \text{ m}^3 \times 0,80 = 37.804 \text{ m}^3$$

Ao preço de R\$ 50,00/m³, encontra-se, finalmente, o valor do bosque:
$$V_{Bosque} = \text{R\$ } 50,00/\text{m}^3 \times 37.804 \text{ m}^3$$

$$V_{Bosque} = \text{ R\$ } 1.890.200,00$$
(um milhão, oitocentos e noventa mil e duzentos reais)

9.4 Avaliação de pomar de laranja

Na avaliação de culturas comerciais, procura-se o valor econômico, cuja equação considera o espaçamento entre as árvores, a produtividade, os custos de manutenção e o preço da caixa (que remeterá ao valor das receitas) referente àquela safra:

$$V_{econ} = R \cdot \sum_{t=0}^{n} \frac{RL_n}{(1+i)^{n-t}}$$

Suponha-se a avaliação de um pomar comercial de laranja com os seguintes parâmetros:

- Área do pomar: 12,50 ha.
- Idade da cultura (t): 4 anos.
- Ciclo da cultura (n): 18 anos.
- Espaçamento: 7 × 3,5 m.
- *Stand*: 408,16 pl/ha.

Já os dados econômicos são:
- Valor da caixa (40,8 kg): R$ 21,06 pelo Ceasa.
- Taxa líquida de juros (i): 3,80% a.a.
- Taxa de risco (R): 5% a.a.

Para cultura com quatro anos, sem safra pendente, inicia-se o cálculo do valor econômico com os dados do ano seguinte. A Tab. 9.3 mostra a relação entre a idade, as safras pendentes, a produtividade e os custos de manutenção desse pomar.

Tab. 9.3 Quadro de produtividade

Idade da cultura (anos)	Safras pendentes	Produtividade (caixa/pé)	Custos de manutenção
5	1	1,2	R$ 13.634,00
6	2	2,2	R$ 13.634,00
7	3	2,7	R$ 13.634,00
8	4	3,2	R$ 13.634,00
9	5	2,7	R$ 16.802,00
10	6	2,7	R$ 16.802,00
11	7	2,7	R$ 16.802,00
12	8	2,7	R$ 16.802,00
13	9	2,7	R$ 16.802,00
14	10	2,7	R$ 16.802,00
15	11	2,7	R$ 16.802,00
16	12	2,7	R$ 16.802,00
17	13	2,7	R$ 16.802,00
18	14	2,7	R$ 16.802,00

Aplica-se a fórmula de cálculo do valor econômico. Desmembrando-a, tem-se:

$$V_{econ} = 0,95 \times \left[\frac{RL_1}{(1+3,80\%)^1} + \frac{RL_2}{(1+3,80\%)^2} + \frac{RL_3}{(1+3,80\%)^3} + \ldots + \frac{RL_n}{(1+i)^{n-t}} \right]$$

Ao calcular as receitas líquidas com base nas despesas e receitas brutas do pomar, ano a ano, chega-se aos valores da Tab. 9.4.

Tab. 9.4 Cálculo da receita líquida

Safras pendentes	Idade da cultura (anos)	Caixa/pé	Receita bruta (RB)	Despesas (D)	Receita líquida (RL)
1	5	1,2	R$ 10.315,10	R$ 13.634,00	-R$ 3.318,90
2	6	2,2	R$ 18.911,02	R$ 13.634,00	R$ 5.277,02
3	7	2,7	R$ 23.208,98	R$ 13.634,00	R$ 9.574,98
4	8	3,2	R$ 27.506,94	R$ 13.634,00	R$ 13.872,94
5	9	2,7	R$ 23.208,98	R$ 16.802,00	R$ 6.406,98
6	10	2,7	R$ 23.208,98	R$ 16.802,00	R$ 6.406,98
7	11	2,7	R$ 23.208,98	R$ 16.802,00	R$ 6.406,98
8	12	2,7	R$ 23.208,98	R$ 16.802,00	R$ 6.406,98
9	13	2,7	R$ 23.208,98	R$ 16.802,00	R$ 6.406,98
10	14	2,7	R$ 23.208,98	R$ 16.802,00	R$ 6.406,98
11	15	2,7	R$ 23.208,98	R$ 16.802,00	R$ 6.406,98
12	16	2,7	R$ 23.208,98	R$ 16.802,00	R$ 6.406,98
13	17	2,7	R$ 23.208,98	R$ 16.802,00	R$ 6.406,98
14	18	2,7	R$ 23.208,98	R$ 16.802,00	R$ 6.406,98

Substituem-se os valores determinados na equação:

$$V_{econ} = 0,95 \times \left[\frac{(-R\$\,3.318,90)}{(1+3,80\%)^1} + \frac{R\$\,5.277,02}{(1+3,80\%)^2} + \frac{R\$\,9.574,98}{(1+3,80\%)^3} + \ldots + \frac{R\$\,6.406,98}{(1+3,80\%)^{14}} \right]$$

Tem-se como resultado, então:

$$V_{econ} = R\$\,64.054,21$$
$$\text{Valor/pé} = R\$\,156,93$$

Na Tab. 9.5, são mostrados os mesmos cálculos, porém realizados com uso de uma planilha eletrônica.

9.5 Avaliação de pastagens plantadas

Para a avaliação de pastagens plantadas, a NBR 14653-3 define: "nas pastagens, emprega-se o custo de formação, com a aplicação de um fator de depreciação decorrente da diminuição da capacidade de suporte da pastagem" (ABNT, 2019b, 10.5.1), o que significa que:

Tab. 9.5   Cálculo da receita

Safras pendentes	Idade da cultura (anos)	Caixa/pé	Receita bruta (R_B)	Despesas (D)	Receita líquida (R_L)	F_a	Taxa de risco (R)	V_{econ}	
1	5	1,2	R$ 10.315,10	R$ 13.634,00	−R$ 3.318,90	0,9634	0,95	−R$ 3.037,53	
2	6	2,2	R$ 18.911,02	R$ 13.634,00	R$ 5.277,02	0,9281	0,95	R$ 4.652,84	
3	7	2,7	R$ 23.208,98	R$ 13.634,00	R$ 9.574,98	0,8941	0,95	R$ 8.133,35	
4	8	3,2	R$ 27.506,94	R$ 13.634,00	R$ 13.872,94	0,8614	0,95	R$ 11.352,79	
5	9	2,7	R$ 23.208,98	R$ 16.802,00	R$ 6.406,98	0,8299	0,95	R$ 5.051,15	
6	10	2,7	R$ 23.208,98	R$ 16.802,00	R$ 6.406,98	0,7995	0,95	R$ 4.866,23	
7	11	2,7	R$ 23.208,98	R$ 16.802,00	R$ 6.406,98	0,7702	0,95	R$ 4.688,08	R$ 64.054,21
8	12	2,7	R$ 23.208,98	R$ 16.802,00	R$ 6.406,98	0,7420	0,95	R$ 4.516,46	
9	13	2,7	R$ 23.208,98	R$ 16.802,00	R$ 6.406,98	0,7149	0,95	R$ 4.351,12	
10	14	2,7	R$ 23.208,98	R$ 16.802,00	R$ 6.406,98	0,6887	0,95	R$ 4.191,83	
11	15	2,7	R$ 23.208,98	R$ 16.802,00	R$ 6.406,98	0,6635	0,95	R$ 4.038,37	
12	16	2,7	R$ 23.208,98	R$ 16.802,00	R$ 6.406,98	0,6392	0,95	R$ 3.890,53	
13	17	2,7	R$ 23.208,98	R$ 16.802,00	R$ 6.406,98	0,6158	0,95	R$ 3.748,10	
14	18	2,7	R$ 23.208,98	R$ 16.802,00	R$ 6.406,98	0,5932	0,95	R$ 3.610,89	
								Valor/pé	**R$ 156,93**

$$V_{Pasto} = Custo_{Formação} \times Depreciação$$

Arantes e Saldanha (2017) também definem estratégias para a avaliação de pastagens:

Conforme Savietto (1997), para depreciação de pastagens, podemos utilizar os seguintes itens e pesos:
- incidência de ervas daninhas invasoras;
- falhas na formação ou claros na pastagem;
- processos erosivos;
- presença de cupinzeiros e/ou formigueiros;
- baixo nível de manejo, como excesso de pastoreio;
- ausência de divisão de pastagem, o que implica baixo nível de manejo;
- aspecto vegetativo ruim, com as plantas não atingindo a altura média da espécie;

Com a seguinte situação:
BOM: presença/ocorrência de um dos itens acima;
REGULAR: presença/ocorrência de dois dos itens acima;
MAU: presença/ocorrência de três dos itens acima;
PÉSSIMO: presença/ocorrência de quatro dos itens acima;

ÓTIMO	BOM	REGULAR	MAU	PÉSSIMO
100%	80%	60%	40%	20%

Ainda segundo Savietto (op. cit.), "deve-se levar em conta, na avaliação, a época de vistoria da pastagem. É natural que a mesma área se apresente com aspecto vegetativo muito melhor no verão do que durante o inverno, quando normalmente ocorre seca, além de temperaturas mais baixas".

Portanto, é recomendável ao engenheiro avaliador que seja citado em seu laudo, no caso de avaliação destas culturas, a época de avaliação e os fatores limitantes para a cultura (seca, chuva em excesso, ou outras intempéries).

Na avaliação de pastagens, não tem tanta importância a idade desta, mas sim, seu manejo e tratos culturais recebidos.

Por vezes, já foram encontradas pastagens com mais de 10 (dez) anos de implantação em perfeito estado fitossanitário, e sem recomendação nenhuma de reforma. Por outro lado, já foram encontradas pastagens com idade de 3 (três) anos necessitando reforma.

É possível também avaliar uma pastagem pelo método da renda, ou seja, quanto esta pastagem afere anualmente por seu aluguel, arrendamento ou parceria. Evidente que temos que ter em mente que estamos trabalhando com valor de renda líquida.

9.4.1 Cálculo do valor de pastagens pelo custo de formação e conservação

Suponha-se uma pastagem com área de 120,00 hectares, em regular estado de conservação, plantada com *Brachiaria brizantha*, em imóvel situado no Estado de São Paulo. Conforme obtido na contabilidade do imóvel, a Tab. 9.6 mostra os gastos para a formação de 1,0 hectare de pastagem no imóvel.

- Área = 120,00 ha.
- Estado de conservação: regular.
- Fator de conservação: 0,60.

Assim, o valor final das pastagens é de R$ 390.142,41.

Tab. 9.6 Estimativa de custo de formação de pastagens, sem desmatamento, para 1,0 hectare de *Brachiaria brizantha*

Operações

Preparo do solo	Quantidade de operações	Gasto H/M	Custo H/M	Total
Grade pesada (14×32 – Esp. 33)	1	1,80	R$ 137,39	R$ 247,30
Grade intermediária (24×26 – Esp. 23)	1	1,40	R$ 137,39	R$ 192,34
Grade niveladora (36×22 – Esp. 18,5)	2	0,80	R$ 137,39	R$ 219,82
Terraceamento	1	2,00	R$ 137,39	R$ 274,78
Correção e plantio				
Calagem	1	0,60	R$ 137,39	R$ 82,43
Fosfatagem	1	0,60	R$ 137,39	R$ 82,43
Plantio/adubação	1	1,00	R$ 137,39	R$ 137,39
Cobertura	1	0,60	R$ 137,39	R$ 82,43
Subtotal 1				*R$ 1.318,92*

Insumos	Unidade	Quantidade	R$/unidade	Total
Calcário	ton	3,00	R$ 202,80	R$ 608,40
Superfosfato simples	ton	0,60	R$ 1.348,10	R$ 808,86
Tordon 2,4-D	lt	4,00	R$ 44,83	R$ 179,32

Tab. 9.6 (continuação)

Ureia	ton	0,30	R$ 1.967,70	R$ 590,31
Isca formicida	kg	2,00	R$ 12,86	R$ 25,72
Sementes	kg	10,00	R$ 113,41	R$ 1.134,10
Subtotal 2				*R$ 3.346,71*
Administração				
Viagens				R$ 334,67
Assistência técnica				R$ 83,67
Contabilidade				R$ 334,67
Subtotal 3				*R$ 753,01*
Total				R$ 5.418,64

9.4.2 Cálculo do valor de pastagens pelo método da renda

Suponha-se avaliar uma pastagem de uso rotacionado, arrendada para engorda de novilhos precoces, por 12 meses ao ano, com os seguintes parâmetros:

- Taxa de juros líquida a considerar (i) = 3,00%.
- Valor da arroba no mercado regional (R$/@) = R$ 140,00.
- Aluguel/cabeça (sobre o valor da arroba) = 10,00%.
- Valor/cabeça/mês = R$ 14,00.
- Ocupação média anual (cabeças/ha) = 10,00.
- Renda líquida anual (R_L) = R$ 1.680,00.

Sabe-se que, para avaliação pelo método da renda, a fórmula considerada é a seguinte:

$$Valor = \frac{RL}{i}$$

Tem-se como valor das pastagens:

$$Valor = \frac{R\$\ 1.680,00}{3,00\%}$$

$$Valor = R\$\ 56.000,00/ha$$

Suponha-se ainda que as pastagens plantadas ocupem 100,00 hectares de uma área total de 120,00 hectares e que a única renda do imóvel seja justamente aquela proveniente do aluguel das pastagens. Qual seria o valor desse imóvel?

Para solucionar o problema, faz-se:

$$V_{TI} = R\$ 56.000,00/ha \times 100 \text{ ha}$$

$$V_{TI} = R\$ 5.600.000,00$$

Calcula-se então o valor por unidade de área geral (R\$/ha) do imóvel:

$$\text{Valor/ha} = (R\$ 56.000,00/ha \times 100 \text{ ha}) \div 120,00 \text{ ha}$$

$$\text{Valor/ha} = R\$ 46.666,66$$

Avaliação de Máquinas e Equipamentos 10

O autor apresenta os seus agradecimentos ao professor engenheiro Delcides de Viterbo Filho, responsável pela redação deste tema e professor de Avaliação de Máquinas e Equipamentos nos cursos de extensão em Engenharia Legal e de Avaliações da Universidade Federal Fluminense e da Pontifícia Universidade Católica do Rio de Janeiro (PUC-Rio).

A única regra real de mercado no regime capitalista é a da *oferta e procura*, e duas das melhores aplicações dessa regra são as feiras livres e os leilões.

A diferença primordial de uma avaliação de um equipamento, seja mecânico, elétrico, eletromecânico ou eletrônico, em relação à avaliação de um imóvel reside em dois aspectos:

1. O equipamento pode ser negociado em qualquer parte do mundo, ou seja, ele é transportável, enquanto um prédio não (o próprio nome – imóvel – já define essa situação).

2. Na avaliação de um imóvel, leva-se em conta a depreciação das construções, enquanto na avaliação de uma máquina, além da depreciação, deve-se considerar a obsolescência funcional gerada pelo advento de novas tecnologias, bem como a perda de utilidade em função do desinteresse pela aquisição dos elementos produzidos pelo equipamento sob avaliação.

Cabe ressaltar que a NBR 14653-5 (avaliação de bens: máquinas, equipamentos, instalações e bens industriais em geral – ABNT, 2006) é a norma a ser seguida.

O custo de uma máquina ou equipamento não é necessária ou obviamente igual ao seu valor, embora o custo seja um componente do binômio preço/valor. Por outro lado, na investigação do valor de uma máquina, procura-se conhecer tanto o custo original quanto o de reposição. Ressalta-se que a palavra *valor* tem muitos sentidos e diversos elementos modificadores, e já foi definida no início do livro.

Há que se estabelecer a definição de determinados conceitos, tais como:

- *Valor de reposição*: é o valor do bem determinado na base do que ele custaria (normalmente em relação aos preços correntes do mercado) para ser substituído por outro igualmente satisfatório. Pondera--se esse valor principalmente em função da eficiência, pois, com o avanço tecnológico, é difícil encontrarmos no mercado, após algum tempo, máquina com eficiência semelhante a do passado.
- *Valor rentábil*: é o valor atual das receitas líquidas prováveis e futuras, segundo prognóstico feito com base nas receitas e despesas recentes e nas tendências dos negócios.
- *Valor de liquidação*: é o valor do bem determinado na base do que dele seria obtido caso tivesse que ser colocado em venda forçada no prazo, porém com ampla divulgação entre os possíveis interessados e com os financiamentos e vantagens correntes do mercado, a depender da situação do mercado em termos de recessão ou procura para o bem avaliado. Um desconto de 10% a 40% seria motivo de obtenção de uma venda em prazo curto.
- *Valor residual final* ou *valor de sucata*: é o valor do bem determinado na base do que dele se auferiria caso tivesse que ser vendido como sucata ou apenas para aproveitamento de algumas de suas partes constitutivas, sem ter possibilidades comerciais de voltar à utilização primitiva para a qual o bem foi produzido.

Bom senso e cautela são necessários para analisar fenômenos como raridade ou dificuldade de aquisição e abundância ou excesso de ofertas. O avaliador não se deve deixar influenciar pela especulação comercial ao ponderar as condições de oferta e procura que levem ao preço de equilíbrio no momento da comercialização.

São três os caminhos mais usuais para a avaliação de máquinas e equipamentos:

- a partir de informações de mercado;
- a partir da renda que a máquina ou equipamento possa produzir;
- a partir do custo, menos a depreciação.

O primeiro caminho, embora o mais exato, nem sempre é disponível para a máquina ou equipamento que se deseja avaliar. Por exemplo, para veículos usados, há tabela de informações disponível, mas, para usinas nucleares usadas, essas informações encontram-se indisponíveis.

O segundo caminho permite a análise da lucratividade de determinado bem, porém é altamente subjetivo e instável num mundo globalizado em que não se tem possibilidade de conhecimento de todas as informações pertinentes e da real situação das variações mercadológicas, nem da dinâmica das variações de custos em virtude das alterações no valor dos insumos, impostos, variações cambiais etc. Esse método deve, contudo, ser levado em consideração, quando se tratar de avaliação de plantas produtivas.

O terceiro caminho, embora não seja o mais exato, permite grande aproximação do valor de determinado bem, que é a finalidade da avaliação. Esse processo consiste na determinação de uma curva matemática que ligue o preço da máquina ou equipamento novo ao valor residual final (sucata ou salvado) através da vida útil do equipamento.

Antes de se iniciar o tratamento matemático, ainda há necessidade de se estabelecerem mais alguns conceitos úteis, com a respectiva terminologia, visando a padronização no decorrer deste trabalho e do serviço de avaliação de máquinas e equipamentos:

- *Vida útil*: é o tempo previsto entre o início de funcionamento de determinada máquina ou equipamento e a sua retirada de serviço, já totalmente depreciada, ou seja, apenas com o valor residual.
- *Depreciação*: é a perda de valor de determinado bem no decorrer do tempo. A depreciação ocorre por três motivos principais: deterioração, obsolescência e perda de utilidade.
- *Deterioração*: é a perda física de valor, que geralmente ocorre por acidente, desgaste e corrosão.
- *Obsolescência*: é a perda de valor por motivos técnicos e econômicos. Nesse caso, novos lançamentos de máquinas e equipamentos permitem a confecção de produto semelhante, geralmente de melhor qualidade e a custo reduzido em relação ao que era produzido inicialmente. O equipamento obsoleto pode produzir determinado produto, porém a margem de lucro é nenhuma ou insatisfatória.
- *Perda de utilidade*: é a perda de valor funcional, que ocorre quando não mais existe a procura pelos produtos que determinada máquina ou equipamento possa produzir.
- *Esperança de vida*: é o tempo previsto entre a vistoria e a data provável de retirada de serviço, devendo ser considerados todos os fatores que levam determinada máquina e/ou equipamento a serem depreciados.
- *Vida aparente*: é o tempo de vida estimado pelo avaliador, geralmente resultado da diferença entre a vida útil e a esperança de vida.

10.1 Métodos de depreciação

Consoante o gráfico mostrado na Fig. 10.1, os métodos de depreciação para equipamentos e máquinas são apresentados em detalhes a seguir:

- método linear;
- método linear corrigido;
- método de Cole ou da soma de dígitos;
- método da percentagem constante;
- fundo de amortização.

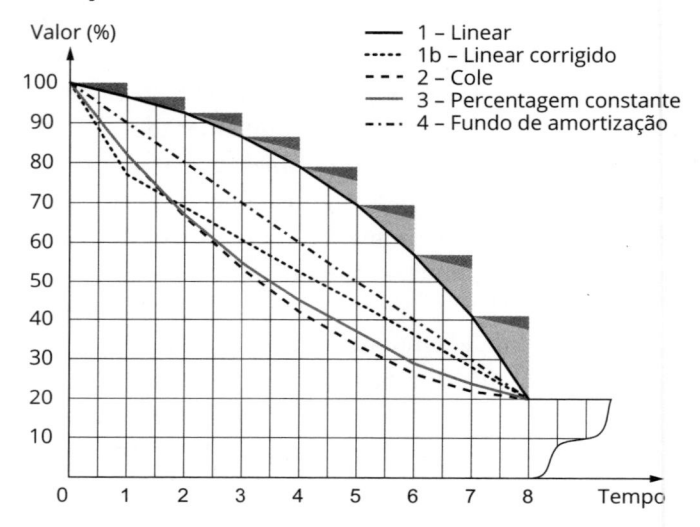

Fig. 10.1 *Métodos de depreciação*

10.1.1 Método linear

Esse método estabelece uma depreciação constante no decorrer do tempo. A linha reta, vista na Fig. 10.2, representa a mais simples das curvas, na qual a depreciação em cada período é sempre igual e corresponde à *depreciação total* dividida pelo número de períodos da *vida útil* prevista. Esse método também é utilizado na contabilidade fiscal.

Entretanto, apesar de sua extrema simplicidade, a depreciação de máquinas e equipamentos não é função linear do tempo – ela é mais acentuada no princípio do que nos últimos anos da vida estimada, devido ao desgaste, à insegurança quanto à utilização, e à perda da garantia, cujo valor se somava ao preço do equipamento quando novo. Observe na Tab. 10.1 os valores da depreciação $D_{(n)}$, do valor residual $V_{R(n)}$ e da depreciação total $D_{T(n)}$ no instante n.

Como se pode observar, aplicam-se ao método linear todas as fórmulas de uma progressão aritmética, cuja razão é o valor da depreciação num período, e os valores inicial e final são respectivamente o *valor do novo* e o *valor residual final*.

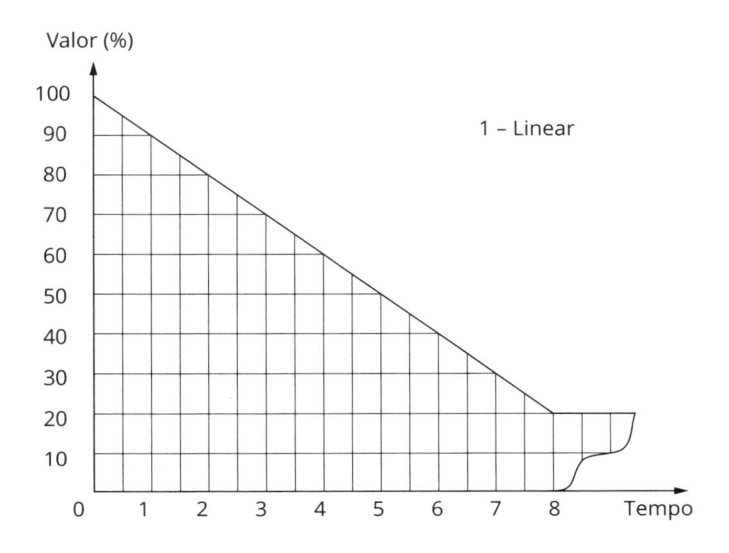

Fig. 10.2 *Gráfico do método linear*

Tab. 10.1 Método linear

Tempo (anos)	$D_{(n)}$	$V_{R(n)}$	$D_{T(n)}$
0	–	100.000,00	0,00
1	10.000,00	90.000,00	10.000,00
2	10.000,00	80.000,00	20.000,00
3	10.000,00	70.000,00	30.000,00
4	10.000,00	60.000,00	40.000,00
5	10.000,00	50.000,00	50.000,00
6	10.000,00	40.000,00	60.000,00
7	10.000,00	30.000,00	70.000,00
8	10.000,00	20.000,00	80.000,00

10.1.2 Método linear corrigido

Esse método, muito utilizado pelo governo, estabelece uma depreciação constante em valor e contínua em cada período a partir do segundo, ou seja, a depreciação no final de um período é igual ao valor do início menos a depreciação constante para cada período até a obtenção do valor de sucata. No primeiro período, além da depreciação normal do bem, são acrescentados a depreciação da garantia e outros valores que estão embutidos apenas nos primeiros anos de uso, quando o bem está novo, em função de valor da engenharia, assessoramento e da garantia oferecida pelo fabricante. A Fig. 10.3 mostra o gráfico do método linear corrigido.

A Tab. 10.2 mostra a depreciação linear corrigida para um equipamento com dez anos de vida útil e valores residuais de 5%, 10%, 15% e 20%. Os valores em cinza são largamente utilizados nas tabelas do governo.

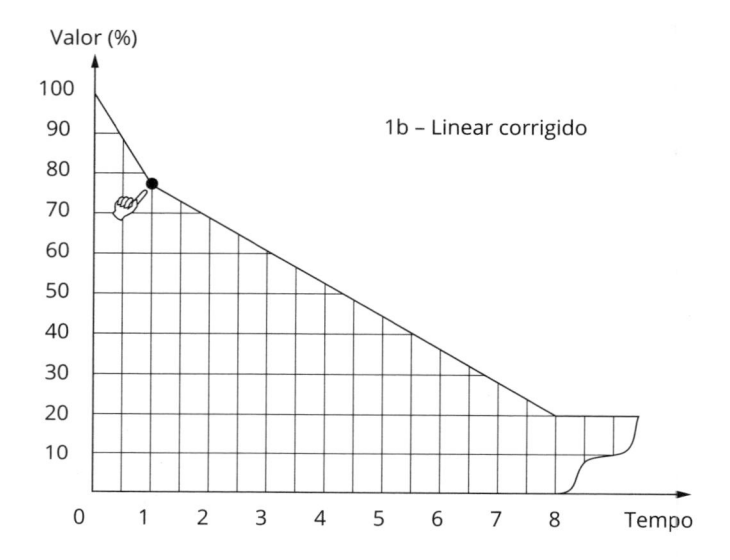

Fig. 10.3 *Gráfico do método linear corrigido*

Tab. 10.2 **Método linear corrigido**

Vida útil: 10 anos

Depreciação inicial no primeiro momento: 10% (garantia e acompanhamento)

Sucata 5%		Sucata 10%		Sucata 15%		Sucata 20%	
Novo	1,0000	Novo	1,0000	Novo	1,0000	Novo	1,0000
1	0,8150	1	0,8200	1	0,8250	1	0,8300
2	0,7300	2	0,7400	2	0,7500	2	0,7600
3	0,6450	3	0,6600	3	0,6750	3	0,6900
Sucata 5%		**Sucata 10%**		**Sucata 15%**		**Sucata 20%**	
4	0,5600	4	0,5800	4	0,6000	4	0,6200
5	0,4750	5	0,5000	5	0,5250	5	0,5500
6	0,3900	6	0,4200	6	0,4500	6	0,4800
7	0,3050	7	0,3400	7	0,3750	7	0,4100
8	0,2200	8	0,2600	8	0,3000	8	0,3400
9	0,1350	9	0,1800	9	0,2250	9	0,2700
10	0,0500	10	0,1000	10	0,1500	10	0,2000
Razão	**−0,08500**	**Razão**	**−0,08000**	**Razão**	**−0,07500**	**Razão**	**−0,07000**

Fonte: Prof. Delcides de Viterbo Filho.

10.1.3 Método de Cole

Esse método, também conhecido como *método da série* ou da *soma de dígitos*, estabelece a depreciação empírica em cada período como sendo igual ao produto da depreciação total pelos elementos da série a seguir:

$$\frac{N}{1+2+3+...+N}, \frac{N-1}{1+2+3+...+N}, \frac{N-2}{1+2+3+...+N}, ..., \frac{1}{1+2+3+...+N}$$

em que N é o número de períodos (geralmente o período utilizado é o *ano*).

D_T é a base fixa igual ao valor da depreciação total. Para seu cálculo, tem-se:

$$D_T = V_n - V_R$$

em que V_n é o valor da máquina ou equipamento quando nova e V_R é o valor quando a máquina ou equipamento já não possui vida útil, isto é, já não tem utilidade para o fim para o qual foi adquirido inicialmente.

Como o valor de cada depreciação periódica é obtido multiplicando-se cada elemento da série pela depreciação total (D_T), que é um valor fixo, pode-se chegar a fórmulas matemáticas por operações algébricas. Por exemplo, tem-se o cálculo do valor da depreciação no período (D_p):

$$D_P = \frac{2(V_n - V_R)}{N(N+1)}$$

em que:
D_p = fator ou parcela de depreciação anual;
V_n = preço de aquisição do equipamento novo;
V_R = valor residual (em geral de 5% a 20% de V_n);
N = vida útil (em anos) em função de sua vida técnica, variando em cada caso, em relação à sua manutenção e conservação.

Já o cálculo do valor da depreciação acumulada (D_A) até o momento em que a máquina apresenta determinada vida aparente (V_{ap}) é feito da seguinte forma:

$$D_A = \frac{V_{ap} \cdot (2N - V_{ap} + 1) \cdot D_p}{2}$$

O valor (V_m) de determinada máquina ou equipamento, no estado, pode então ser determinado subtraindo-se a depreciação acumulada do valor do equipamento novo, como mostrado a seguir:

$$V_m = V_n - D_A$$

Deve ser observado que nesse método a depreciação nos primeiros períodos é superior à dos últimos (ver Tab. 10.3 e Fig. 10.4), fato bastante próximo da realidade prática.

Tab. 10.3 Método de Cole

Tempo	Série	D_T	$D_{(n)}$	$V_{R(n)}$
0		–	0,00	100.000,00
1	8/36	80.000,00	17.777,78	82.222,22
2	7/36	80.000,00	15.555,56	66.666.66
3	6/36	80.000,00	13.333,33	53.333,33
4	5/36	80.000,00	11.111,11	42.222,22
5	4/36	80.000,00	8.888,89	33.333,33
6	3/36	80.000,00	6.666,66	26.666,67
7	2/36	80.000,00	4.444,45	22.222,22
8	1/36	80.000,00	2.222,22	20.000,00

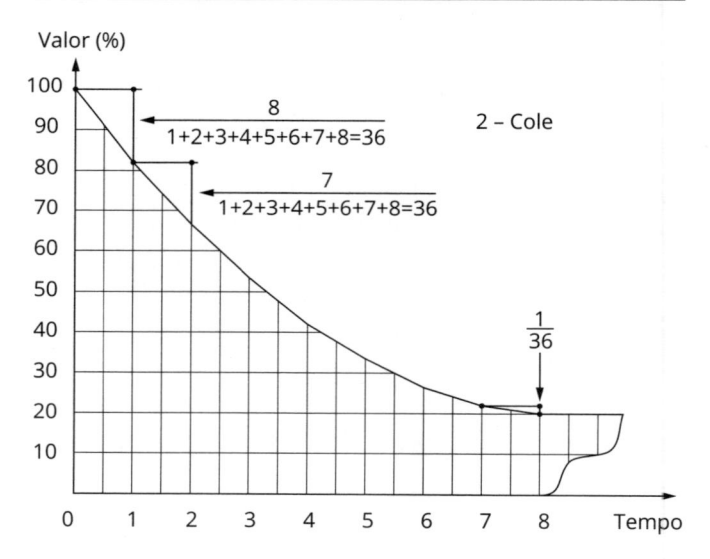

Fig. 10.4 *Gráfico do método de Cole*

Na Tab. 10.3, para fins didáticos, foram considerados um período de oito anos como sendo a vida útil, R$ 100.000,00 como o valor do equipamento novo e R$ 20.000,00 como o valor de sucata ou valor residual final.

10.1.4 Método da percentagem constante

Esse método estabelece uma depreciação constante em percentual e contínua em cada período, igual ao valor de uma taxa calculada aplicada ao valor residual do período anterior, isto é, a depreciação no final de um período é igual ao produto do valor residual do início pela taxa calculada, sendo o valor da taxa função do tempo de amortização, do valor do produto novo e do valor residual final ou de sucata.

Assim, a determinação da taxa de depreciação no período (T) é feita da seguinte forma:

$$V_{R1} = V_n - V_n \cdot T$$

$$V_{R1} = V_n \cdot (1 - T)$$

$$V_{R2} = V_{R1} - V_{R1} \cdot T$$

$$V_{R2} = V_{R1} \cdot (1 - T)$$

$$V_{R2} = V_n \cdot (1 - T) \cdot (1 - T)$$

$$V_{R2} = V_n \cdot (1 - T)^2$$

$$\cdots$$

$$V_{Rn} = V_n \cdot (1 - T)^n$$

$$(1 - T)^n = V_{Rn}/V_n$$

$$T = 1 - \sqrt[n]{\frac{V_{Rn}}{V_n}}$$

em que:

T = taxa calculada;

V_n = valor do produto novo (custo da máquina em funcionamento);

V_{Rn} = valor residual após n anos.

Em virtude do tipo de cálculo, que é extremamente repetitivo e com grande número de casas decimais, é aconselhável a utilização desse método com auxílio de computador. A planilha eletrônica facilita sobremaneira os cálculos acima, e cálculos efetuados com algumas máquinas de calcular poderão apresentar resultados não precisos.

A Fig. 10.5 e a Tab. 10.4 apresentam a curva e os valores obtidos a partir da aplicação desse método.

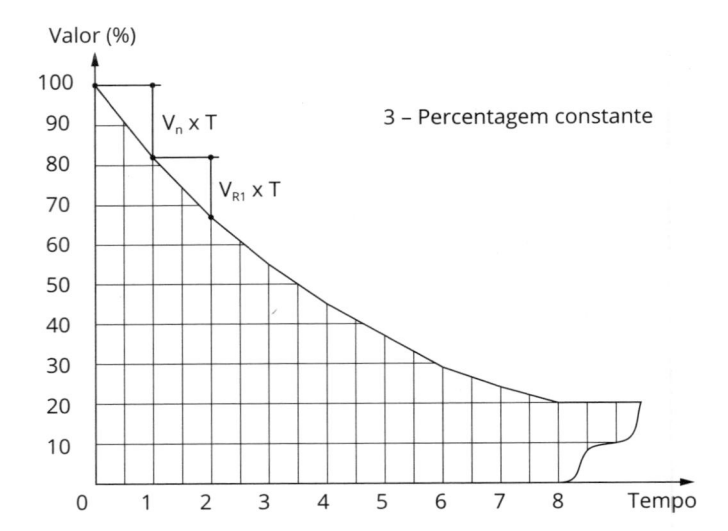

Fig. 10.5 *Gráfico do método de percentagem constante*

Tab. 10.4 **Método de percentagem constante**

Anos (n)	T	V_{Rn}	D_n	D_{Tn}
0	0,1822	100.000,00	0,00	0,00
1	0,1822	81.776,54	18.223,46	18.223,46
2	0,1822	66.874,03	14.902,51	33.125,97
3	0,1822	54.687,27	12.186,76	45.312,73
4	0,1822	44.721,36	9.965,91	55.278,64
5	0,1822	36.571,58	8.149,78	63.428,42
6	0,1822	29.906,98	6.664,61	70.093,02
7	0,1822	24.456,89	5.450,08	75.543,11
8	0,1822	20.000,00	4.456,89	80.000,00

10.1.5 Método do fundo de amortização

Nesse método, determina-se um *fundo imaginário* em que seria aplicado o valor depreciado, o qual deve render juros previamente estabelecidos. Por finalidades didáticas, será estabelecido em 30% a.a. o valor que um industrial obtém como rendimento de seu capital aplicado no seu negócio.

Para facilitar a determinação do valor a ser colocado nesse fundo a cada período, os seguintes passos serão tomados:

1. Depositaremos um valor unitário nesse fundo e analisaremos seu comportamento.

2. Dividiremos a depreciação total D_T pelo montante obtido no fundo depositado, após N períodos, correspondente à vida útil. Obteremos,

então, o valor constante a se depositar no *fundo de amortização* que, com a taxa estipulada inicialmente, permitirá a compra de nova máquina, utilizando-se da máquina depreciada (V_R) como parte de pagamento.

A Tab. 10.5 e a Fig. 10.6 mostram os valores encontrados com esse método.

Tab. 10.5 Método do fundo de amortização

Período (N)	Fator	$D_{T(n)}$	$V_{R(n)}$
0	0,00	0,00	100.000,00
1	1,00	3.353,21	96.646,78
2	2,30	7.712,39	92.287,60
3	3,99	13.379,33	86.620,65
4	6,18	20.746,34	79.253,65
5	9,04	30.323,47	69.676,52
6	12,75	42.773,72	57.226,27
7	17,58	58.959,06	41.040,93
8	23,86	80.000,00	20.000,00

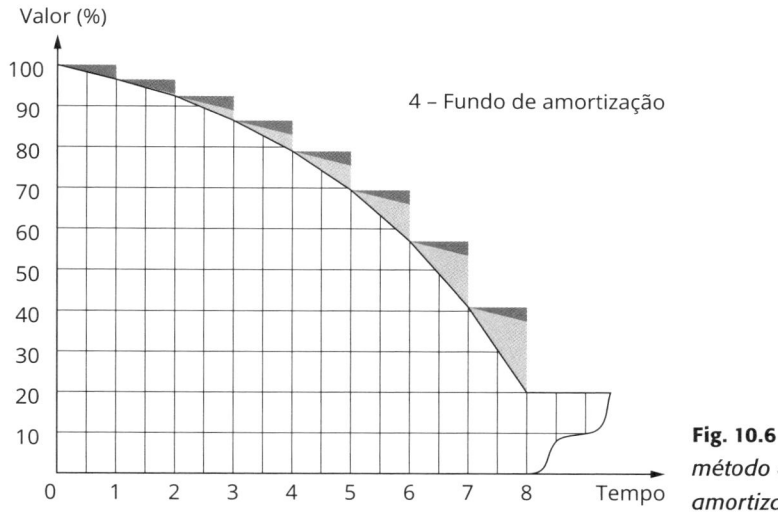

Fig. 10.6 *Gráfico do método do fundo de amortização*

Na Tab. 10.6 apresentamos estimativas de vidas de diversas máquinas e equipamentos.

Tab. 10.6 Períodos sugeridos de depreciação total (vida útil)

Equipamentos de escritório	Mínimo	Máximo
Mesas de madeira, vidro ou ferro	8	14

Tab. 10.6 (continuação)

Equipamentos de escritório	Mínimo	Máximo
Arquivos de madeira	8	12
Cofres	20	25
Máquinas de escrever (mecânicas)	6	10
Máquinas de escrever (elétricas)	4	6
Máquinas de calcular	6	8
Máquinas de contabilidade	5	8
Aparelhos de ar condicionado central	14	20
Aparelhos de ar condicionado	14	18
Aparelhos de comunicação	6	10
Máquinas copiadoras	4	6
Equipamentos de informática	**Mínimo**	**Máximo**
CPU	3	6
Impressoras matriciais	6	10
Impressoras a jato de tinta	5	8
Impressoras a *laser* e jato de cera	4	8
Vídeos VGA mono e color	6	10
Periféricos	5	8
Equipamentos de transporte	**Mínimo**	**Máximo**
Aeronaves comerciais	15	30
Aeronaves particulares	6	10
Automóveis táxis	3	5
Automóveis particulares	4	18
Ônibus	6	12
Veículos utilitários	4	6
Caminhões leves	4	6
Caminhões pesados	6	8
Reboques (quinta roda)	6	8
Caminhões betoneiras	5	7
Caminhões basculantes	5	7
Caminhões "fora de estrada"	4	8
Vagões ferroviários e locomotivas – transporte interno (dentro da empresa)	14	20
Vagões ferroviários e locomotivas – transporte externo	12	16
Embarcações de uso comercial	14	20
Embarcações para lazer	12	25
Equipamentos para transporte hidroviário	16	22

Tab. 10.6 (continuação)

Equipamentos e instalações industriais	Mínimo	Máximo
Bombas	14	20
Compressores	14	20
Correias de linha de produção	18	25
Correias transportadoras ao tempo	16	24
Elevadores	16	24
Sopradores	14	20
Tubos de cobre	24	26
Tubos de inox	24	26
Tubos fora de alvenaria	10	15
Geradores	14	20
Equipamentos e instalações agrícolas	**Mínimo**	**Máximo**
Arados	8	12
Estufas	10	20
Tratores	10	15
Equipamentos e instalações minerais	**Mínimo**	**Máximo**
Extração de minerais metálicos	7	15
Extração de minerais não metálicos	7	15
Produção de petróleo	7	15
Gás natural	7	15
Perfuração de poços de petróleo e de gás	5	8
Exploração de depósitos de petróleo	10	20
Refinação de petróleo	18	25
Instalações e tubulações para transporte	15	25
Instalações para armazenagem em aço	10	20
Instalações para armazenagem em fibra	10	25
Equipamentos para construção civil	**Mínimo**	**Máximo**
Equipamentos básicos para construção	5	10
Gruas e elevadores	15	20
Fabricação de produtos alimentícios e bebidas	**Mínimo**	**Máximo**
Indústria moageira (inclusive moinhos de cereais)	12	25
Usinas açucareiras e refinadoras de açúcar	15	25
Fabricação de cigarros, charutos e fumos	10	16

Tab. 10.6 (continuação)

Equipamentos da indústria têxtil	Mínimo	Máximo
Malharia	5	10
Fiação e tecelagem	10	25
Acabamento e tingimento	10	20
Roupas/confecções de borracha e de couro	10	25
Produção de madeira	**Mínimo**	**Máximo**
Serrarias permanentes	10	15
Serrarias temporárias	5	10
Carpintaria e marcenaria	15	25
Compensados	10	25
Lâminas de madeira	15	25
Usinas de tratamento de moirões e postes	10	20
Máquinas universais para uso em ferramentaria	**Mínimo**	**Máximo**
Tornos mecânicos	15	20
Plainas	15	25
Fresas	12	20
Eletroerosão	10	15
Prensas hidráulicas	20	25
Furadeiras radiais	20	25
Máquinas universais para uso em manutenção	**Mínimo**	**Máximo**
Tornos mecânicos	20	25
Plainas	20	25
Fresas	15	25
Eletroerosão	10	15
Prensas hidráulicas	20	25
Furadeiras radiais	20	25
Máquinas universais para uso em produção	**Mínimo**	**Máximo**
Tornos mecânicos	10	15
Plainas	10	15
Fresas	5	12
Têmpera por indução	10	15
Prensas hidráulicas	10	15
Furadeiras radiais	15	20

Exemplo 10.1

Avaliar um grupo motogerador, comprado há cinco anos e que apresenta vida aparente de dois anos. O modelo similar é vendido atualmente por R$ 52.000,00 (cinquenta e dois mil reais). Para a solução, serão utilizados o método de Cole e o método da percentagem constante.

Método de Cole

A depreciação total ou acumulada é dada por:

$$D_A = \frac{V_{ap} \cdot (2N - V_{ap} + 1) \cdot D_p}{2}$$

em que:

D_A = depreciação total;
V_{ap} = idade aparente do equipamento = 2 anos;
N = vida útil do equipamento (14 a 20 anos) = 15 anos;
D_p = fator ou parcela de depreciação anual, dado por:

$$D_p = \frac{2(V_n - V_R)}{N(N+1)}$$

em que:

V_n = valor do equipamento novo (preço de aquisição atual) = R$ 52.000,00;
V_R = valor residual, de 5% a 20% de V_n (toma-se, no caso, 15%) = R$ 7.800,00.
    Substituindo-se os valores na fórmula, tem-se:

$$D_p = \frac{2(52.000,00 - 7.800,00)}{15(15+1)}$$

$$D_p = 368,33$$

$$D_A = \frac{2 \times (2 \times 15 - 2 + 1) \times 368,33}{2}$$

$$D_A = 10.681,57$$

O valor V_m do equipamento, no estado, será de:

$$V_m = V_n - D_A = R\$ \ 52.000,00 - R\$ \ 10.681,00$$

$$V_m = R\$ \ 41.369,00$$
(quarenta e um mil, trezentos e sessenta e nove reais)

Método da percentagem constante

A taxa de depreciação é calculada pela fórmula:

$$T = 1 - \sqrt[n]{\frac{V_{Rn}}{V_n}}$$

em que:

T = taxa calculada;

V_n = valor do equipamento novo = R$ 52.000,00;

V_{Rn} = valor residual = R$ 7.800,00.

$$T = 1 - \sqrt[15]{\frac{7.800,00}{52.000,00}}$$

$$T = 1 - 0,881196473 = 0,1188$$

Aplicando a taxa sobre o valor novo, tem-se:

$$0,1188 \times R\$ 52.000,00 = R\$ 6.177,00$$

que é a depreciação no primeiro ano.

Calcula-se o valor da máquina no primeiro ano:

$$R\$ 52.000,00 - R\$ 6.177,00 = R\$ 45.823,00$$

$$0,1188 \times R\$ 45.823,00 = R\$ 5.443,68$$

que é a depreciação no segundo ano.

Calcula-se o valor da máquina no segundo ano:

$$R\$ 45.823,00 - R\$ 5.443,00 = R\$ 40.380,00$$

Como a idade aparente é de dois anos, tem-se, finalmente:

$$V_m = R\$ 40.380,00$$
(quarenta mil, trezentos e oitenta reais)

Esse valor é bastante compatível com o valor obtido pelo método de Cole.

Avaliação de Jazidas Minerais 11

Como no caso de cinemas, teatros, postos de gasolina, hotéis e motéis, a avaliação de jazidas minerais processa-se pelo método da renda, com a diferença de que os primeiros se utilizam do faturamento pretérito, e, em se tratando de jazidas, além desse fator, leva-se em consideração o valor atual do produto-fim e a "expectância" da jazida, isto é, a capacidade futura de produção até a sua efetiva extinção. Tratando-se de uma jazida virgem, ainda sem exploração comercial, o seu valor será medido pela diferença entre o lucro líquido anual provável que a exploração poderá produzir na sua vida útil, devidamente capitalizadas as parcelas futuras e o valor atual das despesas necessárias à instalação e operacionalidade do equipamento para produção comercial.

Sem dúvida, cabe ao avaliador o conhecimento do Decreto-Lei n° 227 (Código de Mineração), de 28 de fevereiro de 1967. Nenhuma jazida pode ser explorada sem a autorização do Ministério de Minas e Energia através do DNPM (Departamento Nacional de Produção Mineral), e a sua operacionalização deve ser precedida do pedido de pesquisa no qual se define a "possança" da jazida (volume da reserva) e o estabelecimento da área a ser explorada.

O artigo 4° do Código de Mineração conceitua como *jazida* "toda massa individualizada de substância mineral ou fóssil, aflorando à superfície ou existente no interior da terra, e que tenha valor econômico"; *já a mina* "vem a ser a jazida em lavra, ainda que suspensa".

O mesmo Código enumera nove classes de jazidas, a saber:

I. jazidas de substâncias minerais metalíferas;
II. jazidas de substâncias minerais de emprego imediato na construção civil;
III. jazidas de fertilizantes;
IV. jazidas de combustíveis sólidos;
V. jazidas de rochas betuminosas e pirobetuminosas;
VI. jazidas de gemas e pedras ornamentais;

VII. jazidas de minerais industriais, não incluídas nas classes precedentes;

VIII. jazidas de águas minerais;

IX. jazidas de águas subterrâneas.

11.1 Fórmula de Hoskold

As fórmulas usuais para a obtenção do valor da jazida são as de Findlay, Inwood, O'Donahue e Hoskold; em nosso estudo, iremos nos fixar nesta última, já que as fórmulas de Inwood e de O'Donahue são casos particulares dela.

A fórmula de Hoskold tem por expressão:

$$V_j = \dfrac{L}{\dfrac{t}{R^n - 1} + i}$$

em que:

V_j = valor da jazida;

L = lucro médio anual obtido na exploração dos três anos antecedentes à avaliação, devidamente corrigido para a data-base;

n = número de anos lucrativos previstos (expectância);

t = taxa de amortização = $1/n$;

R = unidade de capital acrescida à taxa de amortização = $1 + t$;

i = juros legais anuais = 12% = 0,12.

Para o cálculo do lucro líquido, há que se deduzir do valor bruto os valores referentes às seguintes parcelas, com os respectivos percentuais médios estimados, na prática, em relação à receita bruta:

a. Depreciação do equipamento = 3%.

b. Manutenção, combustíveis, lubrificantes e renovação de máquinas = 6%.

c. Salários e encargos sociais = 5%.

d. Administração [20% sobre $(a + b + c)$] = 3%.

e. Imposto único = 10%.

f. Eventuais (paralisações por fenômenos da natureza, equipamentos quebrados etc.) = 8%.

A seguir, apresenta-se um exemplo de avaliação de uma das maiores jazidas de granito do Rio de Janeiro, situada na estrada dos Bandeirantes s/n, Jacarepaguá, tendo como data-base o mês de junho de 1998.

Exemplo 11.1 _____

A presente avaliação irá se restringir tão somente à jazida mineral, excluindo-se dela as construções existentes na área, bem como as terras factíveis de urbanização para construção de casas existentes na área.

Do bairro

O bairro de Jacarepaguá é um dos que se apresentam com melhores condições de desenvolvimento na cidade do Rio de Janeiro, tanto sob o aspecto residencial, pela existência da estrada Grajaú-Jacarepaguá e pela recente implantação da Linha Amarela, pista em duas mãos de alta velocidade que interliga o bairro a toda a zona norte e o centro da cidade, quanto sob o aspecto comercial e industrial, por sua facilidade de ligação com a estrada Rio-Santos, por meio da estrada dos Bandeirantes. Essa é uma via que funciona como eixo de penetração de Jacarepaguá, Recreio dos Bandeirantes, Barra da Tijuca, Autódromo e Centro de Exposição Riocentro, bem como ligação direta com a estrada Rio-Santos por meio da Grota Funda.

É o principal logradouro da região, dispondo de duas pistas independentes de mão e contramão até o Riocentro, pavimentação asfáltica muito boa, iluminação a vapor de mercúrio, escoamento pluvial adequado e perfeita sinalização. No trecho do imóvel, a pista é única, dotada de toda infraestrutura urbana, existindo nas proximidades comércio, assistência médica, templos religiosos e áreas de lazer.

A jazida de granito está localizada num terreno resultante de diversas áreas que foram adquiridas paulatinamente pelo Grupo Empresarial que detém o Direito de Lavra. A jazida é vista nas fotos e plantas anexadas ao laudo, e a descrição sintética da área é que ela é delimitada por um polígono irregular com vértice a 425,00 m no rumo verdadeiro de 35° NE, do canto NE da ponte na estrada dos Bandeirantes sobre o rio Calimbá.

Os terrenos, após o remembramento das áreas, passaram a totalizar uma superfície de 1.111.259,00 m^2, sendo parte no plano, parte em aclive acentuado e parte constituindo a jazida de granito com cerca de 80.000.000,00 m^3 de reserva aproveitável. Do total da gleba, destacam-se:

- jazida de granito = 215.418,00 m^2;
- terreno aproveitável = 835.841,00 m^2;
- reserva florestal = 60.000,00 m^2.

Total = 1.111.259,00 m^2

Conforme já dito, as benfeitorias não são parte desta avaliação. Elas são constituídas de grupo de entrada com 237,00 m^2, oficina industrial e de máquinas pesadas com área de 703,40 m², escritório industrial e de recursos humanos parcialmente em dois pavimentos com área de 292,00 m², almoxarifado em quatro galpões com área total de 3.206,00 m², restaurante, cantina e vestiário com área de 346,50 m², cabina de medição com área de 19,60 m², castelo d'água e escritórios com área de 151,20 m², escritório da produção com área de 102,00 m², módulo de fabricação de PAV-S com área de 267,00 m², oficina de manutenção (galpão) com área de 1.116,60 m², galpão industrial de fabricação de pré-moldados com área de 2.996,70 m², escritório central com área de 386,60 m² e prédio de planejamento, gerência comercial e arquivo com área de 161,20 m². Existem, ainda, outras construções de menor importância, como paióis, residências de empregados, casa de vigia, caixa d'água etc., que totalizam uma área de 1.336,20 m², além de construções industriais como usina de concreto, casa de bombas, cabinas de balanças, casa de compressores, cabina de comando, britadores e peneiras e subestação auxiliar, que totalizam uma área coberta de 1.141,00 m². A área total do complexo industrial é de 12.434,00 m².

Cálculos avaliatórios para obtenção do valor da jazida

A jazida de granito em tela é de excelente qualidade e fácil exploração, com uma reserva estimada de cerca de 80.000.000,00 m³. Sua exploração permitiu a retirada, nos últimos três anos, da seguinte produção de brita:

$$1995: 587.391,00 \text{ m}^3$$
$$1996: 490.376,00 \text{ m}^3$$
$$1997: 530.842,00 \text{ m}^3$$

A produção média nos últimos três anos, em números redondos, é de 536.000,00 m³.

Com a reserva de cerca de 80.000.000,00 m³, o esgotamento da jazida ocorrerá após 149 anos de exploração. Entretanto, por cautela e atendimento às possíveis mudanças de legislação sobre a exploração de pedreira em núcleos urbanos, considerando o notável surto de progresso que ocorre na região, iremos considerar uma expectativa de exploração de 20 anos (n).

Tendo em vista que o preço do m³ da brita referido a junho de 1998 é de R$ 25,00/m³, o valor da jazida será calculado através da formula de Hoskold, a seguir exposta:

$$V_j = \frac{L}{\dfrac{t}{R^n - 1} + i}$$

em que:

V_j = valor da jazida.

L = lucro médio anual obtido na exploração dos três anos antecedentes à avaliação, devidamente corrigido para a data-base = R\$ 25,00/m^3 × 536.000,00 m^3 – despesas = R\$ 13.400.000,00 × (1 – 0,35) = R\$ 13.400.000,00 × 0,65 = R\$ 8.710.000,00.

n = número de anos lucrativos previstos (expectância) = 20.

t = taxa de amortização = 1/n = 1/20 = 0,05.

R = unidade de capital acrescida à taxa de amortização = 1 + t = 1 + 0,05 = 1,05.

i = juros legais anuais = 12% = 0,12.

Substituindo-se os valores na fórmula, tem-se:

$$V_j = \frac{8.710.000,00}{\dfrac{0,05}{1,05^{20}-1}+0,12} = R\$\ 57.972.910,00$$

ou, em números redondos,

Valor da jazida = R\$ 58.000.000,00
(cinquenta e oito milhões de reais)

12 Perícias em sinistros e vícios de construção

12.1 Perícias em sinistros: casos reais

Toda perícia envolve a apuração de um fato. Interesses econômicos regem os procedimentos cíveis na nossa Justiça. Quando ocorre um sinistro, há inicialmente a fase policial, da qual podem ou não advir desdobramentos nas esferas penal e/ou cível.

No caso de sinistro com morte, responsabilidades devem ser apuradas para posterior indenização dos parentes imediatos da vítima, através de ação própria que ocorre em vara cível no rito ordinário ou sumaríssimo. Cabe ao perito fornecer ao Juízo elementos técnicos de convicção para que o julgamento possa ser apreciado sem dúvidas da parte do Magistrado, formando-se, assim, um sistema proporcionador de dados para o convencimento que gerará a decisão (sentença). Esta, em caso de recurso pela parte perdedora ou que acha que seus direitos não foram suficientemente atendidos, pode apelar para a 2ª instância (Tribunal de Justiça/desembargadores), que decidirá em colegiado sobre a manutenção ou reforma da sentença de 1ª instância.

Apresentaremos a seguir dois casos em que participamos, um na esfera judicial como perito (o incêndio do Hotel Nacional Rio, em 27 de novembro de 1977) e outro na esfera administrativo-profissional como conselheiro diretor do CREA-RJ e membro da Comissão instituída pela Presidência daquele conselho para apuração das responsabilidades pelo colapso estrutural sob o ponto de vista profissional (desabamento do edifício Saint-Marie, em Niterói, em 1º de setembro de 1982).

12.1.1 O incêndio do teatro do Hotel Nacional Rio

Em 17 de dezembro de 1961 ocorreu a maior tragédia em termos de incêndio com mortes no Brasil: o incêndio do Gran Circo Norte-americano em Niterói, quando faleceram nos dois primeiros dias mais de 400 pessoas, e tantas outras foram mutiladas pela ação do fogo. Cenas dantescas viveu a cidade onde nascemos e vivemos e que foram por nós presenciadas.

Atribui-se a um psicopata, ex-empregado do circo, o fato de atear fogo à lona (inflamável) durante o espetáculo vespertino de domingo. Por mais de dez anos, a cidade não recebeu outro circo, sob o impacto dos terríveis momentos que presenciou na ocasião.

Em São Paulo, não menos impactante, porém com menor número de vítimas, ocorreram as tragédias dos edifícios Andraus e Joelma, documentadas tanto por fotografias como por filmes, o que não ocorreu no caso de Niterói.

Após esse incidente, as autoridades do Rio de Janeiro elaboraram um Código de Segurança Contra Incêndio e Pânico (COSCIP), por meio do Decreto nº 897, de 21 de setembro de 1976. Com isso, nenhum prédio no Rio de Janeiro tem sua planta aprovada se o seu projeto de segurança contra incêndio não atender ao COSCIP. Todavia, quando da construção do Hotel Nacional Rio, em 1972, não existia o COSCIP.

Quais as razões de ação cível movida por pessoas físicas contra o Hotel Nacional Rio? É o que será visto no corpo do laudo transcrito no Exemplo 12.1.

A primeira fase pericial ocorreu na esfera policial logo após o incêndio, em 27 de novembro de 1977. Esse laudo (policial) objetivou apurar responsabilidades que respondessem penalmente pelo evento, o que não ocorreu, pois o inquérito foi arquivado pelo Ministério Público, conforme será visto do corpo do laudo da esfera judicial na 22ª Vara Cível, na transcrição de parte do processo criminal que teve curso na 23ª Vara Criminal.

Nosso laudo, datado de outubro de 1980, teve, evidentemente, que se reportar aos fatos contidos no laudo policial e do Corpo de Bombeiros e aliados às observações e estudos procedidos *in loco*, ainda que decorridos três anos.

Alguém seria responsabilizado civilmente pelo ocorrido, e caberia, então, indenização aos parentes das vítimas. E assim entendeu tanto a 1ª instância, cuja sentença transcrita na íntegra foi prolatada pelo Exmo. Sr. Juiz Dr. PEDRO FERNANDO LIGIÉRO, quanto a 2ª instância, cujo Acórdão também transcrito a seguir teve como relator o Exmo. Sr. Desembargador Dr. JORGE FERNANDO LORETTI, confirmando parcialmente a sentença do Juiz *a quo*.

Nos cursos ministrados, são apresentados *slides* demonstrativos da disposição física (plantas) dos diversos pavimentos do teatro, pontos de saída natural e de emergência etc., assim como fotos dos locais onde os corpos foram encontrados e as opções que teriam de fuga, mostrando no laudo os elementos que convenceram o Juízo da decisão prolatada. Por razões de natureza técnica, as plantas não foram transcritas para este trabalho, devido às suas dimensões – ao reduzi-las, os seus detalhes mais importantes se tornariam imperceptíveis.

Reitera-se que o perito são os olhos técnicos do Juiz. Seu comportamento, quer ético, quer técnico-profissional, reflete-se no Magistrado que o indicou, o qual, embora não esteja adstrito ao laudo para prolatar sua decisão, na grande maioria adota integralmente esse laudo, por significar a expressão do que o levou a nomear o perito para esse múnus público: a confiança depositada. Das informações do perito e das suas conclusões, o Juiz colherá parte ou todos os elementos de convicção para decidir.

Assim, o perito tem que possuir absoluta consciência do papel que representa perante a sociedade que recorre ao Judiciário. Do seu bom preparo técnico, de sua honestidade e do seu amor ao trabalho nascerá justiça. Pelo contrário, se fizer da qualificação que lhe foi honrosamente confiada, ou por falta de capacidade técnica ou por dolo, um perigoso instrumento resultando em danos por vezes irreparáveis a uma das partes, o perito terá de arcar com os ônus advindos de conduta imprópria, quer na esfera cível, quer na esfera penal.

Em síntese, o perito é um Juiz técnico que não tem o poder de decisão, mas sim o dever de fornecer o maior número possível de informações de natureza técnica ao Magistrado que conduz o Feito, através de laudo minucioso e elaborado consoante as normas que regem a matéria.

A seguir, apresenta-se o laudo do Hotel Nacional Rio.

Exemplo 12.1 Hotel Nacional Rio
LAUDO

Exmo. Sr. Dr. Juiz de Direito da 22ª Vara Cível do Rio de Janeiro, RJ

Escr.: Terezinha
Processo nº 44.498
Ação: Ordinária
Autores: HELENA TSHESTNAKOVA e OUTROS
Ré: EMPRESA HOTÉIS REUNIDOS S.A – HORSA HOTEL NACIONAL

SÉRGIO ANTONIO ABUNAHMAN, engenheiro registrado no CREA sob o nº 1.445-D/RJ, honrado por V. Ex.ª como Perito do Juízo na Ação suprarreferida, após ser compromissado compareceu ao local em companhia dos assistentes técnicos das partes, engenheiro SÉRGIO MAGALHÃES (dos Autores) e engenheiro CELSO APRÍGIO GUIMARÃES NETO (da Ré), e vem apresentar o seu laudo na forma que se segue:

Histórico

Trata-se de Ação Ordinária movida por HELENA TSHESTNAKOVA, mãe de IRENE TSHESTNAKOVA, e por HELDER VAZ DE MELLO e s/m MARIA OFÉLIA ROSA MARINS VAZ DE MELLO, genitores de MARIA ELIZÉA MARTINS VAZ DE

MELLO, contra a EMPRESA HOTÉIS REUNIDOS S.A – HORSA, proprietária do HOTEL NACIONAL do Rio de Janeiro.

No dia 27 de novembro de 1977, ocorreu um incêndio nas dependências do Teatro Pedro I, situado no Centro de Convenções do Hotel Nacional (pavimento térreo), no qual faleceram 11 (onze) pessoas, entre elas as filhas dos Autores, a primeira sendo professora de *ballet* e a segunda, uma aluna.

A professora IRENE lecionava no Colégio Notre Dame, a quem foi alugado o Teatro para apresentações de *ballet* clássico daquele colégio, onde MARIA ELIZÉA estudava.

Na Ação presente, os Autores objetivam indenização por parte da empresa Ré, alegando a culpabilidade desta no evento.

Feitas essas considerações, passemos aos quesitos da Ré.

Quesitos da Ré (fl. 216 dos Autos)

1º quesito: Descrever sucintamente os prédios do edifício principal do Hotel Nacional do Rio de Janeiro e o do seu Centro de Convenções, informando como os prédios se comunicam, não só para efeito do público em geral, frequentadores, hóspedes, visitantes etc., como também para efeito dos respectivos e recíprocos serviços.

Resposta: O conjunto que constitui o Hotel Nacional é um complexo arquitetônico constituído de dois prédios que se intercomunicam, conforme será mostrado.

A parte destinada aos apartamentos está edificada numa torre circular, e o Centro de Convenções (objeto da Perícia), em edificação com quatro níveis: subsolo, térreo, sobreloja (mezanino) e 2º pavimento (salão de banquetes). A laje de teto do 2º pavimento abriga uma quadra descoberta de tênis. A laje de piso estabelece comunicação, em forma de marquise (foto nº 11), com a torre do Hotel.

As outras vias de intercomunicação do Centro de Convenções com o Hotel são a passagem com início na Av. Niemeyer sob a marquise citada (foto nº 2), que liga o térreo do Centro de Convenções (foto nº 10) com a recepção do Hotel, e a passagem (túnel) no subsolo com acesso pela porta vista na foto nº 14, que à data do sinistro foi arrombada, servindo de passagem para diversas pessoas que escaparam do incêndio.

Partindo do *hall* de entrada do Centro de Convenções (foto nº 10), atinge-se o subsolo através de escada circular e de dois elevadores, cujas disposições são mostradas nas plantas baixas anexadas ao laudo.

O subsolo é dividido em salão de exposição, salas de máquinas e equipamentos e salões de serviço do hotel. Nesse subsolo, existem duas saídas de emergência para o exterior, localizadas nos fundos do salão de exposição e vistas externamente nas fotos n° 3 (assinalada pela seta vermelha "2") e n° 4 (assinalada pela seta vermelha "B"). Há ainda, no subsolo, um túnel de comunicação (passagem de serviço) com a torre do Hotel Nacional, com acesso pela porta vista na foto n° 14, que foi arrombada no dia do incêndio (anteriormente, era porta de grades), na parte da frente do salão de exposições. Esse túnel dá acesso ao depósito de louças, depósito de bebidas, almoxarifado e oficinas, passando sob a rua existente entre os dois prédios.

Na planta baixa n° 570 anexada foram assinaladas:

- *Em vermelho*: as duas saídas de emergência e a escada que vai ao *hall* do pavimento térreo (teatro) e continua até o 2° pavimento (salão de banquetes), passando pelo mezanino (sobreloja).
- *Em verde*: a passagem de serviço (acesso ao túnel).

O pavimento térreo (entrada do Centro de Convenções – foto n° 10), onde se situa o Teatro Pedro I, tem acesso ao nível da rua coberta, sendo composto de lojas comerciais na parte da frente, situadas antes da entrada com o letreiro Centro de Convenções (foto n° 10), *foyer*, salão de exposições, auditório com 1.500 lugares (foto n° 7), sanitários, depósitos, salas de equipamentos, palco e bastidores. Esse pavimento é visto na planta baixa n° 375 anexada ao laudo, com 5 (cinco) vias de saída, que são:

1. A própria entrada (foto n° 10) assinalada em vermelho.
2. Uma saída na lateral direita (considerando-se a frente do centro como entrada), situada a sete metros do primeiro degrau da escada circular nesse pavimento e vista externamente na foto n° 3 (assinalada na foto pela seta vermelha "1").
3. Uma saída na lateral direita (parte dos fundos), vista externamente na foto n° 3 (assinalada na foto pela seta vermelha "4"). Os corpos das filhas dos Autores foram encontrados no mezanino sobre a "linha de chamada" dessa saída (assinalada pela seta azul "3");
4. Uma saída na lateral esquerda, aos fundos, vista externamente na foto n° 4 (assinalada pela seta vermelha "A");
5. Uma saída na parte de fundos do teatro, assinalada em verde, que dá acesso à porta nomeada em planta "entrada de serviço-auditório", através de escada, por estar em nível um pouco superior, e vista externamente nas fotos n° 5 (assinalada pela seta "C") e n° 6 (idem).

Na sobreloja, que denominaremos mezanino (planta n° 376), foram encontrados os 11 (onze) corpos dos que pereceram no incêndio, segundo consta do laudo pericial da Secretaria de Segurança Pública (fl. 16 dos Autos). Destes, 3 (três) corpos foram encontrados no local mostrado na foto n° 9, entre eles os das filhas dos Autores, segundo declaração do Cel. LINO TEIXEIRA, administrador do Hotel Nacional.

Essa parte situa-se sobre a saída de emergência do teatro, assinalada na foto n° 3 pela seta vermelha "4", e à época do incêndio era fechada, com janelas fixas de vidro. Hoje o sistema está modificado para janelas basculantes, conforme mostra a foto n° 9, com as maçanetas assinaladas pelas setas azuis. Essa laje do mezanino situa-se a 3,13 (três vírgula treze) metros do nível do solo.

O mezanino tem acesso pela escada circular já mencionada. Essa escada tem o primeiro degrau situado a 40,00 (quarenta) metros do local onde foram encontrados os corpos, sendo que esse caminho está assinalado em vermelho pontilhado.

O acesso para o mezanino é feito pela escada circular e por dois elevadores. Aos fundos há uma porta, vista na foto n° 08, aberta após o projeto original. Por essa porta processa-se o acesso à porta de saída para o exterior vista nas fotos n° 5 e n° 6 (assinalada pela seta vermelha "D").

O mezanino é constituído de *foyer*, circulação, 2 (dois) salões de reunião, parte com acesso independente pelas lojas do térreo, 17 (dezessete) salas, 4 (quatro) salas para ar-condicionado, camarotes, 5 (cinco) camarins, "vazio" do palco, cabines de rádio, de projeção e de imprensa.

Nos fundos do mezanino, junto aos camarins, existem duas escadas que dão acesso aos bastidores do pavimento térreo (teatro), destinadas à circulação dos artistas e funcionários qualificados.

A porta vista na foto n° 8 estava trancada no dia do incêndio. Essa porta, que não constava da planta original, foi aberta na "caixa" no mezanino. Originalmente, a porta "D" (fotos n° 5 e n° 6 – externamente) estabelecia comunicação do térreo, exteriormente, com a cozinha do 2° pavimento (salão de banquetes) sem nenhuma abertura para o mezanino. A distância entre o local onde os corpos foram encontrados e essa porta é de cerca de 25,00 (vinte e cinco) metros, indicada na planta n° 376 em verde pontilhado. Essa porta, segundo declaração do administrador do Hotel, não é saída de emergência do mezanino. Assim, a única via de saída seria a própria escada circular existente no *foyer*, situada a 40,00 metros do local onde os corpos foram encontrados, e que produz acesso ao pavimento térreo e ao 2° pavimento (salão de banquetes), onde as portas de emergência (fotos n° 12 e n° 13) estavam fechadas a cadeado.

A escada circular que comunica os diversos níveis do Centro de Convenções apresenta o seguinte número de degraus:

a. do térreo ao subsolo: 22 degraus;

b. do térreo ao mezanino: 21 degraus;

c. do mezanino ao 2° pavimento: 25 degraus.

Do local onde estavam os corpos até a saída de emergência do pavimento térreo (foto n° 3 – seta vermelha "1"), as vítimas teriam que percorrer:

40,00 metros + 21 degraus + 7,00 metros

Do local onde foram encontrados até a 1ª porta de emergência no 2° pavimento, já que as demais estavam trancadas, as vítimas teriam que percorrer:

40,00 metros + 25 degraus + 34,00 metros (distância entre a escada e a 1ª porta de emergência do 2° pavimento, assinalada em vermelho pontilhado na planta n° 377)

O 2° pavimento é constituído pelo salão de banquete (onde está a porta de emergência das fotos n° 12 e n° 13), salão de *cocktails*, cozinha, frigoríficos, depósitos, banheiros, *hall*, *show-room*, 6 (seis) compartimentos de ar-condicionado, compartimento de caldeiras e cabines, conforme planta baixa n° 377 anexada ao laudo. O acesso esse pavimento é feito pela escada circular mencionada (25 degraus entre o mezanino e o pavimento) e pelos dois elevadores.

Esse 2° pavimento tem as saídas de emergência (assim nomeadas pelos letreiros vistos sobre as elas – foto n° 13) dirigidas para o terraço que se estende como marquise (foto n° 11), comunicando o prédio de Centro de Convenções com a torre do Hotel Nacional. Na parte dos fundos, assinalada na planta n° 377 por seta verde, localiza-se uma porta que comunica esse pavimento com o exterior através da porta "D", vista nas fotos n° 5 e n° 6, passando internamente pela "caixa" vista na foto n° 8, onde foi feita uma porta após a construção do hotel.

Assim, o 2° pavimento tem como comunicação com o exterior as 6 (seis) portas situadas na lateral esquerda, das quais 3 (três) são no interior do salão de banquetes e designadas como "saídas de emergência", voltadas para a marquise, e a porta dos fundos (que não é nomeada saída de emergência), saindo na porta "D" dos fundos do Centro de Convenções.

Quanto à comunicação entre os dois prédios, têm-se:

a. Para efeito de público: passagem aberta ao nível do pavimento térreo.

b. Para efeito de serviço: passagem subterrânea cujo acesso se faz pelo subsolo (porta vista na foto nº 14).

Há ainda que se acrescentar que existe a comunicação feita através da marquise (cobertura da passagem dita no item (a) e que teria o efeito de EMERGÊNCIA), visto que as portas do 2º pavimento (fotos nº 12 e nº 13) são SAÍDAS DE EMERGÊNCIA, conforme encimado por placas.

2º quesito: Esclarecer e descrever a localização, a serventia e a utilização da passagem subterrânea de serviço que também liga os dois prédios mencionados por baixo da rua pública existente entre eles, abaixo do nível do Teatro daquele Centro de Convenções, e cuja porta estaria "fechada a cadeado" quando do incêndio ocorrido no mesmo Teatro no dia 27 de novembro de 1977 a que se refere esta ação.

Resposta: Conforme já foi dito no quesito anterior, essa porta (que era de grades) foi arrombada no dia do incêndio e por ela escaparam várias pessoas (no dia estava sendo realizada no subsolo uma reunião de *barmen*). Essa porta está indicada em tinta verde na planta nº 570, situando-se na parte esquerda da frente do salão de exposições do subsolo. Ela serve de acesso ao túnel que intercomunica os dois prédios e serve para trânsito do pessoal de serviço, operários, turma de manutenção e operações, tanto do hotel quanto do Centro de Convenções.

3º quesito: Informar se essa passagem subterrânea de serviço e sua respectiva porta podem ou poderiam, em alguma hipótese, ser consideradas como "portão principal ou saída de emergência" do aludido Teatro.

Resposta: No entender do Perito, não.

As saídas de emergência do Teatro seriam as indicadas na foto nº 3 pelas setas nº 1 e nº 4, e na foto nº 4 pela seta "A".

Existem ainda as outras saídas (a própria entrada do Centro de Convenções) e a porta aos fundos que se comunica através de escada com a porta "C" nos fundos do Centro (fotos nº 5 e nº 6). Obviamente, não pode ser chamada de "portão principal" ou "saída de emergência", quando existiam, mais próximas do local onde foram encontrados os corpos, as saídas no pavimento térreo.

Do local onde morreram até a porta de emergência (seta "1") no térreo, as vítimas deveriam percorrer a distância:

$$40,00 \text{ metros} + 21 \text{ degraus} + 7,00 \text{ metros}$$

Todas as vítimas, conforme já dito, foram achadas no mezanino, tendo o fogo se originado ao nível do teatro (1º pavimento). Do local onde foram encontradas para o 2° pavimento (onde o fogo não atingiu, segundo informações prestadas ao Perito), conforme exposto, elas teriam de efetuar a distância:

$$40,00 \text{ metros} + 25 \text{ degraus} + 34,00 \text{ metros}$$

Portanto, no entender do Perito, visto que o mezanino não tem saída direta para o exterior, como tem o 1° e o 2° pavimento, as suas saídas são as mesmas desses pavimentos, além da porta vista na foto n° 8 (que também estava fechada) e que comunica com a porta "D".

Assim, seriam essas as saídas utilizadas como emergência primeiramente, no lugar da saída do subsolo, pois, do local onde os corpos foram encontrados até a porta do subsolo (foto n° 14), teria de ser percorrida a distância:

$$40,00 \text{ m (do local à escada)} + 21 \text{ degraus (até o térreo)} + 22 \text{ degraus}$$
$$(\text{térreo ao subsolo}) + 26,00 \text{ m (da escada à porta assinalada em pontilhado}$$
$$\text{vermelho na planta n° 570)}$$

4° quesito: Confirmar que a porta fechada a cadeado que aparece na fotografia n° 64, que instrui o laudo dos Peritos Criminais, do Instituto Carlos Éboli, do Departamento Geral de Polícia Civil da Secretaria do Estado de Segurança Pública, constante de fl. 84 dos Autos desta ação e onde está manuscrito "Salão de bailes – 2° pavimento" e que na relação das fotografias que integram o laudo é definida como "dispositivo de trancamento de uma das portas do 2° andar", é realmente do salão de bailes e de festas do 2° pavimento ou 2° andar do Centro de Convenções, e não a daquela passagem subterrânea de serviço, e também nada tendo a ver, nem qualquer relação, com o mesmo Teatro.

Resposta: A mencionada porta (fl. 84, foto n° 64 do laudo do Instituto Carlos Éboli) é a vista nas fotos do Perito de n° 12 e n° 13.

Essa porta é nomeada como "saída de emergência" e se situa no salão de banquetes, e não na passagem subterrânea.

Podemos dizer que ela não é a saída de emergência do TEATRO (que está no 1° pavimento), e tem saídas de emergência próprias, conforme já esclarecido. No entanto, o mesmo não pode ser dito em relação ao mezanino, visto que esse piso não tem saídas de emergência próprias (à exceção da porta da foto n° 8, que não é "saída de emergência" e estava fechada) e suas saídas se processam pela escada circular para o térreo ou para o 2° pavimento. Portanto, no entender do Perito, as "saídas de emergência" do 2° pavimento também o são para o mezanino, onde foram encontrados todos os corpos das vítimas do sinistro.

5° **quesito:** Trazer ao processo qualquer outra informação útil ao esclarecimento da causa.

Resposta: Nada há a acrescentar ao que foi dito nesta série.

Quesitos dos Autores (fl. 230 dos Autos)

1° **quesito:** Queiram os peritos descrever minuciosamente o local do incêndio, analisando inclusive as suas instalações contra incêndio e indicando as vias de acesso, assim como outras portas e aberturas utilizáveis em caso de pânico dos seus ocupantes.

Resposta: O local foi amplamente descrito na série anterior.

O incêndio, segundo o laudo pericial da Secretaria de Segurança Pública, teve início próximo ao palco, na lateral esquerda (observador contra o palco), perto da saída de emergência (seta "A") para Av. Niemeyer (fls. 16 e 17 dos Autos). Segundo o laudo dos peritos da S.S.P. (fl. 18), originou-se em um dos dois prismas que ladeiam o palco, os quais fazem parte do sistema de exaustão forçada onde o ar penetra por "janelas" e é expelido na cobertura (nível da quadra de tênis), sendo que, quando do sinistro, apenas um dos prismas estava em funcionamento (justamente o do lado da origem do fogo). O Perito constatou ainda que o prisma (fotos n° 65/72 do Processo) da direita (considerando-se a frente do Centro de Convenções) não está em funcionamento. Nesses prismas, de seção retangular e hoje recobertos externamente por placas de cortiça, passa considerável número de fios de eletricidade dos refletores. O foco específico do incêndio não foi perfeitamente definido, admitindo os técnicos ter havido grande emissão de calor no interior do prisma, provavelmente originado por sobrecarga nos circuitos elétricos (fl. 19) de alimentação dos *spots*. O incêndio propagou-se de forma "rápida e incontrolável" (fl. 19).

No que tange às instalações contra incêndio, o Perito verificou estar atualmente o Centro de Convenções dotado de vários extintores em carrinhos móveis, bem como pontos de mangueiras.

Não existe no laudo pericial da S.S.P. nenhuma alusão a deficiências no sistema contra incêndio, tendo o Promotor Público da 23ª Vara Criminal declarado em relatório ao Mm. Juiz daquela Vara que "os depoimentos das testemunhas deixam ver que as condições de manutenção e segurança do hotel estavam, na ocasião do sinistro, em perfeito estado" (fl. 116 dos Autos). Este item fica prejudicado por desconhecer o Perito a situação anterior ao sinistro, louvando-se no documento citado.

As vias de acesso, bem como as portas e aberturas utilizáveis em caso de pânico, foram descritas na série anterior.

2° quesito: Tendo em vista que, por ocasião do incêndio, o Teatro Pedro I do Centro de Convenções do Hotel Nacional (Av. Niemeyer, n° 769) não se encontrava lotado, por ali se estar realizando apenas o ensaio geral do Ballet Notre Dame, a utilização de todas as mencionadas saídas teria diminuído a densidade da fumaça e facilitado a evasão das vítimas?
Resposta: Sim.

3° quesito: A abertura da porta fechada a cadeado que comunica a passagem subterrânea de serviço do Teatro Pedro I com a rua teria facilitado, durante o sinistro, a referida evasão das pessoas que se encontravam no local do incêndio?
Resposta: Conforme já dito na série anterior, existiam outras saídas cujos acessos demandavam menor percurso em relação à porta citada e que foi arrombada. Essas saídas se localizavam no térreo e são indicadas pela seta "1", e a própria entrada de Centro de Convenções. Não há nenhuma declaração ou documento de que estas estariam fechadas.
Há nos Autos recortes de jornais que se referem a essa porta, mas ela foi arrombada e os que estavam no subsolo escaparam por ela, visto que os corpos das vítimas foram achados no mezanino.

4° quesito: O acionamento da aparelhagem extintora de incêndio e/ou desligamento da corrente elétrica pela Ré, através de seus prepostos, no momento do sinistro, teria também facilitado o salvamento das vítimas?
Resposta: Segundo o laudo dos peritos da S.S.P., o incêndio propagou-se de forma "rápida e incontrolável" (fl. 19).

A análise do termo "incontrolável" levaria a concluir da impossibilidade de controle do fogo. Consta que a corrente foi cortada pelo "desligamento automático da chave geral existente na subestação" (fl. 15). Pode não ter ocorrido instantaneidade entre o início do fogo e o desligamento, e quando este ocorreu já havia se iniciado a propagação, caso contrário o incêndio não chegaria às proporções que chegou.

O Perito não pode afirmar com segurança, mas teria de haver um imediatismo de alta proporção no controle e acionamento do equipamento contra incêndio para que fosse debelado de pronto, e, mesmo assim, devido às características dos materiais empregados na decoração, de acordo com o laudo dos peritos da S.S.P., a combustão foi rápida.

O quesito está prejudicado pela sua própria natureza, devido ao desconhecimento deste Perito das condições existentes no local no que tange à proteção contra incêndio, baseando-se no documento da autoridade do Ministério Público de fl. 116.

5º quesito: A ocorrência de curto-circuito, admitido como causa do incêndio, seria evitada pela rigorosa manutenção e boa conservação das instalações elétricas?

Resposta: O Perito não possui elementos para responder ao quesito, uma vez que não vistoriou o imóvel antes do evento.

6º quesito: Digam os peritos, examinando os laudos do Instituto Carlos Éboli e do Corpo de Bombeiros, se o fato de um dos prismas de expulsão de ar quente para o exterior encontrar-se com defeito, por ocasião do evento, indica a falta de regular conservação das instalações do Centro de Convenções.

Resposta: O Perito teve o cuidado de reexaminar os prismas citados e verificou que um deles continua desativado (o da direita, considerando o observador voltado para a entrada do Centro de Convenções). No entanto, o incêndio teve sua provável origem no prisma da esquerda, ou seja, no que estava em funcionamento (notar que o Perito considera os sentidos inversamente aos dos técnicos da S.S.P., por considerar este o correto – isto é, sentido do observador no interior da construção, voltado para a entrada). Não vemos relação entre um fato e outro. O que ocorreu é que o material de revestimento do prisma (carpete) era de fácil combustão, e a ativação do prisma, no caso, só poderia ter concorrido de forma a incrementar o fogo, visto que a combustão se efetua devido a quatro fatores, segundo a moderna teoria:

    a. presença de um combustível (agente redutor);
    b. presença de um ativador da combustão (ar – agente oxidante);
    c. existência e manutenção de certa temperatura mínima;
    d. reação em cadeia.

Na ausência de qualquer um desses fatores, a combustão se torna impossível.

No caso, mesmo que o foco tenha sido a sobrecarga elétrica, os elementos combustíveis foram materiais empregados no revestimento do prisma, na decoração, palco e poltronas. O ativador foi o oxigênio existente e o prisma ativado funcionou como "ativador".

No caso da manutenção de sistemas elétricos, a prevenção de incêndios dessa origem poderia se resumir no seguinte (de acordo com a Corporación de Seguridad y Prevencion de Acidentes – Santiago, Chile):

a. uso de condutores de diâmetros adequados e isolamento suficiente para evitar sobreaquecimento;
b. uso de isoladores ou dutos para condutores de acordo com as características da instalação;
c. emprego de interruptores, tomadas e bocais em bom estado e bem protegidos;
d. manter fusíveis e disjuntores com a capacidade necessária;
e. não sobrecarregar a linha;
f. efetuar inspeções periódicas, com observância principalmente nos isoladores (corrosão, fusão, desgaste), interruptores e tomadas (corrosão do metal, deterioração), e de todos elementos que operem com a corrente.

No caso de motores elétricos (o prisma operava para ventilação forçada, ou seja, com um motor):
a. instalação em lugares secos, sem umidade;
b. evitar sobrecarga no motor (isso pode ocorrer por queda de voltagem);
c. proteção para desligamento em caso de sobrecarga ou superaquecimento;
d. em motores trifásicos, evitar que se trabalhe apenas com duas fases em caso de se desconectar uma delas;
e. observância no equipamento de partida (arco voltaico, produzindo chispas);
f. aterramento.

7º quesito: No caso afirmativo (deficiente conservação), tal deficiência deve ser considerada fator de intensificação e/ou de propagação do incêndio?
Resposta: Conforme já dito no quesito anterior, a desativação do prisma teria efeito contrário, ou seja, não ajudaria a propagação do incêndio pelos motivos citados.

O Perito não teve conhecimento das condições da instalação elétrica quando do sinistro e descreveu no quesito antecedente as normas de prevenção adequadas e preconizadas para esses casos.

O fato é que o incêndio ocorreu e, segundo os técnicos da S.S.P., por "probabilidade máxima" por sobrecarga nos circuitos de alimentação dos refletores.

Encerramento

Tendo concluído o presente laudo em 14 (quatorze) folhas de papel formato ofício datilografadas de um só lado, 14 (quatorze) fotografias coloridas e enumeradas, 04 (quatro) plantas baixas, sendo uma do subsolo (n° 570), uma do pavimento térreo-teatro (n° 375), uma do mezanino (n° 376) e uma do 2° pavimento (n° 377), tudo devidamente rubricado pelo Perito que subscreve este laudo,

Requer sua juntada aos Autos para que produza um só fim e efeito de Direito.

Nestes termos,
Pede deferimento

Rio de Janeiro, 15 de outubro de 1980

Eng. Sérgio Antonio Abunahman
Perito do Juízo

Sentença
Vistos etc.

HELENA TSHESTNAKOVA, HELDER VAZ DE MELLO e sua esposa MARIA OFÉLIA ROSA MARTINS VAZ DE MELLO propuseram contra EMPRESA HOTÉIS REUNIDOS S.A HORSA – proprietária do HOTEL NACIONAL a presente

Ação ordinária
Para haver reparação de dano, com fulcro na culpa aquiliana, porque no dia 27 de novembro de 1977, por volta das 14h e por força de incêndio no Teatro Pedro I, no Hotel Nacional, da Ré, faleceram 11 pessoas, dentre elas Irene Tshestnakova, filha única da primeira Autora, e Maria Elizéa Martins Vaz de Mello, filha dos dois outros Autores.

O fato ocorreu quando o *ballet* clássico do Colégio Notre Dame, que utilizava o teatro mediante aluguel, preparava a apresentação ali programada, e resultou de negligência da Ré quanto à manutenção e segurança das dependências do Hotel Nacional.

A vítima Irene era professora de dança clássica, integrante do corpo de *ballet* do Teatro Municipal, e Maria Elizea, estudante e partícipe do *ballet*.

Alegam mais os Autores que a Ré responde objetivamente pela reparação do dano.

Inicial com documentos (fls. 1-134).

Citada. A Ré apresentou sua contestação de fls. 143-151, com os documentos de fls. 152-176, sustentando:

a. Preliminarmente: os Autores, juntando grande número de papéis e documentos, não provaram a qualidade de pais.

b. No mérito: não agiu com dolo ou culpa.

Instaurada a investigação criminal, os peritos criminais não concluíram por reconhecer responsabilidades da Ré.

O inquérito foi arquivado após promoção do Ministério Público, que não vislumbrou qualquer ilícito. Ao contrário, firme na prova penal, reconheceu que as condições de manutenção e segurança do hotel estavam em perfeito estado no momento do sinistro.

A hipótese não é de responsabilidade objetiva. Sem prova de culpa da Ré, por ação ou omissão culposa, não pode ser ela condenada.

A porta que estava fechada a cadeado não é nem o portão principal nem uma das saídas de emergência do teatro, mas uma passagem subterrânea de serviço, por baixo da via pública, que liga o Hotel ao seu Centro de Convenções.

A presença das pessoas no Teatro, na hora do incêndio, não era necessária. Deveriam os Autores reclamar do Colégio Notre Dame ou do Curso de Ballet a indenização. Cumpre, ainda, aos Autores, a prova dos danos.

Réplica (fls. 178-182).

Saneador (fl. 200) e seu complemento de fl. 215 v°.

Perícia, estando os laudos do assistente médico da Ré nas fls. 262-273, do perito médico nas fls. 279-286, do perito engenheiro nas fls. 307-338, do assistente engenheiro das Autoras nas fls. 340-347, e do assistente engenheiro da Ré nas fls. 349-358.

Audiência de instrução e julgamento conforme ata de fl. 379, onde não frutificou a conciliação tentada, sendo colhidos os depoimentos de três testemunhas das Autoras (fls. 380-382).

É o relatório.

TUDO BEM VISTO E EXAMINADO, DECIDO:

Por evidente que a hipótese é de responsabilidade extracontratual, não respondendo a Ré objetivamente, posto que os Autores optaram por, abandonando possível relação contratual, demandar a indenização diretamente ao causador do dano. Portanto, com fulcro no ato ilícito.

A questão preliminar foi superada com a juntada de fls. 187-188.

Observe-se ainda que o arquivamento da investigação criminal, e mesmo a anterior decisão de outro magistrado, então em exercício nesta Vara (fls. 169-172), não exercem qualquer influência na presente. Aquela porque mesmo a absolvição penal não vincula o Juízo civil. Até porque, aqui, e no caso, vigora, diversamente de lá, a parêmia: *in lex aquilia et levissima culpa venit*.

A questão, tormentosa e infelizmente sensacionalista, encontra, a nosso ver, solução seguríssima se nos orientarmos pela lição da melhor doutrina, posto que se cuida de dano resultante de incêndio, hipótese pouco comum a exigir solução pela inversão do ônus probatório.

Aguiar Dias, em sua conceituada obra, recomenda o seguinte, para hipóteses como essa:

> 43. Se é relativamente fácil provar o prejuízo, o mesmo já não acontece com a demonstração de culpa.
>
> A vítima tem à sua disposição todos os meios de prova, pois não há, em relação à matéria, limitação alguma. Se, porém, fosse obrigada a provar, sempre e sempre, a culpa do responsável, raramente seria bem sucedida na sua pretensão de obter ressarcimento.
>
> Os autores mais intransigentes na manutenção da doutrina subjetiva reconhecem o fato e, sem abandonar a teoria da culpa, são unânimes na admissão do recurso à inversão da prova, como fórmula de assegurar ao Autor as probabilidades de bom êxito que de outra forma lhe fugiriam totalmente em muitos casos.
>
> Daí decorrerem as presunções de culpa e de causalidade estabelecidas em favor da vítima: com esse caráter, só pela vítima podem ser invocados.
>
> Assim, o princípio de que ao Autor incumbe a prova não é derrogado em matéria de responsabilidade civil, mas recebe, nesse domínio, em lugar e seu aparente sentido absoluto, uma significação especial, que, por atenção a outra norma (*reus in excipiendo fat autor*), vem a ser esta: "aquele que alega um fato contrário à situação adquirida do adversário é obrigado a estabelecer-lhe a realidade".

Ora, quando a situação normal, adquirida, é a ausência de culpa, o Autor não pode escapar à obrigação de provar toda vez que, fundadamente, o Réu consiga invocá-la.

Mas se, ao contrário, pelas circunstâncias peculiares à acusação, outra é a situação-modelo, isto é, se a situação normal faça crer na culpa do Réu, já aqui se invertem os papéis: é o responsável que incumbe mostrar que, contra essa aparência que faz surgir a presunção em favor da vítima, não ocorreu culpa de sua parte. Em tais circunstâncias, como é claro, a solução depende preponderantemente dos fatos da causa, revestindo de considerável importância o prudente arbítrio do Juiz na sua apreciação (Responsabilidade Civil, 4ª ed., v. I, nº 43, p. 113-114).

A situação, pois, se aproxima daquelas de inexecução contratual, em que o Réu só se libera com a prova das excludentes: força maior, caso fortuito, fato do princípio etc.

No caso dos autos, que culpa teriam as vítimas? A de tentarem, por todos os caminhos, e até os mais difíceis, alcançar o exterior? Positivamente que nada terão que provar, se, até entre as pobres vítimas (11 ao todo), cinco eram empregadas do Réu (fl. 16) e, por conseguinte, deveriam conhecer o conjunto arquitetônico melhor que elas.

Por outro lado, o Réu nada provou que pudesse excluir sua responsabilidade. E, para nós, inclusive, obrou com *culpa in vigilandum*. Sobretudo quando se sabe, e é notório, que não fora este o único incêndio. Ele explorava, mediante aluguel, o Teatro Pedro I. Portanto, a ele era imposto não apenas manter o Teatro com todos os requisitos contra incêndio, como também exercer permanente vigilância.

Durante o incêndio, em local em que as "saídas de emergência" tinham sua sinalização escondida, as portas de saída direta do local estavam "fechadas por fora". E as pessoas que se salvaram tiveram de bater demoradamente (fls. 380-381) ou tiveram que arrombar outra, no subsolo (fl. 333). Até mesmo na parte superior (mezanino), por onde as vítimas poderiam ter se evadido, os vidros não ofereciam condições de quebra (fl. 330).

Ora, incêndio não constitui caso fortuito, posto que, na maioria das vezes, resulta de *culpa in vigilandum*.

No caso dos autos, a perícia concluiu: "O sinistro em tela foi causado, conforme se admite em grau de probabilidade máxima, por acidente elétrico (sobrecorrente), da forma e no local acima identificados (fl. 19)".

E apurou, também:

> c) quando do evento, somente o prisma da direita se achava em funcionamento, enquanto o da esquerda se encontrava com defeito;
> [...]
> e) na parte inferior do palco existia outra bateria de refletores (spots) cuja ligação elétrica era efetuada através fiação que, percorrendo o interior do prisma de exaustão, saía para piso junto ao palco, por meio de abertura prensada na parte inferior da porta de visita.

Por outro lado, a prova oral (fls. 380-381) comprovou a forma deficiente dessa fiação e até do bebedouro jorrando água sobre uma tomada, e que durante os minutos trágicos as luzes continuaram acesas, gerando calor.

Nem se pode desprezar que foi por esse excessivo calor que se chegou ao incêndio total.

Quanto aos danos, verifico que os laudos médicos são quase que coincidentes.

Nas indenizações, há pontos de vista comuns que serão considerados para os Autores, a saber:

a. Dano moral: conquanto respeitosa a tese de que esteja inserida na indenização do patrimonial correspondente, entendo que, nesta hipótese particular, se justifique, plenamente, como indenização autônoma, por duas razões:
   - pela brutalidade do evento, de consumação quase que instantânea e dantesca, gerando profundo desequilíbrio emotivo;
   - pela condição especial das pessoas envolvidas. As vítimas eram artistas, dotadas de dons particulares e de alta sensibilidade, de resto comuns aos seus progenitores.

Tem-se então o valor do dano moral fixo em 12 salários mínimos, por cada vítima.

b. Despesas de luto, funeral e sepultura (fl. 285), como consta do laudo.

c. Correção monetária de todas as verbas solvidas com retardo, inclusive as comunicações processuais.

d. Juros de mora, custas e honorários de advogado, estes de 20% sobre o total da condenação, o qual é considerado como a soma das prestações vencidas, das vincendas pela sobrevida provável e das importâncias fixas.

No particular, as indenizações obedecerão ao seguinte:

1. Pela morte de Irene Tshestnakova:
   a. pensões vencidas até efetivo pagamento, como consta do laudo de fls. 279-285;
   b. pensões vincendas, pela sobrevida provável, idem, idem;
   c. demais verbas, como consta dos itens "a", "b", "c" e "d" supracitados.

2. Pela morte de Maria Ofélia Rosa Martins Vaz de Mello:
   a. pensões vencidas até efetivo pagamento, no valor de um salário mínimo, mensalmente, e até a data do efetivo pagamento;
   b. pensões vincendas, pela sobrevida provável, na mesma base;
   c. demais verbas, como consta dos itens "a", "b", "c" e "d" supracitados.

As prestações terão seus valores modificados na mesma proporção dos aumentos do salário mínimo.

Prestará a Ré capital para aquisição de tantas ORTN que às taxas legais produzam os rendimentos mensais futuros.

Por tais fundamentos,

JULGO PROCEDENTE A AÇÃO e condeno a Ré a prestar aos Autores indenizações independentes como acima descrito.

P.R.I.

Rio de Janeiro, 7 de julho de 1981

Pedro Fernando Ligiéro
Juiz de Direito

Acórdão

O Egrégio Tribunal de Justiça do Estado do Rio de Janeiro prolatou o acórdão seguinte:

5ª CÂMARA CÍVEL
APELAÇÃO CÍVEL Nº 9.824, DE 1981, DA COMARCA DA CAPITAL
AÇÃO ORDINÁRIA
APELANTE: HOTÉIS REUNIDOS S.A – HORSA
APELADOS: HELENA TSHESTNAKOVA E OUTROS
CLASSIFICAÇÃO (§ 1º do art. 174 do Regimento Interno): 1

Responsabilidade civil – Culpa decorrente de incêndio – Local de espetáculos – não acumulação de indenização por danos morais com a de lucros cessantes, baseada em igual origem – condenação em honorários, conforme o § 5º do art. 20, do CPC – Apelação provida parcialmente.

Age culposamente a responsável por local de espetáculos que não toma as providências preventivas, previsíveis e recomendáveis, em relação a possíveis danos resultantes de incêndio.

Acórdão

Vistos, relatados e discutidos os autos da Apelação Cível nº 19.824, de 1981, da Comarca da Capital, ACORDAM, por unanimidade, em sessão realizada em 22 do corrente, os Desembargadores que integram a 5ª Câmara Cível do Tribunal de Justiça do Estado do Rio de Janeiro em dar provimento parcial ao recurso para excluir a condenação em 12 (doze) salários mínimos por vítima, a título de dano moral, e estabelecer que a condenação em honorários deverá atender ao disposto no § 5º do art. 20 do CPC.

Ação Ordinária de indenização por perdas e danos, em face do falecimento de filhas dos Autores, ora apelados, em incêndio ocorrido em prédio da Ré.

Contestação alegando que os AA. não provaram suas condições de mãe e pais das vítimas; os documentos que anexaram não teriam valor jurídico; não ter culpa no evento, tanto assim que o Promotor de Justiça, ao pedir o arquivamento dos autos do inquérito policial, salientou que as condições de manutenção e segurança do prédio se encontravam em perfeito estado e que a ação proposta pela viúva de um dos mortos foi julgada improcedente; a responsabilidade (se existisse) seria do Colégio Notre Dame e do Curso de Ballet da Profª. Shirley Lins.

A réplica sustenta a aplicação à espécie do art. 1.521, IV, do Código Civil; ser a responsabilidade civil diversa da penal; e haver ocorrido *culpa in vigilando*.

Despacho Saneador – e seu complemento – irrecorridos.

Perícias, realizadas por médicos e engenheiros.

Audiência de Instrução e Julgamento, não tendo havido conciliação; ouvidas três testemunhas das AA.

A sentença entendeu superada a preliminar de legitimidade pela juntada das certidões de fls. 187-188; julgou procedente a ação, achando que caberia à Ré provar a ocorrência da excludente e o que não teria feito; sua culpa seria *in vigilando*; o incêndio não fora caso fortuito, pois fora comprovada a deficiência da fiação elétrica no local. Condenou-a a pagar: dano moral, fixado em 12 salários mínimos; as despesas de luto, funeral e sepultura em seis salários mínimos, em relação a cada vítima; e as indenizações, constantes do laudo de fls. 279-285, alteradas com os aumentos de salário mínimo, cabendo à Ré, ora apelante, adquirir ORTN, de molde a produzirem os rendimentos correspondentes. Condenou-a ainda em juros de mora, custas e honorários, estes na base de 20% sobre o total da condenação, a corresponder à soma das prestações vencidas e vincendas, estas pela sobrevida provável das vítimas, mais as importâncias fixas.

Apelação, argumentando com o inquérito policial e seu arquivamento; dizendo haver ficado provada a ocorrência de força maior e caso fortuito, uma vez que o local atendia às condições de segurança exigidas pela legislação específica; sustentando não caber a condenação em danos morais e dever o valor da condenação em honorários ser calculado sobre o das pensões vencidas, mais um ano das vincendas; pedindo um exame das pensões, calculadas no laudo de fls. 279-285; e alegando não caber à relativa a morte da menor, filha dos segundos AA.

Contrarrazões da apelada – fls. 417-431, com o oferecimento de documentos, sobre os quais se pronunciou a apelante.

De início é de se analisar a questão relativa à culpa da Ré. Do que se concluir emanarão, obviamente, as demais conclusões.

O argumento primordial da apelante é o de que não teria culpa, em face do inquérito policial haver sido arquivado, após minucioso exame do Promotor de Justiça da 23ª Vara Criminal, que concluíra por seu arquivamento, com a adesão do ilustrado Juiz de Direito – fls. 164-167.

A apelante ergue, em abono do ponto de vista da influenciação daquela decisão criminal, o disposto no art. 1.525 do Código Civil. Esse dispositivo, entretanto, não se aplica à espécie. Basta sua leitura, sem a necessidade de maiores indagações. Seu texto é contrário à pretensão da apelante, uma vez que o fato essencial foi comprovado no processo penal: trata-se do incêndio e sobre ele, em face justamente daquele preceito, não é mais possível questionar-se.

A citação de CARVALHO SANTOS, que se lê na apelação, também não aproveita à recorrente. O fato realmente foi culposo, contrário ao direito.

A imprudência da apelante foi indiscutível.

O laudo do Sr. Perito do Juízo, Dr. Sérgio Antonio Abunahman, leva a concluir-se pela ocorrência dessa culpabilidade, tanto assim que faz menção às instalações necessárias à prevenção de incêndios, que não existiriam, e das demais provas existentes concluem-se a imprudência e a negligência da A, que, além de não comprovar dispor daqueles recursos preventivos, não se preocupou em tomar outras medidas de proteção, mas, ao contrário, manteve material de fácil combustão em local de difícil escoamento de pessoas em número ponderável.

O acidente elétrico que foi a causa do evento resultou da circunstância de a aparelhagem condutora da corrente não se encontrar devidamente conservada, e a fácil propagação (que arrebatou a vida dos filhos dos AA.) decorreu da deficiente conservação do sistema preventivo de incêndio.

A apelante não cuidou do salão de seu Teatro com zelo recomendável, portanto, é civilmente responsável. A singela regra do art. 159 do Código Civil aplica-se à espécie. Não é admissível falar-se em caso fortuito ou força maior. A argumentação da sentença, quando conclui pela culpa, é irrespondível.

Referiu-se expressamente a seu provimento parcial. E, ao assim dizer, discriminou em itens o que pretende que seja excluído da condenação.

Assim, em virtude de concordar-se com a ocorrência de culpa da Ré, ora Apelante, mantém-se a sentença em seu aspecto básico; todavia, passa-se ao exame dos demais ângulos lembrados na apelação. O primeiro diz respeito à exclusão da condenação da Ré à indenização relativa a dano moral.

A sentença impôs a respeito uma dupla condenação, sob uma só égide. Além de fixar indenizações por lucros cessantes e pensões por mortes, determinou ainda uma condenação que arbitrou discricionariamente em 12 salários mínimos, para cada vítima, em face, como afirmou, da brutalidade do evento e da condição especial das pessoas envolvidas.

Essa acumulação não é aceitável, e nem a jurisprudência do E. Supremo Tribunal a admite. Leia-se na RTJ nº 84/626, acórdão da lavra do Ministro MOREIRA ALVES sobre hipótese idêntica, no qual é feita referência à decisão anterior, em igual sentido, proferida no RE 83.766.

Quanto à condenação em honorários, sustenta o apelante dever o respectivo cálculo ser efetuado de acordo com o art. 20, § 3º do CPC, c/c o art. 260 do mesmo Estatuto processual, enquanto a sentença determinou que o valor fosse arbitrado sobre o total da condenação, considerado este como a soma das prestações vencidas, das vincendas pela sobrevida provável e das importâncias fixas.

Em relação a esse ponto, é de se considerar que vigorava, quando da sentença, a Lei nº 6.745, de 5 de dezembro de 1979, que introduziu um parágrafo (5º) ao art. 20 do CPC, texto a ser aplicado aos casos pendentes. Logo, como estabelece aquele preceito, o cálculo de honorários deverá representar 20% da soma das prestações vencidas e do capital necessário a produzir a renda das vincendas.

Pede, ainda, a apelante que seja recalculada a pensão devida à primeira Autora, com o objetivo de ser diminuída.

Quanto a essa pensão, a sentença adotou a conclusão do laudo de fls. 279-285, que, ao calcular em 2/3 do que percebia a vítima, não fugiu às boas regras adotadas em casos assemelhados, porquanto a morta era o arrimo da família e arcava com todas as despesas do lar, inclusive com as pessoais e as de sua progenitora, que é a primeira Autora.

No que se refere à exclusão da condenação relativa à morte da filha menor dos segundos Autores, Helder Vaz de Mello e Maria Ofélia Rosa Martins Vaz de Mello, não assiste também razão à apelante. É tranquilo o ensinamento jurisprudencial, no sentido de ser indenizável o acidente causador do falecimento de filho menor. Esse lecionar se consolidou na Súmula 491, da mais Alta Corte: "É indenizável o acidente que cause a morte de filho menor, ainda que não exerça trabalho remunerado".

Dessa maneira, conclui-se: dá-se provimento parcial à apelação para excluir-se a condenação em 12 salários mínimos por vítima, a título de dano moral, em virtude de entender-se não ser a mesma acumulável com a que deverá ser paga, sob a feição de indenização por lucros cessantes; e estabelece-se que a condenação em honorários deverá atender ao disposto no § 5º do art. 20 do CPC, dispositivo acrescido pela Lei nº 6.745 de 5 de dezembro de 1979, mantida a sentença em seu restante.

Rio de Janeiro, 22 de dezembro de 1981

Des. Graccho Aurélio
Presidente e Revisor

Des. Jorge Loretti
Relator

12.1.2 Desabamento do edifício Saint-Marie, em Niterói

No dia 1º de setembro de 1982, às 16 horas, o edifício Saint-Marie desabou, quase num sentido de implosão. Tratava-se de prédio residencial praticamente concluído (felizmente não habitado, o que ocorreria três meses depois), composto de 56 apartamentos (metade deles com dois quartos e a outra metade, com um quarto) em 21 pavimentos, sendo o 1º pavimento (térreo) a portaria; o 2º, de uso comum; o 3º, salão de festas; o 4º, 5º e 6º, garagens; o 7º, pilotis; e o 8º ao 21º, pavimentos-tipo, seguidos de terraço e cobertura, onde se localizavam a caixa d'água, a casa de máquinas e a casa do zelador. O edifício tinha altura de 70,96 metros em relação ao nível do meio-fio. O calculista do prédio foi o Eng. JOSÉ AUGUSTO FERRÃO GRAVE, diplomado em Angola.

Essa foi a maior estrutura vertical residencial que desabou no Brasil até aquela data, felizmente sem vítimas a lamentar. Outras estruturas importantes que sofreram ruína foram:

a. O pavilhão de exposição da Gameleira, em Belo Horizonte, no dia 4 de janeiro de 1971, quando faleceram 64 pessoas e restaram 20 feridos. A quantidade de concreto envolvida foi de 10.000 toneladas. O processo criminal oriundo do evento gerou condenação ao calculista, concluindo por erro de cálculo na superestrutura.

b. O elevado Paulo de Frontin, no Rio de Janeiro, que desabou parcialmente em 20 de novembro de 1971, o que matou 29 pessoas, feriu outras 22 e danificou um caminhão, um ônibus e 20 automóveis. Do processo criminal, 11 acusados foram absolvidos e um foi condenado à sentença de um ano.

c. O edifício Palace II, em fevereiro de 1998, na Barra da Tijuca, Rio de Janeiro, com oito vítimas fatais a lamentar, que ainda está em processo na Justiça, tanto na área penal quanto na área cível.

No caso do edifício Saint-Marie, em Niterói, no dia após a ocorrência do desabamento (2 de setembro de 1982), o CREA-RJ criou através da Portaria nº 75/1982 uma Comissão Temporária para acompanhar as investigações sobre a ocorrência, face à legislação regulamentadora do exercício profissional dos responsáveis técnicos envolvidos na ocorrência, constituída pelos conselheiros CARLOS HENRIQUE RIBEIRO CAVALCANTI (Orientador), AMÉRICO RODRIGUES CAMPELLO, JOSÉ YENÉ DE MARCA, FÉLIX ERNEST STEFAN VON RANKE e SÉRGIO ANTONIO ABUNAHMAN, com o objetivo de oferecer sugestões à Presidência concernentes à referida ocorrência.

A Comissão teve como assessor o engenheiro ALMIR LUIZ ANTUNES, responsável pelos cálculos do elevado Paulo de Frontin após o desabamento, considerado um dos maiores calculistas do País.

No decorrer dos trabalhos foram ouvidas várias pessoas, tais como o calculista da obra, o engenheiro responsável, o dono da empresa construtora, a empresa responsável pelo controle tecnológico do concreto etc., além do exame documental dos relatórios pertinentes à obra.

Ficaram patenteadas a negligência com que se controlava a qualidade dos materiais em conduta, flagrantemente contrária às prescrições da NB-1 da ABNT, e a imprudência com que se executava a construção da estrutura em geral, permitindo-se a concretagem de peças estruturais de fundamental importância sem o devido acompanhamento por parte de qualquer engenheiro da empresa construtora.

Sem dúvida, a parte principal do relatório da Comissão diz respeito à Legislação Profissional. No Exemplo 12.2 é transcrito o comentário final da Comissão.

Exemplo 12.2 Edifício Saint-Marie
Comentário final

MINISTÉRIO DO TRABALHO
CONSELHO REGIONAL DE ENGENHARIA, ARQUITETURA E AGRONOMIA
DO ESTADO DO RIO DE JANEIRO (CREA-RJ)

II – A legislação profissional

A Engenharia Civil registra, na crônica de sua história em nossa Região, acidentes anteriores ao ocorrido com o edifício Saint-Marie, os quais comoveram a opinião pública, em geral, e o meio técnico especializado, em particular. É, todavia, imperioso assinalar que tais acidentes ocorreram sob circunstâncias nitidamente diferentes daquelas que acercam o desabamento do prédio em questão, conforme se poderá deduzir ao longo da presente explanação. Assim é que circunstâncias novas, de caráter generalizado, se vêm acrescentando à técnica de edificações urbana em nosso País, especialmente em suas grandes metrópoles, algumas das quais se destacam a seguir, para particular comentário:

1. *A intimidade do Engenheiro Civil brasileiro* com a obra monumental, nascida de seu convívio com grandes construções em seu trabalho diário, vem progressivamente minando a indispensável cautela e fazendo com que se abandonem clássicos hábitos de segurança e prudência tradicionalmente recomendados para a construção de edifícios em geral, mormente no que respeita à sua concepção estrutural.

2. *A crescente monumentalidade das obras* faz com que se venham avultando os esforços solicitantes internos a que se submetem as estruturas. Contrariamente ao que seria desejável, verifica-se não ocorrer, em contrapartida, maior liberdade ao dimensionamento das peças estruturais, o qual permanece, via de regra, limitado por estritas imposições de ordem arquitetônica que se tornam, assim, perigosamente exigentes.

3. *A limitação restritiva* ao uso de seções transversais cautelosas conduz à inevitável obrigatoriedade de uso de grandes quantidades de armaduras em estruturas de concreto armado, o que muitas vezes resulta em seções extraordinariamente congestionadas por excesso de barras de aço, submetendo as peças estruturais a situações desfavoráveis no que respeita à sua concretagem. Simultânea e paralelamente, não só se aumentam os diâmetros das barras utilizadas, como também se concentram essas barras de tal modo que condições normativas de segurança passam a ser atendidas em seus limites extremos, quando o são.

4. *Em consequência do aumento* de aspectos negativos em relação à segurança da obra, anteriormente citados, e como forma de compensá-los, aumentam-se as tensões a que se podem submeter os materiais, exigindo-se destes melhores desempenhos. Assim, o concreto e o aço têm suas resistências aumentadas, para que possam absorver elevadas tensões de trabalho; em contrapartida, deve-se, imperiosamente, exigir o mais restrito rigor no controle tecnológico da qualidade de tais materiais.

Em face do exposto, conclui-se vir ocorrendo, *sempre em sentido mais desfavorável à sua segurança*, as circunstâncias que envolvem o funcionamento das estruturas de edificações, submetendo-as, invariavelmente, mesmo em obras de médio porte, a condições mais severas de trabalho.

No entanto, a conduta de grande contingente dos engenheiros civis e arquitetos em geral, particularmente os mais modernos, ao contrário do que se deveria esperar, não está se tornando mais exigente quanto à qualidade do produto final de seu trabalho. Eles muitas vezes dispensam mesmo uma imprudente indiferença ao aperfeiçoamento do detalhe, seja no projeto ou na execução da obra. É possível que se possa creditar tal comportamento à força de antigos "hábitos de obra", que, se eram aceitáveis no passado, hoje se tornam inadmissíveis, em decorrência das novas circunstâncias que envolvem as edificações, apontadas nos itens 1 a 4.

É de se ressaltar, também, o fato notório de se vir constatando a crescente presença de engenheiros ainda inexperientes à frente de obras *sem qualquer assistência orientadora por parte de profissionais especializados*, assumindo riscos que nem sequer sabem avaliar, por ignorá-los em face de sua inexperiência profissional. Cabe, a esse respeito, maior comentário: assim é que, na indústria de grandes empreendimentos em geral, se verifica a constância da existência de carreiras de acesso do engenheiro, desde posições iniciais de menor responsabilidade até posições finais de chefia. Assim, ao iniciado na profissão (denominado "engenheiro júnior") nunca é delegada a missão de conduzir ou executar trabalho técnico sem a orientação de profissional experiente e especializado (denominado "engenheiro sênior"). Tal é a prática corrente em empresas atuantes em atividades relacionadas às Engenharias Química, Metalúrgica, Aérea, Naval, Automotiva etc. Não o é, todavia, na Engenharia Civil, particularmente no que diz respeito à construção de edifícios residenciais ou comerciais, na qual se constata a acima citada "crescente presença de engenheiros inexperientes" sem apoio de qualquer assistência técnica superior. Assim, configura-se comportamento gravemente imprudente de empresários do meio da Engenharia de Edificação Civil (muitos dos quais leigos nas questões técnicas envolvidas em seus empreendimentos), os quais admitem riscos inaceitáveis pelas consequências trágicas que poderão advir de acidentes com tais obras. Tudo isso sob absoluto amparo da legislação vigente. Conclui-se, portanto, que A CAUTELA DEVERÁ SER INSTITUÍDA POR FORÇA DE LEI; PARA TANTO, DEVERÁ SER ALTERADA NOSSA LEGISLAÇÃO PROFISSIONAL, de tal modo que sejam acionados mecanismos capazes de minimizar a probabilidade de repetição de acidentes como o ocorrido com o edifício Saint-Marie.

III – A legislação educacional

A crescente evolução na grandiosidade das construções da Engenharia Civil é uma constante que se desenvolve paralela e simultaneamente ao extraordinário desenvolvimento no campo da ciência e da tecnologia. O advento do *computador eletrônico de alta velocidade*, equipamento que permitiu vertiginoso desenvolvimento nas técnicas de projeto e hoje é difundido e vulgarizado no meio técnico-científico através dos microcomputadores, aliado ao *maior conhecimento do comportamento dos materiais*, decorrente do aprimoramento das técnicas e equipamentos de pesquisa tecnológica, tem conduzido a Engenharia Civil a uma etapa de monumentalidade. No que diz respeito à construção urbana, o elevado custo de espaços destinados à moradia vem impondo, por pressões de origens que não nos cabe analisar, o permanente aumento do porte das edificações, elevando-as à categoria de grandes estruturas, merecedoras de cuidados especiais no seu projeto e construção. EXIGE-SE, PORTANTO, MAIOR APURO NO CONHECIMENTO TÉCNICO-CIENTÍFICO QUE REGE A ARTE DE CONSTRUIR, concluindo-se pela imperiosa necessidade de se transmitir com maior rigor o conhecimento de técnicas atualizadas que evoluem em velocidade vertiginosa. EXIGE-SE AINDA MAIOR APURO E RIGOR NO CAMPO EDUCACIONAL EM GERAL, E NO ENSINO UNIVERSITÁRIO QUE FORMA OS PROFISSIONAIS, sobre os ombros dos quais pesará a responsabilidade de projetar e construir obras monumentais de grande risco, com toda a segurança no que diz respeito a seus limites de ruína e funcionalidade. As necessidades de conhecimento crescem, avoluma-se o conhecimento humano no campo da Engenharia Civil. Consequentemente, AVOLUMA-SE A QUANTIDADE DE ENSINAMENTO PROFISSIONAL A TRANSMITIR ÀS NOVAS GERAÇÕES.

Ocorre, portanto, no campo da educação, a necessidade imperiosa de se manter atualizada a legislação educacional, mormente naquelas atividades cujo exercício possa constituir risco à tranquilidade da sociedade brasileira.

Conclui-se, assim, pela inadiável oportunidade de se mobilizar o sistema CONFEA/CREA no sentido de que desenvolva, a título de cooperação com os setores responsáveis pela educação superior em nosso País, estudo e pesquisa para determinação de eventuais causas que possam estar comprometendo a estrutura de ensino da Engenharia com acidentes no campo profissional, como o ocorrido com o edifício Saint-Marie.

IV – Investigação e perícias: causas do acidente com o edifício Saint-Marie

Conforme estabelecido, como premissa básica, no item (a) da introdução ao presente relatório, não competiu à Comissão determinar as causas do acidente ocorrido com o edifício Saint-Marie; investigação com tal objetivo vem sendo conduzida por órgão governamental (Instituto Carlos Éboli), que para tanto se acha legalmente credenciado e demanda não só uma criteriosa verificação do projeto estrutural, como também numerosos testes de determinação da qualidade dos materiais utilizados na obra, capacidade de carga do solo, ocorrências excepcionais que possam ter incidido momentaneamente etc. Dessa forma, as investigações efetuadas pela Comissão se cingiram ao âmbito do que ficou estabelecido nos itens (b) e (c) da referida introdução.

Assim é que, examinada a documentação disponível e consideradas as declarações prestadas pelos engenheiros direta ou indiretamente envolvidos na ocorrência, esta Comissão conclui que a técnica aplicada à construção do edifício Saint-Marie se encontrava comprometida pelo *comportamento imprudente* daqueles que a conduziam. Dentre outras, ressalta grave imprudência na aceitação, como definitivos, de dados mínimos visivelmente deficientes para a interpretação da capacidade de carga do solo, configurando-se integral desrespeito às recomendações da NB-12 da ABNT, imprudência essa diretamente proporcional ao vulto da construção.

Outrossim, é necessário registrar que, das entrevistas conduzidas por esta Comissão, ficaram patenteadas a *negligência* com que se controlava a qualidade dos materiais, em conduta flagrantemente contrária às prescrições da NB-1 da ABNT, e a *imprudência* com que se executava a construção da estrutura em geral, muitas vezes permitindo-se a concretagem de peças estruturais de fundamental importância sem o devido acompanhamento por parte de qualquer dos engenheiros da empresa construtora. A esse respeito, é oportuno mencionar opiniões de especialistas, dentre as quais registramos as que se seguem:

> É óbvio que se o engenheiro estruturista projeta tendo em vista a técnica de hoje, mas a técnica de execução e o controle tecnológico seguem rotinas obsoletas de outras épocas, em tais estruturas o coeficiente de segurança poderá ser muito menor do que pensam os interessados na obra, mesmo que não haja o colapso. Este ocorre quando o somatório de erros ultrapassa todos os limites. (Dr. Francisco de Assis Basílio, em *O controle de qualidade do concreto em obras correntes*, apresentado no Colóquio do Instituto Brasileiro de Concreto em setembro de 1973).

> *En general, cada vez se tiende más a aprovechar la experiencia y a no olvidar los fracasos y esta es una buena filosofía que está dando magníficos resultados en las obras que se están realizando en los últimos años; sin embargo todavía, por desgracia, hay quien ignora o menosprecia las recomendaciones y prescripciones que existen y, por lo tanto, condena al hormigón a que sea enfernizo y tenga una vida efímera. Este modo de proceder atenta contra la propia sociedad, que no está en condiciones económicas de permitir el lujo de hacer las cosas mal, y un hormigón mal hecho es un hormigón*

muy caro. (Dr. M. Fernandez Cánovas, em *Patologia y Terapêutica del Hormigon Armado*, Ed. Dossat S.A., Madrid, 1977).

Finalmente, constatam-se, no acidente em causa, a *imperícia* e *imprudência* presentes na tomada de providências pelos técnicos da empresa construtora, quando constatada irregularidade no comportamento do pilar P5 da estrutura, mormente quando se sabe que a formação de fissuras em peças solicitadas à compressão é advertência de possíveis problemas de extrema gravidade, constituindo sintoma precursor de próxima rutura da zona fechada. Registramos aqui informação do Eng. Antonio Arlindo Laviola ("Causas de insucessos nas estruturas de concreto armado", palestra pronunciada no Clube de Engenharia em 1964): "É espantoso o número de casos de natureza grave ocorridos durante uma construção, cujas soluções são adotadas com o auxílio de métodos primitivos, completamente destituídos de técnica e de lógica".

As providências inicialmente tomadas para o reforço do referido pilar P5, na obra de que se trata, confirmam a declaração do conferencista citado, tendo sido aplicados recursos "completamente destituídos de técnica e de lógica". *Detecta-se, aí, infração ao artigo 2°, alínea "e" do Código de Ética Profissional*.

V – Sugestões

Do exposto anteriormente, conclui-se ocorrer imperiosa necessidade de urgente revisão nas legislações educacional e profissional no que concerne à Engenharia Civil. Nesse sentido, a Comissão apresenta as seguintes sugestões:

V.1 – Legislação educacional

Não obstante o conhecimento notório do que se afirma no item III do presente relatório, verifica-se, no campo educacional, um retardamento de tal forma gritante na sua dinâmica. Pouca ou quase nenhuma evolução ocorreu relativamente ao que se fazia no ensino de Engenharia de vinte anos atrás, verificando-se, em certo sentido, a ocorrência de uma involução nesse campo de atividade, que está repercutindo perigosamente na prática da Engenharia.

Tratando-se, todavia, de matéria fora do alcance das atribuições do sistema CONFEA/CREA, julga a Comissão que se devam estabelecer providências apenas limitadas ao caráter de cooperação, conforme mencionado anteriormente, dentro das quais sugere que:

a. Seja instituído programa de pesquisa sobre o tema "Ensino universitário e exercício profissional da Engenharia Civil".

b. Seja patrocinado seminário de que participem os Conselheiros representantes de entidades de ensino, de todo o sistema CONFEA/CREA.

c. Seja celebrado convênio com a Associação Brasileira de Ensino de Engenharia (ABENGE), para permanente troca de informações a respeito da interligação ensino-atividade profissional.

d. Seja alertado o meio universitário a respeito da imperiosa necessidade de um conhecimento profundo das Normas Técnicas da ABNT, por parte dos profissionais formandos de Engenharia.

e. Seja alertado o meio universitário para que se exija o ensinamento de matéria que empreste, ao mecanismo de formação do profissional de nível superior, a capacidade de transmitir ao formando a consciência de suas responsabilidades perante a sociedade e dos riscos que assumirá em cada empreendimento que lhe seja atribuído, a fim de se evitar que o aluno incorra em deslizes, muitas vezes de graves consequências, decorrentes de sua falta de experiência quando no início de sua carreira profissional.

f. Sejam patrocinadas conferências, palestras, concursos etc. sobre os temas acima citados.

g. Seja diligenciado no sentido de que se atribua caráter permanente ao Grupo de Trabalho MEC/CONFEA, até que seja reconhecidamente superada, no futuro, a atual deficiência de formação do profissional, decorrente da proliferação indiscriminada de Escolas de Engenharia, nascida da opção governamental de quantidade em lugar de qualidade de ensino de Engenharia.

V.2 – Legislação profissional

Naturalmente, um acerto na política educacional que possa minorar os defeitos mencionados no presente relatório somente se faria sensível em futuro a prazo médio, uma vez que poderia corrigir apenas a formação de profissionais hoje ainda em bancos escolares. E a sociedade não pode aguardar, nem aceitar riscos no momento presente, para o que se torna *imprescindível uma urgente reformulação da legislação profissional, de modo a surtir efeitos imediatos,* mediante a instituição de mecanismo legal preventivo, o qual poderá vir a ser desativado na medida em que a deficiência na formação profissional venha a se tornar superada, no futuro.

A propósito, julga a Comissão que, em sã consciência, não se pode *atribuir isoladamente a um engenheiro júnior,* ao qual se delega *com absoluto amparo legal* a direção de uma *obra monumental,* a responsabilidade por acidentes como o ocorrido com o edifício Saint-Marie, mormente quando se sabe que a tal engenheiro se atribuem tarefas outras que não só a condução técnica dos trabalhos; absorvem-no obrigações administrativas que se avultam com o crescimento do porte de obra, atingindo, muitas vezes, situação de tal ordem que pouco ou nenhum tempo lhe restará para a verificação do apuro técnico dos trabalhos de construção. Assoberbado por tarefas múltiplas, inexperiente, deficientemente formado e sem amparo de engenheiro sênior a quem possa recorrer, pouco se pode esperar da proficiência de tal "engenheiro responsável". É o quadro que se configura no que diz respeito à obra do edifício Saint-Marie, delineando-se uma situação indubitavelmente inadmissível, não obstante merecedora de absoluto amparo legal, nos termos da legislação vigente. Cabe ressaltar que tal situação é frequente em obras de edificações.

Assim, posta a questão, a Comissão sugere a instituição dos seguintes mecanismos legais, a serem analisados pela Comissão de Anteprojetos de Resoluções e Atos e submetidos à apreciação do CONFEA, em regime de urgência:

1. *Obrigatoriedade de implantação* de serviço de fiscalização técnica para a execução de estruturas de médio e grande porte, conforme definido pela NB-577/1977 e pelo art. 7º, item "e", da Lei nº 5.194, de 22 de dezembro de 1966.

2. *Obrigatoriedade de uso* das normas da Associação Brasileira de Normas Técnicas que estejam relacionadas à segurança das estruturas da Engenharia Civil, quer em relação a projeto e execução, quer em relação a controle de qualidade.

3. *Obrigatoriedade de inspeção* rotineira em estruturas de médio e grande porte, por entidade oficial.

A propósito, por julgar oportuno, a Comissão encaminha, para apreciação por parte da Comissão de Anteprojetos de Resoluções e Atos, minuta de um "critério para aplicação da exigência de implantação de serviço de fiscalização técnica" em obras de médio e grande porte da Engenharia Civil.

Finalmente, a Comissão sugere ainda que este CREA-RJ, invocando termos da alínea II da Cláusula Segunda do Convênio celebrado em 8 de junho de 1982 com o Banco Nacional da Habilitação (BNH), promova, junto àquele órgão, entendimento no sentido de que seja exigido *de imediato*, em contratos a serem firmados no âmbito dos Sistemas Financeiros geridos pelo mesmo, a obrigatoriedade de implantação de serviços de fiscalização técnica, conforme acima preconizado, e nos termos da minuta citada. Outrossim, que sejam também consideradas pelo referido BNH as sugestões contidas nos itens 2 e 3, especialmente no que se refere à obrigatoriedade de execução de serviços de controle de qualidade dos materiais estruturais, segundo prescrições contidas nas normas da ABNT, seja naquilo que se relacione a "ensaios de recepção", seja no que se refira a "ensaios de identificação".

Critério para aplicação da exigência de implantação de serviços de fiscalização técnica:

1. Entende-se como *fiscalização técnica* a atividade de fiscalização dos serviços de uma obra, mediante acompanhamento efetivo e sistemático dos trabalhos de construção em todas as suas fases de concepção, montagem e controle de qualidade, sendo exercida em nome do contratante, de modo a assegurar que a obra seja desenvolvida de acordo com as prescrições das normas da ABNT, admitindo-se variantes devidamente amparadas em comprovação teórica e experimental.

2. A fiscalização técnica será obrigatoriamente exercida na construção de estruturas.

3. A fiscalização técnica será exercida por firma independente da responsável pelo desenvolvimento dos trabalhos a serem fiscalizados.

4. A fiscalização técnica somente poderá ser exercida por firma credenciada para prestação de serviços dessa natureza.

5. Considera-se credenciada para exercício da atividade de fiscalização técnica a firma que se ache registrada como tal no sistema CONFEA/CREA.

6. Para registro de firma de fiscalização técnica, exige-se que ela apresente, como seu responsável, engenheiro civil ou arquiteto qualificado como especialista na área a ser fiscalizada, com experiência comprovada superior a 10 (dez) anos de atividade técnica na referida área.

7. O corpo diretor, técnico ou administrativo, de uma firma de fiscalização técnica será constituído exclusivamente por engenheiros civis e/ou arquitetos, respeitadas suas atribuições legais.

8. Toda obra sujeita à fiscalização técnica somente poderá ter início após efetuada a Anotação de Responsabilidade Técnica correspondente ao referido serviço, com a indicação do profissional que se responsabilizará pelo mesmo.

9. Um mesmo profissional somente poderá ser responsável pela fiscalização técnica de uma única construção, enquanto esta durar.

10. A fiscalização técnica na área de construção exigirá a presença permanente, na obra, do profissional responsável pelo serviço de fiscalização, devendo ser atribuídas a ele exclusivamente tarefas inerentes à natureza técnica dos trabalhos a serem fiscalizados.

11. Considerando que a fiscalização técnica somente apresenta caráter de indispensabilidade para obras sujeitas a maior risco, decorrentes

de características estruturais mais exigentes, a sua contratação, por parte do proprietário, será obrigatória quando ocorrer *uma* qualquer das seguintes condições:

a. número de pavimentos superior a 12 (doze);

b. concreto com resistência característica à compressão superior a 150 kgf/cm²;

c. carga, em nível de fundação de um único pilar, superior a 500 tf;

d. fundação em profundidade superior a 15 m;

e. subsolo assente em nível superior a 4 m de profundidade;

f. vão entre pilares superior a 10 m, bastando ocorrer um único intercolúnio com esse valor para que tal situação se caracterize;

g. existência de "teto de transição" com alteração de posição de pilares;

h. construções em encostas, com número de pavimentos superior a 3 (três);

i. construções destinadas a utilização pública e capazes de comportar aglomerações, tais como estádios, cinemas, teatros, templos etc.

12. Constituem funções da fiscalização técnica:

a. apreciar os planos de trabalho e métodos construtivos propostos pela firma construtora e, se for o caso, oferecer objeções a eles, devidamente justificadas;

b. conhecer as fontes fornecedoras de materiais indicadas pela firma construtora e, se for o caso, oferecer objeções a elas, devidamente justificadas;

c. acompanhar o controle de qualidade dos materiais recebidos pela firma empreiteira na obra e, se for o caso, embargar o uso de materiais que não satisfaçam às especificações de projeto;

d. verificar permanentemente as condições de armazenamento dos materiais destinados à execução da estrutura;

e. acompanhar o controle de qualidade do concreto produzido no "canteiro de serviço" ou adquirido em usina;

f. examinar as estruturas de escoramento, denunciando, se for o caso, qualquer irregularidade percebida;

g. apreciar os planos de concretagem propostos pela firma construtora;

h. examinar as formas e conferir armaduras, anteriormente a qualquer concretagem;

i. verificar se as técnicas empregadas pela firma construtora, no que diz respeito a sistemas de lançamento, adensamento, cura etc., se coadunam com as recomendações da ABNT pertinentes ao assunto, denunciando, se for o caso, qualquer irregularidade percebida;

j. examinar os trechos de obras concluídas, solicitando à firma empreiteira os reparos eventualmente necessários;

k. examinar detalhadamente as indicações dos Relatórios de Sondagens, confrontando a sua elaboração com as exigências contidas em normas da ABNT, no que diz respeito a profundidade reconhecida, número de furos de sondagem, sistema de execução empregado nas sondagens etc.;

l. confrontar as indicações constantes dos Relatórios de Sondagens com o solo observado no local, em caso de fundações rasas;

m. exigir e acompanhar a execução de provas de cargas sempre que recomendados tais testes;

n. examinar todas as questões referentes à interpretação do projeto estrutural e suas especificações;

o. em estruturas de concreto pretendido, verificar pressões manométricas e alongamentos dos cabos antes de efetuadas as ancoragens e acompanhar a realização das injeções de nata de cimento nos cabos de protensão;

p. fiscalizar e conferir todos os itens da execução da estrutura não expressamente mencionados acima e que possam se relacionar à segurança e ao perfeito funcionamento da estrutura em serviço.

VI – Comentário final

A grandeza da Engenharia Civil brasileira se acha assegurada por sua própria tradição. Em nosso País se desenvolveram obras que elevam o nome da Nação no meio técnico mundial; aqui se projetaram e construíram obras monumentais, algumas das quais merecendo registro especial por sua excepcionalidade e pioneirismo. Pode, assim, estar tranquila a sociedade brasileira, certa de que os engenheiros saberão persistir na defesa dessa tradição e não permitirão que circunstâncias negativas, momentaneamente envolventes da prática da Construção Civil em nosso País, possam vir a interromper essa longa tradição e aniquilar o trabalho sério, criativo, criterioso e engrandecedor que gerações sucessivas de técnicos, conscientes de suas responsabilidades, desenvolveram ao longo de muitas décadas que nos antecederam. É necessário que se afirme que a Engenharia brasileira é competente. Não se pode endereçar ao esquecimento a proficiência de atuação, nos campos de projeto e construção da Engenharia Civil, de profissionais liberais autônomos, ou empresários, que, com arte, talento e critério nascido de sua elevada competência, foram capazes de executar obras como o edifício do jornal "A Noite" (recorde mundial em sua época), a ponte Emílio Baumgart (recorde mundial em sua época), o Estádio Municipal do Maracanã, a ponte Rio-Niterói, a ponte sobre o rio Mucuri (recorde mundial), a ponte sobre o rio Paraná, em Presidente Epitácio, a ponte internacional Brasil-Paraguai, as barragens de Paulo Afonso e Itaipu, e muitas outras milhares de pontes, barragens, estádios e edifícios que cobrem todo o território nacional, muitos dos quais deslumbrando pelo seu portento e revelando o arrojo nascido dos sólidos conhecimentos técnico-científicos transmitidos através de gerações sucessivas de engenheiros, os quais souberam conduzir o Brasil a uma posição de destaque no consenso mundial de Engenharia de Projeto e Construção Civil.

Cumpre a nós, engenheiros da atualidade, preservar para o futuro a grandiosidade de tal acervo técnico. Particularmente, compete ao sistema CONFEA/CREA elevada parcela de compromisso com essa missão, contribuindo para a criação de uma legislação de caráter preventivo que neutralize qualquer indício de decadência de tal patrimônio cultural, para assim solidificar bases para o continuado engrandecimento da Engenharia nacional.

Esse é o parecer da comissão temporária designada pela Portaria nº 75/1982, de 2 de setembro de 1982, do senhor Presidente do CREA-RJ, que a seguir é subscrita por todos os seus membros.

Rio de Janeiro, 2 de dezembro de 1982

FELIX ERNEST STEFAN VON RANKE	JOSÉ YENE DE MARCA
AMÉRICO RODRIGUES CAMPELLO	SÉRGIO ANTONIO ABUNAHMAN
CARLOS HENRIQUE RIBEIRO CAVALCANTI	

Paralelamente, foram realizadas duas perícias: a da esfera policial (Instituto Carlo Éboli), que concluiu como causa do desabamento a fuga de solo, e a da esfera judicial (1ª Vara Cível de Niterói), em ação movida pela Cia. Seguradora, cujas conclusões divergiram em parte das do CREA-RJ, razão pela qual elas não serão comentadas.

Em síntese, foi consensual que um somatório de fatores contribuiu para o colapso do prédio:

- As exigências do calculista previam o concreto com f_{ck} = 180 kgf/cm², e o utilizado na obra apresentava um f_{ck} igual a 146,8 kgf/cm².
- Houve sobrecarga adicional devido ao empuxo do reaterro existente entre a fachada de fundos e o antigo talude do morro, agravado pelas fortes chuvas que caíram na véspera, que imprimiram uma compressão horizontal.
- Deficiência de ferragens (falta dos estribos no pilar P_7 frontal).

Durante o curso, são apresentadas as fotos tomadas antes do colapso e durante o mesmo, mostrando a mecânica do evento.

12.2 Vícios de construção

Imaginemos uma cena trivial em nosso dia a dia: prédio novo, famílias se mudando. Tudo é novidade: o *playground* que não existia no antigo prédio em que moravam, o salão de festas, a piscina... Ah, a piscina, que maravilha! É a "praia" dentro de casa. E tem até bar e churrasqueira. E a quadra polivalente? Que barato!

Prédio novo e morador recente constituem uma verdadeira lua de mel, num casamento que pode se transformar num verdadeiro suplício quando surgirem *aqueles* problemas tão comuns nas edificações e que não ficaram visíveis durante a entrega das chaves. O futuro morador assina o tradicional documento dizendo que nada tem a reclamar e que o apartamento se encontra em perfeitas condições de uso. Isso é absolutamente dispensável, pois tanto o Código Civil quanto o do Consumidor estão aí para dar ao adquirente a necessária proteção. Por acaso, ao se comprar um veículo zero km, assina-se documento semelhante?

Em qualquer incorporação imobiliária, a presença do engenheiro consultor faz-se necessária. Desde a implantação do canteiro de obras já se procede à vistoria dos imóveis lindeiros, antes do início das fundações (ou até mesmo do rebaixamento do lençol, quando o há), evitando-se aborrecimentos futuros.

Sem dúvida, a ocorrência mais comum da prova pericial verifica-se após a entrega do empreendimento, quando a responsabilidade do incorporador e do construtor é solidária, tanto no que diz respeito à solidez e à segurança da edificação como também por eventuais defeitos que surjam "no nascedouro" ou futuramente.

Clara é a jurisprudência nesse sentido, no entendimento de que o incorporador, ainda que não seja o construtor, será responsabilizado frente aos adquirentes sobre os defeitos construtivos que surjam após a entrega da unidade. Além disso, a responsabilidade pelos defeitos, ainda que não relacionados com a solidez e a segurança das edificações, não está sujeita àquele prazo de seis meses previsto pelo Código Civil para os vícios redibitórios.

A doutrina vigente diz que os atos humanos que resultam na responsabilidade dos seus agentes por ação culposa (ação ou omissão) se classificam de duas formas: por responsabilidade contratual e por responsabilidade extracontratual. Há ainda uma terceira, fruto do aparecimento da chamada *propriedade horizontal* (edifícios de apartamentos), situada no campo do Direito de Vizinhança.

Como exemplo da responsabilidade contratual, tem-se o caso da empreitada. É óbvio que o construtor assume a obrigação de fazer o que foi pactuado (uma obra) bem, firme e conforme a exigência do bem comum. Caso isso não se verifique, ao contratante cabe um leque de opções: coagi-lo aos reparos, enjeitar a obra, fazer por terceiros (através do Judiciário) ou pleitear as perdas e danos (consistente nos lucros cessantes – privação do que deixou de ganhar razoavelmente e nos danos emergentes). Aí, a perícia é fundamental e se desdobra em duas fases: vistoria e avaliação, podendo ser judicial ou extrajudicial. A *vistoria ad perpetuam rei memoriam* objetiva, num pleito futuro, a ação a ser proposta de tríplice finalidade: examinar, comprovar e arbitrar.

Já na responsabilidade extracontratual introduzida no mundo jurídico pelo Pretor romano Aquiles (daí o nome *culpa aquiliana*), situam-se alguns casos como incêndios, choque de veículos etc., e a perícia se faz presente.

No terceiro caso (vizinhança), conforme o Código Civil, o proprietário ou o inquilino de um prédio tem direito a impedir que o mau uso da propriedade vizinha possa prejudicar a segurança, o sossego e a saúde dos que o habitam. Pode-se dizer que quem tem sua coisa deve conservá-la e se prevenir para que não cause danos a terceiros. A queda de um prédio, não comprovado caso fortuito ou força maior, implica responder o proprietário pelos danos.

Os casos mais comuns nesse aspecto são as infiltrações e vazamentos, bem como as construções irregulares, dentre as quais podemos citar aquelas nos PVIs (prismas de ventilação e iluminação) dos edifícios, nas coberturas e em outras áreas comuns.

Os vícios de construção, que na verdade são defeitos construtivos, são causadores do mau funcionamento em uma edificação e podem ser decorrentes de defeitos apresentados pelos materiais utilizados na construção dentro do prazo normal de vida útil, de alterações nas especificações da obra e de erros de projetos. Qualquer um desses problemas, que ocorra no prazo de cinco anos após o Habite-se, está enquadrado no período de garantia, que se estenderá por vinte anos, em se tratando de fato estrutural.

As ações mais comuns envolvendo perícias referentes a vícios de construção são as medidas cautelares, as obrigações de fazer e as indenizatórias.

Os limites da perícia estariam dentro dos seguintes objetivos: caracterizar os danos existentes no imóvel, identificar quais resultam de vícios de construção e quantificar os valores de indenizações ou de perdas e danos.

Podemos dizer que os fatos que mais frequentemente motivam ações por vícios de construção são decorrentes de vazamentos (com origem sempre em tubulações, o que não ocorre com as infiltrações, as quais podem ocorrer em virtude de má impermeabilização de uma laje) ou infiltrações, de rachaduras, trincas ou fissuras (que são as três gradações do fenômeno estrutural que se reflete nas alvenarias ou nos emboços e rebocos) e de desgaste prematuro das instalações elétricas e hidráulicas.

A má qualidade da mão de obra básica empregada nas construções tem levado aos tribunais muitas e boas empresas de Engenharia. Na maioria das vezes, problemas com consequências terríveis são de fácil solução, como o caso que presenciamos de um apartamento novo onde o morador não podia utilizar a descarga do banheiro, pois sempre que o fazia ocorria um dilúvio de matérias estranhas à moral e aos bons costumes. Apesar dos apelos do morador, a empresa, ao verificar o problema, não o detectava, visto que a razão deste era o fato de um *peão de obra* ter limpado a sua pá de cimento no vaso sanitário, e, ao empedrar posteriormente, o cimento passou a provocar entupimento, mas sem impedir a descida da água. Ao (ir)responsável pela firma, parecia que o teste definitivo só seria possível nas condições de utilização, o que, convenhamos, era bastante desagradável. Em menos de vinte minutos a perícia revelou a natureza do problema.

Há pouco tempo, trabalhamos numa perícia em que as reclamações eram incidentes sobre a qualidade do revestimento empregado nas paredes do prédio. Com o auxílio de testes realizados pelo laboratório do COPPE, da Universidade Federal do Rio de Janeiro, verificamos que o material empregado e a técnica de assentamento desse revestimento estavam dentro das especificações, e que deveria estar ocorrendo algum outro fato, não detectado nos testes, para que houvesse queda de reboco naquela unidade que reclamava. Numa vistoria de surpresa, encontramos na sala de jantar – pasme! – uma cesta de basquete, daquelas que os norte-americanos têm no jardim das suas casas, só que a tabela era a própria parede do apartamento.

Mais hilariante foi o caso do morador de um apartamento recém--concluído, que ingressou em Juízo contra a construtora com uma ação em virtude das "violentas infiltrações" que estavam ocorrendo em seu banheiro. As ditas *infiltrações* nada mais eram do que a condensação de vapor devido ao fato trivial de que o usuário só tomava banho quentíssimo e com as janelas fechadas. E o vilão é sempre o construtor...

13

A PERÍCIA JUDICIAL: HISTÓRICO, IMPORTÂNCIA E TIPOS DE PERÍCIAS NO PROCESSO CÍVEL

13.1 A perícia

A perícia, tal como a conhecemos, vem a ser o meio pelo qual, no bojo do processo, pessoas qualificadas verificam fatos que interessam à decisão da causa, levando ao juiz o seu respectivo parecer. No Código de Processo Civil, é uma das "provas específicas", e pode ser de três espécies:

- Exame: é a inspeção sobre coisas, pessoas ou documentos, para verificação de qualquer fato ou circunstância que tenha interesse para a solução do litígio.
- Vistoria: é a mesma inspeção do exame, mas quando realizada sobre bens imóveis.
- Avaliação (ou arbitramento): é a apuração de valor, em espécie, de coisas, direitos e obrigações em litígio.

Além disso, as perícias podem ser judiciais, quando realizadas dentro do processo por determinação do juiz, ou extrajudiciais, quando realizadas fora do processo por iniciativa dos interessados.

Esse procedimento surgiu na Antiguidade. Os antigos povos orientais já apresentavam vestígios desse tipo de prova, ainda que muito vagos. Após a autocomposição e a tutela, no Direito dos povos mais atrasados houve um sistema de patriarcado, com clãs, e depois reinados, nos quais o rei era absoluto e exercia o papel de magistrado, sem recorrer a ninguém, decidindo de modo soberano e nem sempre sobre questões das quais tinha pleno conhecimento, do que resultavam injustiças. Assim, com o passar dos anos e a complexidade das questões, os reis sentiram necessidade de colaboração de pessoas habilitadas e com pleno conhecimento em assuntos específicos para auxiliá-los na solução dos litígios.

Surgia, então, a perícia conhecida entre os egípcios, hebreus, judeus e, posteriormente, romanos. Na república romana, com dupla jurisdição, o magistrado *in jure* indicaria a causa e, na outra fase, *in judicium*, poderia ele recorrer a técnicos.

Já na Idade Média houve um retrocesso em todo campo do Direito e da Ciência, em que ocorriam os julgamentos de Deus e os duelos. Não havia a prova técnica.

A partir do século IX, a própria Igreja Católica começou a incentivar o trabalho de técnicos nos processos, havendo referências específicas aos "árbitros" nas Ordenações Afonsinas (século XV) e nas Manuelinas (século XVI). No Brasil Colônia, nas Ordenações Filipinas, há referência clara aos peritos, inclusive com regulamentação sobre as perícias.

Posteriormente, no século XIX, com o Código Comercial, tivemos mais referências amplas às perícias. Em 1939, com o surgimento do Código de Processo Civil, as perícias receberam tratamento mais detalhado.

Mas o que vem a ser a perícia? No que consiste essa prova? Ao que corresponde? Há uma linguagem própria para cada ciência, com necessidade de nomenclatura técnica em qualquer especialidade, e nesta ciência não é diferente. Há a absoluta necessidade de entrosamento entre o Perito e o Juiz, devendo este traduzir para o vernáculo popular as expressões latinas e aquele adequar suas expressões técnicas de Engenharia.

A prova pericial em si pode ser meio para a obtenção da verdade ou, às vezes, a própria verdade. No primeiro caso é a pesquisa da verdade; no segundo, a verdade é o resultado dessa pesquisa. Conclui-se, pois, que a perícia por si não gera resultado absoluto, mas sim relativo, contribuindo para o conjunto probatório dos autos. Quando ela se impuser no corpo processual, assumirá um papel de destaque, predominante. Conquanto o Juiz não esteja adstrito a ela, a perícia quase sempre irá se ater ao seu resultado. O Juiz é o *peritus peritorum*. Se, numa trivial questão de locação, o Perito e os dois assistentes técnicos encontrarem três valores distintos, o Juiz, ao seu arbítrio, poderá sentenciar sobre um quarto valor, pois a ele é concedida essa prerrogativa.

A prova é a alma do processo, como é de sabença geral, pois é o que define os fatos. Não se pode haver processo sem provas, porque, sem elas, ele não teria razão de existir: não há processo baseado somente no Direito. E é do fato que nasce o Direito.

Ressalta-se que a perícia não é a única prova do processo, já que se conjuga a outros meios utilizados nos autos. A sua necessidade nasce da apuração de um sistema de proposição de provas, que são requeridas e propostas pelas partes da forma que estas achem necessário para garantir os seus direitos. E qual é, então, a diferença entre a prova pericial e os demais meios de provas?

Em sua totalidade, os meios de prova são: depoimento de pessoas, confissão, exibição de documentos ou coisa, prova documental, prova testemunhal, prova pericial e inspeção judicial.

Nota-se que hoje, com o avanço da tecnologia, os meios informáticos são muito relevantes para a obtenção da verdade. Da mesma forma que a tecnologia realizou progressos na obtenção das provas, todavia, ela criou outros delitos nessa área: os crimes virtuais. Com isso, às diversas modalidades de perícia, tais como a grafológica, a médica, a contábil, a econômica, a veterinária e a de engenharia, agrega-se agora a perícia de informática. Tornou-se comum a propositura de ações de pessoas que têm sua conta bancária invadida por *hackers* e veem seu dinheiro "desaparecer" eletronicamente.

Para se notar a diferença entre as provas, pega-se como exemplo a prova documental. Os documentos correspondem à prova pré-constituída, que antecede ao litígio. Já a perícia é prova constituída no bojo do processo.

13.2 O papel do Perito e dos assistentes técnicos

Como se processa a escolha do Perito, e o que o difere do assistente técnico?

Consoante Moacyr Amaral Santos, a perícia consiste no meio pelo qual, no processo, pessoas entendidas e sob compromisso verificam fatos interessantes à causa e transmitem ao Juiz o seu respectivo parecer. Pensamos poder modificar o conceito de pessoas "entendidas" para pessoas "com pleno conhecimento de causa", pois na era atual, em que aquele vocábulo não recomenda muito quem o detém, melhor seria qualificar os *experts* de outra forma...

O Perito é escolhido pelo Juiz, e os assistentes técnicos, pelas partes. Estes têm o dever de defendê-las sob a ótica técnica, procurando destacar os pontos relevantes a seu favor colhidos do laudo do Perito e criticando aqueles que não lhe pareçam corretos, ou mesmo apontando os equívocos em que tenha incorrido o trabalho pericial.

E qual o critério para a escolha do Perito?

As legislações do mundo inteiro obedecem a três sistemas principais no que diz respeito à escolha do Perito. No primeiro sistema, podem servir como peritos somente as pessoas inscritas com registro próprio e que preencham determinadas condições. Esse era o sistema escolhido no Direito francês e no italiano, e é o ideal. O segundo sistema é aquele em que o escolhido possui um título oficial na arte ou ciência a que se relaciona a matéria versada na perícia. Como exemplo desse sistema, têm-se o Direito argentino e o espanhol. Por fim, o terceiro, o da livre escolha pelo juiz, é o princípio da liberdade, que infelizmente é o que reina no Direito brasileiro. Por que *infelizmente*? Porque se corre o risco de pessoas sem a menor qualificação serem indicadas para a função de Perito, a qual é de vital importância na obtenção da prova.

Costuma-se dizer que Engenharia é a Física aliada ao bom senso. Há uma profunda analogia entre o Direito e a Física e, por conseguinte, entre o Direito e a Engenharia. Pontes de Miranda há muito já revelou isso ao dizer:

"Tudo nos leva, por conseguinte, a tratar os problemas do Direito como os físicos: vendo-os no mundo dos fatos, mundo seguido do mundo jurídico, que é parte dele". De modo admirável, o ex-ministro do Supremo Tribunal da Justiça Humberto Gomes de Barros diz que "o jurista é o físico da sociedade e o físico é o jurista do universo". Aí está a intrínseca correlação entre a Engenharia e o Direito. Assim, o Direito deve ser tratado como ciência positiva.

Na área específica da Engenharia, o campo de atuação do Perito é vastíssimo e se efetua nos seguintes tipos de ações:

13.2.1 Ordinárias

São as ações mais abrangentes e, por vezes, as de maior complexidade. Envolvem indenização por vícios de construção ou danos causados a terceiros e ocorrências de participação pecuniária que implique uma verificação e um parecer técnico de Engenharia. Também aqui se enquadram as ações *quanti minoris*, nas quais o autor postula a diferença de metragem entre a área adquirida efetivamente existente e aquela constante do título equivocado ou planta quando da aquisição.

13.2.2 Vistorias, cautelares (produções antecipadas de provas) e sumaríssimas

Muito comuns, as antigas vistorias *ad perpetuam rei memoriam* ocorrem em inúmeras situações, como em um prévio exame de imóveis lindeiros às vésperas da instalação de um canteiro de obras, ou diante de um risco iminente, ou mesmo na simples aferição de um fenômeno que traduza negligência, vício ou mau uso da coisa.

Nas suas expressões mais simples, elas podem se manifestar através de ações para caracterizar responsabilidade por infiltrações em apartamentos, danos causados a um imóvel pelo inquilino, colisão de veículos etc.

13.2.3 Desapropriações

As desapropriações visam obter a justa indenização pela expropriação de um bem, feita pelo Poder Público, seu agente ou concessionário de serviço público.

13.2.4 Renovatórias e revisionais

Do advento da Lei de Luvas, que era assim impropriamente chamado o Decreto-Lei nº 24.150/1934, originou-se a ação renovatória. Nessa ação, no período compreendido entre um ano e seis meses antes do término do contrato de no mínimo cinco anos, o inquilino requer em Juízo que este decrete a renovação do contrato por igual período. Na grande maioria dos casos, o locatário oferece um valor baixo e, reciprocamente, o proprietário pede um valor alto, restando ao Juiz o arbítrio de decidir, calcado em laudo fundamentado de perito da sua confiança ou de assistentes técnicos que tenham sido indicados pelas partes litigantes.

Como cita Deutsch (2019), "as ações renovatórias são propostas pelo locatário de um contrato de locação não residencial, no prazo de doze a seis meses, antes do encerramento do referido documento. A avaliação deverá ser calculada para data do final do contrato".

É oportuno frisar a importância que deve ter o assistente técnico na condução do problema. O assistente técnico é um profissional que não deve e nem pode converter-se em "advogado técnico"; deve, isto sim, procurar dentro dos limites da técnica e do bom senso e conduzir seu trabalho para que o Juízo veja o problema sob a ótica da parte que o contratou, sem, contudo, desviar-se dos parâmetros ético-profissionais que norteiam o comportamento do engenheiro.

Os casos de locação são geralmente polêmicos e envolvem, quase sempre, um grau de subjetividade não existente, por exemplo, nos problemas de vícios de construção ou sinistros em prédios. O *feeling* do Perito muito contribui para a definição das suas conclusões. Sendo um leigo em assuntos de avaliação, vale-se o Magistrado dos olhos e da capacitação do Perito para bem decidir uma pendenga.

No que tange às ações revisionais, sejam incidentes sobre imóveis comerciais ou residenciais (permitidas após cada três anos do início do contrato), a polêmica se mantém, pois, nesses casos, o que se busca e se discute é o justo valor de mercado do imóvel, sem outras preocupações que possam constar da renovatória, como a retomada do imóvel.

A jurisprudência consagrou como justa a taxa de rentabilidade de 12% ao ano para os imóveis comerciais, mas não fixou taxas em relação aos imóveis residenciais, as quais são sabidamente mais elásticas do que aquelas. Comprovou-se que, quanto maior e mais luxuoso for o imóvel residencial, menor será a taxa de rentabilidade, a qual varia de 5% a 12% ao ano para os imóveis mais modestos, tipo sala/quarto.

13.2.5 Retificações de registro

São ações de cunho administrativo, não litigiosas em princípio e que têm lugar nas varas específicas de registro público.

As retificações de registro ou de metragem ocorrem nos casos de omissão de medidas ou impropriedade destas nos títulos dominiais e, obrigatoriamente, têm de ser efetuadas por perito devidamente habilitado, ou seja, perito engenheiro ou arquiteto.

13.2.6 Demarcatórias

São ações que envolvem questões de terras, mais comuns nas áreas rurais, embora existentes nas zonas urbanas. Seu tipo e tipologia traduzem ser uma ação longa. Nela é exigido o concurso de um perito agrimensor e de dois peritos arbitradores que funcionam como verdadeiros fiscais do agrimensor, confirmando ou não as medidas por ele encontradas. As demarcatórias surgem quando há divergência entre os limites/divisores físicos constantes dos títulos e a real situação do imóvel. Não raro, encontram-se casos de superposição de imóveis no decorrer de um levantamento dessa natureza, que procura seguir o roteiro descrito do título apresentado.

13.2.7 Reintegrações de posse e reivindicatórias

As famosas "questões de terra", verdadeiras dores de cabeça para qualquer perito, processam-se nos casos de invasões e esbulhos.

13.2.8 Usucapiões

São os casos em que a posse do imóvel é caracterizada por um longo período, e cabe ao perito a definição da delimitação do que é realmente usufruído pelo requerente.

13.2.9 Nunciações de obra nova e embargos

São as ações em que há o risco iminente a terceiros (ou danos já verificados), o que exige do perito uma acuidade para que não produza laudos probabilísticos com frases como "tudo levar a crer..." ou "é provável que...".

Também expressões do tipo "não há risco, desde que..." são muito usadas por alguns peritos para manter-se em posição de falsa neutralidade, pois eles podem ser responsabilizados por prejuízos decorrentes de lucros cessantes causados à parte por um embargo ou nunciação da sua obra, devido a um parecer não fundamentado do perito.

13.2.10 Buscas e apreensões

Na atual crise por que passa a economia do País, o nível de inadimplência que assola a indústria e o comércio alcança índices inéditos em nossa história. Por isso, convencionou-se que veículos e máquinas financiados apreendidos pelo órgão financiador devem obrigatoriamente passar por uma avaliação judicial. Essa avaliação pode ser feita por oficial de Justiça, mas, nos casos de equipamentos mais sofisticados, o Juízo vale-se do concurso de engenheiros especialistas para melhor informá-lo do valor do bem.

Ao ser honrado com a nomeação pelo Juiz, o perito passa a desempenhar um múnus público, nivelando-o, em autoridade na fase pericial, ao próprio magistrado que o indicou.

Ao firmar o compromisso de "bem cumprir sem dolo ou malícia" a função para a qual foi designado, o engenheiro converte-se num auxiliar da Justiça e avulta a sua responsabilidade perante toda a sociedade, não podendo aderir ao corporativismo tão em voga em outras profissões.

Há perícias em que existe a superposição de qualificação para ser perito. É o caso das ações renovatórias, nas quais o economista pode atuar, e o de fundo de comércio, em que se superpõem as atribuições do contabilista e do engenheiro.

13.3 A realização da perícia

A prova pericial é normalmente requerida pelas partes na fase postulatória do processo (petição inicial – contestação – reconvenção – impugnação) e é realizada sempre antes do julgamento, devendo o respectivo laudo ser protocolizado aos autos com pelo menos 20 dias de antecedência da audiência de instrução, segundo o art. 477 do Código de Processo Civil.

13.3.1 O perito

O perito, também chamado de louvado em alguns dispositivos de lei, é nomeado pelo critério de livre escolha do Juiz, conforme já dito. A nomeação deve recair no profissional com formação acadêmica, devidamente inscrita no respectivo órgão da categoria e no Tribunal de Justiça. Ao ser nomeado, deve o perito comprovar sua qualificação técnica através de certidão do órgão profissional a que pertence e currículo com comprovação de especialização (art. 464 e 465 do Código de Processo Civil). Uma vez nomeado, o perito passa a exercer a função pública de auxiliar da Justiça, com o encargo de assistir o Juiz na prova do fato que depender do seu conhecimento técnico ou científico.

A escolha pode recair sobre pessoa leiga, mas com experiência técnica no assunto para o qual é chamada a opinar, em localidades onde não houver profissionais de nível superior, o que, convenhamos, é muito difícil nos dias atuais.

Ao tomar conhecimento da nomeação, o perito deve ou aceitar a nomeação, quando então assume o dever de cumprir o ofício, atentando sempre para os prazos legais e àquele que for fixado pelo Juiz, ou escusar-se do encargo, apresentando motivo legítimo para a recusa. Observa-se que, segundo o art. 378 do Código de Processo Civil, ninguém pode se eximir sem justo motivo do dever de colaborar com a Justiça para o descobrimento da verdade.

Aplicam-se aos peritos os mesmos motivos de impedimento e suspeição aplicáveis aos Juízes (arts. 144 e 148 do Código de Processo Civil). Destarte, o perito não pode atuar no processo:

- em que for parte;
- quando for parte o cônjuge ou parente, consanguíneo ou afim, até o terceiro grau;
- em que funcionou como testemunha da parte;
- quando o órgão de direção ou de administração a que pertença for parte na causa;
- quando for amigo íntimo ou inimigo de uma das partes;
- quando for devedor de uma das partes;
- quando tiver interesse direto no julgamento da causa em favor de uma das partes etc.

Segundo o art. 468 do Código de Processo Civil, o perito pode ser substituído quando:

> I – faltar-lhe conhecimento técnico ou científico;
> II – sem motivo legítimo, deixar de cumprir o encargo no prazo que lhe foi assinado.
> § 1º No caso previsto no inciso II, o juiz comunicará a ocorrência à corporação profissional respectiva, podendo, ainda, impor multa ao perito, fixada tendo em vista o valor da causa e o possível prejuízo decorrente do atraso no processo. (Brasil, 2015).

13.3.2 O assistente técnico

O assistente técnico é escolhido livremente pela parte, pelo critério da confiança, e tem como função acompanhar o trabalho pericial, fiscalizando-o em nome da parte que o constituiu. Sua indicação deve ser feita ao Juiz da causa no prazo de quinze dias (art. 465 do Código de Processo Civil) após a nomeação do perito e, em se havendo litisconsortes, cada qual poderá indicar o seu.

13.3.3 A remuneração do perito e do assistente técnico

Quando a prova pericial for requerida pelo autor, por ambas as partes ou pelo Ministério Público ou for ordenada de ofício pelo Juiz, é da responsabilidade do autor o adiantamento dos honorários do perito. Quando requerida pelo réu, será deste a responsabilidade pelo adiantamento dos honorários. Ainda, poderá o juiz determinar o rateio de tal adiantamento. Já os honorários do assistente técnico são da responsabilidade da parte que o indicou.

A proposta de honorários do perito deve ser formulada após este tomar conhecimento do trabalho a ser desenvolvido, o que ocorre, via de regra, após a apresentação dos quesitos pelas partes.

Caso o perito necessite de recursos financeiros para fazer face às despesas do trabalho a ser desenvolvido, poderá pleitear ao Juiz que a parte seja intimada a fazer o adiantamento parcial dos honorários. Tem sido praxe o depósito inicial de até 50%, ficando os 50% restantes para pagamento após a entrega do laudo e os esclarecimentos.

Havendo impugnação à proposta de honorários, o perito deve aguardar a decisão do Juiz, antes de qualquer iniciativa no tocante à realização da perícia.

13.3.4 A apresentação dos quesitos

As partes deverão apresentar os quesitos no prazo de quinze dias após a nomeação do perito, indicando na mesma oportunidade o seu assistente técnico.

Se novas dúvidas surgirem no decorrer dos trabalhos periciais, as partes poderão apresentar quesitos suplementares durante a diligência, dando conhecimento à parte contrária. A condição é que não forcem o ampliamento do objeto da investigação, conforme art. 469 do Código de Processo Civil.

Pode o Juiz indeferir quesitos impertinentes e formular outros que entender necessários ao esclarecimento da verdade.

13.4 O trabalho pericial

Diz o art. 473 do Código de Processo Civil:

> § 3º Para o desempenho de sua função, o perito e os assistentes técnicos podem valer-se de todos os meios necessários, ouvindo testemunhas, obtendo informações, solicitando documentos que estejam em poder da parte, de terceiros ou em repartições públicas, bem como instruir o laudo com planilhas, mapas, plantas, desenhos, fotografias ou outros elementos necessários ao esclarecimento do objeto da perícia.

Concluídos os trabalhos, deve o perito apresentar o laudo em cartório no prazo determinado pelo Juiz, respeitado sempre o prazo mínimo de 20 dias antes da audiência de instrução e julgamento. Se por motivo justificado o laudo não puder ser apresentado no prazo determinado, o perito deve requerer ao Juiz sua dilação.

De acordo com a legislação em vigor, os assistentes técnicos não mais assinam o laudo com o perito, mesmo concordando com as conclusões dele. Os seus pareceres devem ser ofertados em peças autônomas, no prazo comum de quinze dias contados da apresentação do laudo, independentemente de intimação.

Mesmo depois de apresentado o laudo do perito e os pareceres dos assistentes, podem as partes solicitar esclarecimentos complementares dos mesmos, os quais serão prestados por escrito ou oralmente, em audiência. O pedido, com a indicação dos pontos a serem esclarecidos, deve ser formulado pelo interessado de forma que o perito ou o assistente dele tome conhecimento com uma antecedência de no mínimo dez dias antes da audiência. Nesse caso, eles não serão ouvidos como testemunhas, mas sim como auxiliares técnicos no esclarecimento da verdade dos fatos que interessam à causa.

Pode o Juiz, ainda, de ofício ou a requerimento da parte, determinar a realização de nova perícia, se entender que a primeira não foi suficiente para esclarecer os pontos duvidosos. A segunda perícia não substitui a primeira, e cabe ao Juiz apreciar livremente uma e outra.

14 APLICAÇÃO DAS REDES NEURAIS ARTIFICIAIS

14.1 Metodologia das redes neurais artificiais

As redes neurais artificiais (RNAs) é uma ferramenta relativamente recente para aplicação na Engenharia de Avaliações. No Brasil, alguns pesquisadores a ela têm se dedicado, entre os quais destacamos o engenheiro civil e mecânico Antonio Pelli Neto (Pelli, 2004; Pelli; Braga, 2005; Pelli, Zarate, 2003), a quem apresentamos nossos agradecimentos por sua contribuição na confecção deste capítulo, no qual procederemos à avaliação de imóveis urbanos empregando as RNAs.

O critério adotado é o método comparativo de dados de mercado, com os elementos de investigação tratados pela técnica das RNAs, a qual consiste na dedução da expressão algébrica não linear por meio de inferência não paramétrica, que representa a formação do preço de mercado.

O presente trabalho irá implementar as RNAs, observar seu comportamento e apresentar uma comparação dos resultados obtidos com a regressão linear e os fatores de homogeneização, utilizando os mesmos dados descritos no Cap. 1. Esses dados foram introduzidos (tratados) em um dos mais completos e recomendados *softwares* para Engenharia de Avaliações, o SisReN (Sistema de Redes Neurais Artificiais e Regressão Linear Múltipla), desenvolvido pela equipe de especialistas da Pelli Sistemas Engenharia, empresa especializada em Engenharia de Avaliações com sede em Belo Horizonte (MG), coordenada pelo diretor Eng. Antonio Pelli Neto.

O objetivo final deste capítulo é demonstrar a aplicabilidade das RNAs na Engenharia de Avaliações, sem ter a pretensão de esgotar os assuntos teóricos relativos a essa metodologia.

14.2 O que são as redes neurais artificiais?

As redes neurais artificiais constituem um novo paradigma para o processamento de informações, inspirado na forma como os sistemas de neurônios biológicos processam as informações. De forma bastante simples, podem-se definir as RNAs como uma estrutura similar à do cérebro humano que permite ao computador pensar inteligentemente.

O cérebro humano é composto por bilhões de neurônios, interligados entre si, de forma a poder processar as informações que chegam até ele e, assim, produzir reações desejadas e necessárias à manutenção da vida. A estrutura artificial proposta é composta por um grande número de elementos (neurônios) interconectados, responsáveis pelo processamento das informações. O neurônio artificial, isoladamente, possui baixa capacidade de processamento; entretanto, quando interligado à rede de neurônios, essa capacidade é infinitamente ampliada.

As RNAs, assim como o cérebro humano, aprendem através de exemplos. Por suas características próprias, elas possuem como principal aplicabilidade a solução de problemas envolvendo aproximação de funções e classificação de padrões.

14.2.1 Breve histórico das redes neurais artificiais

As primeiras pesquisas sobre RNAs tiveram início em 1943, com a publicação de um artigo de autoria do psiquiatra e neuroanatomista Warren McCulloch e do matemático Walter Pitts (McCulloth; Pitts, 1943). Nesse artigo, eles estabeleceram as bases da neurocomputação, desenvolvendo procedimentos matemáticos similares ao funcionamento dos neurônios biológicos. Essa contribuição teve um caráter estritamente conceitual, já que os autores não sugeriram aplicações práticas para o seu trabalho, e nem os sistemas propostos por eles tinham a capacidade de aprender.

Em 1949, o biólogo Donald Hebb, o qual estudava o comportamento dos animais, deu um passo importante na história das RNAs, pois foi o primeiro a propor uma regra de modificação de pesos, criando um modelo de aprendizado. Hebb propôs que a conectividade do cérebro é continuamente modificada conforme o organismo vai aprendendo tarefas funcionais diferentes e que agrupamentos neurais são criados por tais modificações.

Nos anos 1950, apareceram implementações de RNAs através de circuitos analógicos e, naquela época, acreditou-se que o caminho para o entendimento da inteligência humana havia sido descoberto. Em 1956, Nathaniel Rochester, um dos desenvolvedores da IBM, que produziu um dos primeiros programas de Inteligência Artificial, desenvolveu uma simulação em computador do neurônio de McCulloch e Pitts, com regra de treinamento Hebbiana.

Frank Rosenblatt, pesquisador norte-americano, em 1957 desenvolveu o Perceptron, que tinha como objetivo o reconhecimento de padrões ópticos (modelo da visão humana). Em 1958, Rosenblatt introduziu o primeiro modelo de rede neural artificial, estabelecendo a base para a Inteligência Artificial.

O cientista Bernard Widrow desenvolveu um novo tipo de elemento de processamento de redes neurais, chamado de Adaline, equipado com uma poderosa lei de aprendizado que, diferente do Perceptron, ainda possui uma larga aplicabilidade na atualidade. Bernard Widrow também fundou a primeira empresa de circuitos neurais digitais, a Memistor Corporation.

O norte-americano Marvin Minsky, professor da Universidade Carnegie Mellon e um dos pioneiro nos estudos da Robótica, desenvolveu um estudo contrário à lógica. Ele escreveu o livro *Perceptrons* (Minsky; Papert, 1969), no qual demonstrou as limitações da Inteligência Artificial. Em uma rigorosa análise matemática, ficou comprovado o baixo poder computacional dos modelos neurais utilizados na época, o que levou as pesquisas nesse campo a ficarem relegadas a poucos pesquisadores. Entre a década de 1970 e o início da década de 1980, o período ficou conhecido como "a era perdida no campo de redes neurais artificiais".

Nos anos 1980, o interesse pela área retornou, em grande parte devido ao surgimento de novos modelos de RNAs, como o proposto por John Hopfield, físico e biólogo professor da Universidade de Princeton, e Teuvo Kohonen, professor acadêmico da Finlândia, especializado em Memórias Associativas. Finalmente, em 1986, David Rumelhart, estudioso da Psicologia Cognitiva, desenvolveu o algoritmo de *backpropagation*, ou retropropagação do erro. Foi proposta a sua utilização para a aprendizagem de máquina, e ficou demonstrado como implementar o algoritmo em sistemas computacionais. Além disso, nessa mesma época, ocorreu o surgimento de computadores mais rápidos e poderosos, facilitando a implementação das RNAs. Os engenheiros da computação forneceram os artefatos que tornaram possíveis as aplicações da Inteligência Artificial.

14.2.2 Redes neurais artificiais na Engenharia de Avaliações

Por ser recente, essa metodologia de inferência não paramétrica ainda é desconhecida pela maioria dos profissionais atuantes na Engenharia de Avaliações. Contudo, alguns colegas pesquisadores já afirmavam a importância desse novo conceito, desenvolvendo pesquisas nessa área e sendo responsáveis, aliás, pelos avanços que culminaram na aceitação das RNAs como metodologia científica pela NBR 14653-2 (avaliação de bens – imóveis urbanos) da ABNT. No subitem 8.2.1.4.3 (procedimentos metodológicos – tratamento científico), consta a seguinte denominação:

> Quaisquer que sejam os modelos utilizados para inferir o comportamento do mercado e a formação de valores, devem ter seus pressupostos devidamente explicitados e testados. Quando necessário, devem ser intentadas medidas corretivas, com repercussão dos graus de fundamentação e precisão.
>
> Outras ferramentas analíticas, para a indução do comportamento do mercado, consideradas de interesse pelo engenheiro de avaliações, tais como redes neurais artificiais, regressão espacial e análise envoltória de dados, podem ser aplicadas, desde que devidamente justificadas do ponto de vista teórico, com inclusão de validação, quando pertinente. (ABNT, 2011).

Alguns trabalhos científicos de pesquisadores dessa área, bem como títulos de trabalhos apresentados em congressos e outras reuniões de caráter técnico, podem ser encontrados no site da Pelli Sistemas Engenharia (www.pellisistemas.com.br).

14.3 Conceitos básicos

Como já explicado, as RNAs, ou redes artificiais de neurônios, foram desenvolvidas a partir de uma tentativa de reproduzir em computador um modelo computacional que simulasse a estrutura e o funcionamento do cérebro humano. Assim, uma RNA é uma implementação de um algoritmo que tem como base o funcionamento do cérebro humano.

As RNAs caracterizam-se por possuírem:

- Elementos de processamento de estrutura bem simples, inspirados no funcionamento do neurônio biológico.
- Conexões entre esses elementos de processamento. A cada conexão na rede há um peso associado, o qual representa a intensidade de interação ou acoplamento entre os elementos de processamento e se a sua natureza é excitatória ou inibitória.
- Camadas de neurônios responsáveis pelas entradas das informações (camada de entrada, que corresponde às variáveis independentes utilizadas no mercado imobiliário, por exemplo, área, frente, dormitórios etc.), pelo processamento dessas informações (camada intermediária) e pela produção de resultados (camada de saída, que corresponde às variáveis dependentes, normalmente valor unitário ou valor total).

14.3.1 O neurônio natural

O sistema nervoso humano é responsável pela tomada de decisões e pela adaptação do organismo ao meio ambiente, sendo essa função realizada através de um aprendizado contínuo. Esse sistema é constituído de células, responsáveis pelo seu funcionamento, denominadas neurônios (Fig. 14.1). O cérebro humano apresenta aproximadamente 10^{11} neurônios e cerca de 10^{15} conexões entre eles. Essas células recebem, geram e transmitem os estímulos que chegam ou partem do cérebro.

O neurônio é delimitado por uma fina membrana celular que possui determinadas propriedades, essenciais ao funcionamento da célula. A partir do corpo celular, projetam-se extensões filamentares chamadas de dendritos, que são capazes de receber sinais, e o axônio, por onde as informações são transmitidas. Assim, ao ser excitado, um neurônio transmite informações, através de impulsos, chamados potenciais de ação, para outros neurônios. Esses sinais são propagados como ondas pelo axônio da célula e convertidos para sinais químicos nas sinapses.

O neurônio biológico pode ser visto como o dispositivo computacional elementar do sistema nervoso, composto de muitas entradas e saídas. As entradas são formadas pelas conexões sinápticas que conectam os dendritos aos axônios de outras células nervosas. Os sinais que chegam por esses axônios são pulsos elétricos conhecidos como impulsos nervosos ou potenciais de ação e constituem a informação que o neurônio processa para produzir como saída um impulso nervoso no seu axônio.

Dependendo dos sinais enviados pelos axônios, as sinapses podem ser excitatórias ou inibitórias. Uma conexão excitatória contribui para a forma-

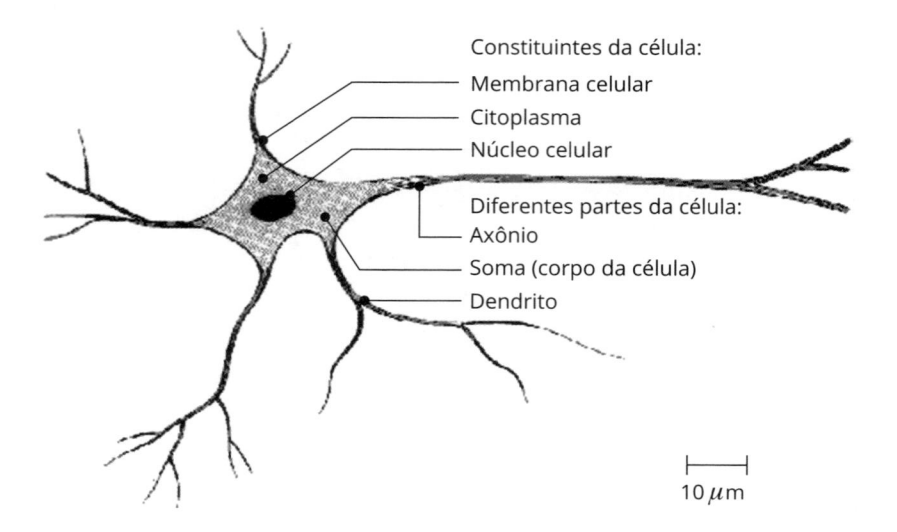

Fig. 14.1 *Representação de um neurônio biológico*

ção de um impulso nervoso no axônio de saída, enquanto uma sinapse inibitória age no sentido contrário.

A partir do conhecimento da estrutura e do comportamento dos neurônios naturais, foram extraídas suas características fundamentais e utilizadas na criação de modelos de neurônios artificiais que simulam os reais. Esses neurônios artificiais são usados na formação das RNAs, compondo seus principais elementos de processamento.

14.3.2 O neurônio artificial

O elemento básico que forma uma rede neural artificial é o neurônio artificial (Fig. 14.2), conhecido também por nó ou elemento processador. Ele foi projetado com base no funcionamento de um neurônio natural.

O modelo do neurônio artificial proposto é bem simples. Ele possui várias entradas X_n com um peso W_n associado a cada uma. Alguns pesos possuem sinais excitatórios (+) e outros, sinais inibitórios (–). Os valores de entrada e ativação dos neurônios podem ser discretos, nos conjuntos {0,1} ou {–1,0,1}, ou contínuos, normalmente compreendidos nos intervalos [0,1] ou [–1,1].

Cada neurônio é capaz de processar um sinal de entrada e transformá--lo em um sinal de saída. O estado de ativação (U) do neurônio ativo durante o processamento das informações é calculado a partir da aplicação de uma função de limiar ao valor de entrada fornecido ao neurônio, ou seja, a somatória dos valores de ativação dos neurônios precedentes multiplicados pelos respectivos pesos.

A função utilizada para o cálculo de ativação geralmente é não linear, o que garante a plena funcionalidade das RNAs com múltiplas camadas de neurônios. As funções mais recorrentes são as que possuem um formato sigmoidal, tais como a sigmoide, tangente hiperbólica, seno, gaussiana etc.

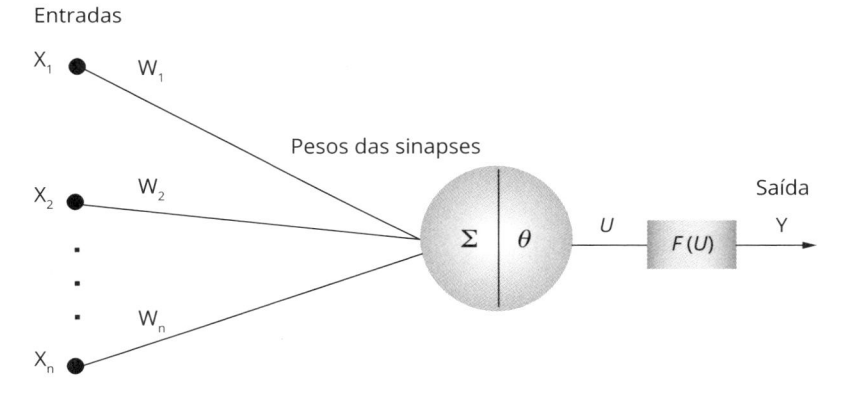

Fig. 14.2 *Representação de um neurônio artificial*

De acordo com uma ponderação dos sinais de entrada, realizada pela função de ativação $F(u)$, o neurônio pode ser ativado e enviar um sinal de saída. Esse sinal de saída será propagado de acordo com a topologia de interconexão da rede de neurônios.

14.3.3 Analogia biológica × artificial

Conforme já mencionado, os modelos neurais procuram aproximar o processamento dos computadores à forma como as informações são processadas pelo cérebro humano. Na verdade, o grande desejo do homem tem sido a criação de uma máquina que possa operar independentemente do controle humano. Uma máquina cuja independência esteja vinculada à sua capacidade de aprendizado, que possa interagir com ambientes desconhecidos e tirar suas próprias conclusões. Os organismos humanos são fonte de motivação para o desenvolvimento dessas máquinas e proporcionam diversos estudos para o desenvolvimento de algoritmos de aprendizado e adaptação. Assim, espera-se que algumas das características de organismos biológicos de aprendizado e adaptação estejam presentes nelas.

Enquanto os computadores têm um funcionamento predeterminado, proporcionando maior eficiência na resolução de tarefas sequenciais, o cérebro humano funciona de modo paralelo e conectado ao seu ambiente, sendo mais eficiente na resolução de tarefas que exigem a interpretação de diversas variáveis.

As RNAs consistem na estruturação de um sistema que simule o cérebro humano através do processo de aprendizagem e erro, e que permita a tomada de decisões com base no conhecimento adquirido. Uma grande RNA pode ter centenas ou milhares de unidades de processamento, enquanto o cérebro de um mamífero pode ter bilhões de neurônios. A Fig. 14.3 ilustra a comparação entre as redes biológicas e as redes neurais artificiais.

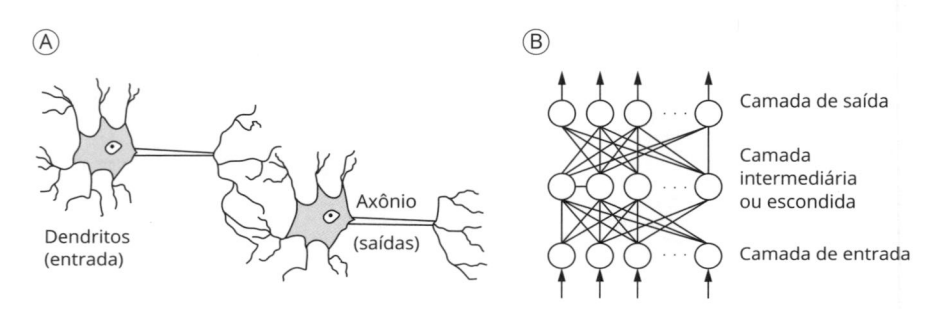

Fig. 14.3 *(A) Rede biológica e (B) rede artificial*

14.4 Classificação dos modelos de redes neurais artificiais

Os modelos de RNAs podem ser classificados em diversos grupos, de acordo com suas características e propriedades. Esses grupos dividem as redes neurais de acordo com os seguintes fatores:

- *Treinamento*: pode ser autoaprendizado ou aprendizado supervisionado. O treinamento supervisionado consiste em apresentar à rede neural um padrão a ser reconhecido juntamente com a resposta que a rede deve fornecer ao deparar-se novamente com o mesmo padrão. Na Engenharia de Avaliações, os padrões a serem apresentados na entrada são os elementos amostrados, constituídos pelas variáveis de entrada, e na saída da rede é o valor unitário ou valor total. Já no treinamento com autoaprendizado, os padrões são apresentados para a rede e esta se encarrega de agrupar aqueles que possuem características similares. Esse processo é também chamado de *clusterização* (divisão de classes).

- *Regra de aprendizado*: algoritmo competitivo ou algoritmo adaptativo por correção de erros. As redes neurais que utilizam regras de aprendizado do tipo competitivas caracterizam-se pelas conexões laterais dos neurônios com seus vizinhos, estabelecendo, assim, uma competição entre os neurônios. As redes de Hopfield e Kohonen se enquadram nessa categoria. As redes com aprendizado do tipo correção de erros são baseadas no princípio da adaptação e correção dos pesos de atuação de cada neurônio, até que este produza a saída desejada. A correção de erros está diretamente ligada ao aprendizado do tipo supervisionado. Esse é o caso para a aplicação na Engenharia de Avaliações, para as avaliações comparativas do mercado imobiliário.

Apresentam-se a seguir as etapas do treinamento.

1. Inicialização dos pesos com valores dentro de determinado intervalo. Normalmente, são inicializados randomicamente no intervalo compreendido entre ±0,5.

2. Apresentação do vetor de entrada (variáveis independentes: características intrínsecas e extrínsecas dos elementos amostrados) com as respectivas saídas desejadas (valor unitário ou total):

$$X_i = (X_0, X_1,..., X_n)$$

3. Cálculo da saída:

$$Y_{p,j} = \sum_{i=0}^{n-1} W_{ij}\,\theta_{pi}$$

em que:

W_{ij} = peso que parte da unidade i para a unidade j;

θ_{pi} = saída produzida pela rede para o padrão p na conexão i. Na camada inicial, θ_{pi} é igual a X_i.

4. Adaptação dos pesos, a começar pela camada de saída:

$$W_{ij}(t+1) = W_{ij}(t) + \alpha \cdot \delta_{pj} \cdot \theta_{pj}$$

em que:

$W_{ij}(t)$ = peso que parte da unidade i para a unidade j no tempo t;

α = taxa de aprendizagem;

δ_{pj} = erro para o padrão p na unidade j.

Na unidade de saída, o erro é calculado por:

$$\delta_{pj} = \left(t_{pj} - \theta_{pj}\right)\theta_{pj} \cdot \left(1 - \theta_{pj}\right)$$

Já nas unidades da camada escondida, ele é calculado por:

$$\delta_{pj} = \theta_{pj}\left(1 - \theta_{pj}\right)\sum_{k}\delta_{pk} \cdot W_{kj}$$

Uma observação importante é que valores altos para a taxa de aprendizagem implicam grandes modificações nos pesos. O valor ideal de α depende do problema.

5. Apresentação de novas entradas até que todos os padrões sejam apresentados e o erro esteja tão pequeno quanto se deseja.

14.4.1 Parâmetros para o modelo

Será demonstrado aqui os resultados obtidos através da aplicação das RNAs para os mesmos dados usados no Cap. 1, utilizando o software SisReN.

Considerando as condições dos elementos comparativos, define-se como variável de saída (dependente) o *valor unitário* (quociente entre o valor do imóvel e a área útil do elemento, expresso em R\$/m^2) em função das variáveis de entrada (independentes ou explicativas):

- $A_{útil}$, em metros quadrados;
- F_t (índice fiscal), que é o fator de transposição/localização, expresso em UNIFs;
- F_e, que é o fator de equivalência; nesse caso, corresponde ao padrão de acabamentos.

A partir da amostra considerada na avaliação e para efeito de comparação dos resultados com a regressão linear, foram também descartados os elementos nº 9, nº 11 e nº 20, que resultaram em dados discrepantes nos estudos preliminares. Os dados efetivamente utilizados no treinamento das redes neurais artificiais constam do Cap. 1.

Relatórios e gráficos

Processados os cálculos com o *software* SisReN, referentes às fases de treinamento e validação do modelo, são apresentados nas Tabs. 14.1 e 14.2 e Figs. 14.4 a 14.6 alguns dos relatórios e gráficos gerados pelo *software*.

Tab. 14.1 Estatísticas básicas

Número de dados	Número de variáveis de entrada	Graus de liberdade
17	3	14

Tab. 14.2 Análise dos resíduos

Preço observado	Valor estimado	Resíduo	Resíduo relativo	Resíduo/DP
1.138,21	1.090,96	47,24	4,15	0,94
1.033,33	999,59	33,73	3,26	0,67
974,03	988,26	−14,23	−1,46	−0,28
1.326,53	1.298,54	27,98	2,10	0,55
1.144,07	1.078,92	65,14	5,69	1,29
1.031,25	1.008,99	22,25	2,15	0,44
1.222,22	1.147,56	74,65	6,10	1,48
923,08	885,44	37,63	4,07	0,75
940,17	1.028,79	−88,62	−9,42	−1,76
857,14	844,17	12,96	1,51	0,25
914,29	944,33	−30,04	−3,28	−0,59
950,00	942,73	7,26	0,76	0,14
954,55	928,69	25,85	2,70	0,51
1.000,00	1.068,92	−68,92	−6,89	−1,37
974,03	996,67	−22,64	−2,32	−0,45
1.285,71	1.244,76	40,94	3,18	0,81
1.000,00	1.003,44	−3,44	−0,34	−0,06

Variável	Variável médio	Cresc	
Autil (m²)	166,4706	-8,96	
Ft (UNIFs)	4104,9606	6,87	
Fe	1,1000	2,69	
Vunit (R$/m²)	907,3261		

Fig. 14.4

Neu...	Autil (m²)	Ft (UNIFs)	Fe	Vunit (R$/m²)
1	-0,8385844450	-1,0987113670	0,6959856170	0,7766325510
2	-0,4499742760	0,1124600220	0,2334294150	0,0358320370
3	-0,1785403930	-0,4859368780	0,3155745180	0,2474257170
4	1,9252595810	-1,6134272860	0,9084859640	1,4774572100
5	0,4018570990	-0,5711538290	0,1308523490	0,1683842580
6	-0,0092309420	0,8641913420	-0,4913018790	-0,3631222460
7	3,9241096030	4,4339616770	1,3545473290	-1,1784232030
Bias				0,2900440280

Fig. 14.5 *Modelo estimado (pesos dos neurônios)*

Neu...	Autil (m²)	Ft (UNIFs)	Fe	Vunit (R$/m²)
1	-0,8385844450	-1,0987113670	0,6959856170	0,7766325510
2	-0,4499742760	0,1124600220	0,2334294150	0,0358320370
3	-0,1785403930	-0,4859368780	0,3155745180	0,2474257170
4	1,9252595810	-1,6134272860	0,9084859640	1,4774572100
5	0,4018570990	-0,5711538290	0,1308523490	0,1683842580
6	-0,0092309420	0,8641913420	-0,4913018790	-0,3631222460
7	3,9241096030	4,4339616770	1,3545473290	-1,1784232030
Bias				0,2900440280

Fig. 14.6 *Valores estimados e preços observados*

Valoração – estimação

Os valores do avaliando são:

$A_{útil} = 130,00$;

$F_t = 3.973,21$;

$F_e = 1,00$.

Já o valor estimado pelas RNAs é de R$ 970,09/m².

Campo de arbítrio (15%):

Valor mínimo: R$ 824,04;
Valor máximo: R$ 1.137,88.

Considerando a elasticidade das ofertas, será aplicado um fator de fonte (F_f) de 0,90, calculado para o mercado do Rio de Janeiro na data da avaliação.

$$V_i = 970,09 \times 0,90 = 873,08 \; R\$/m^2$$

Assim, para o imóvel avaliando, sendo o valor unitário de R$ 873,08/m^2, tem-se:

$$V_{i(RNA)} = 873,08 \; R\$/m^2 \times 130 \; m^2 = R\$ 113.500,53$$

ou, em números redondos,

$$V_i = R\$ 113.500,00$$
(cento e treze mil e quinhentos reais)

Conclusão

O valor do imóvel adotado pelo perito avaliador firmou-se no valor estimado pelas RNAs, por se tratar de metodologia científica, cujo valor situa-se próximo ao valor médio obtido por meio dos demais tratamentos empregados. Assim:

- V_i (clássica) = R$ 112.000,00;
- V_i (inferencial) = R$ 116.000,00;
- V_i (redes neurais) = R$ 113.500,00.

$$V_i \text{ (adotado)} = R\$ 113.500,00$$
Data-base: junho/2005

O tópico abordado neste capítulo, bem como a aplicação desenvolvida, é de extrema importância, na medida em que demonstra como sistemas com capacidade de aprendizagem podem ser utilizados nas mais diversas áreas científicas. O presente trabalho apresentou um experimento utilizando redes neurais artificiais, através do algoritmo de aprendizado *backpropagation,* para a identificação da função geradora que descreve o comportamento do mercado imobiliário.

Os modelos de inferência utilizados, de regressão linear múltipla e RNA, apresentaram resultados bem próximos. Salienta-se que esses modelos definem abordagens distintas para estabelecer uma forma de inferir o valor de mercado de imóveis urbanos, calcadas em estudos científicos.

15 EXEMPLOS PRÁTICOS DE AVALIAÇÕES IMOBILIÁRIAS

Ao longo de sua brilhante carreira profissional como Perito e Avaliador, o Professor e Engenheiro Sérgio Antonio Abunahman muitas vezes realizava trabalhos em conjunto com alguns colegas e amigos – seus parceiros profissionais.

Não seria possível registrar aqui todos os seus parceiros, devido à quantidade quase incomensurável de trabalhos realizados. Dessa forma, selecionamos 3 (três) laudos elaborados em conjunto, sempre sob sua orientação e supervisão, que esperamos serem úteis para os leitores.

Por questões editoriais, foram suprimidas fotografias, croquis, tabelas, plantas e outros elementos porventura utilizados nos laudos que são tão somente citados em "anexos".

15.1 Avaliação locativa de uma loja pelo método comparativo direto de dados de mercado (MCDDM)

LAUDO DE AVALIAÇÃO

Solicitante: a Proprietária

Objeto: Loja B, situada na Rua Sete de Setembro nº 48 – Centro – Rio de Janeiro, RJ

Objetivo: determinação do atual valor de locação

Data-base: outubro de 2019

Peritos avaliadores:
Eng. Sérgio Antonio Abunahman – CREA-RJ nº 1.445-D
Eng. Salvador José Bailuni – CREA-RJ nº 46.8725-D
Eng. Bruno Bailuni Cavalheiro – CREA-RJ nº 2006103298
Eng.ª Caroline Elias Bailuni – CREA-RJ nº 2014104807

AVALIAÇÃO

R$ 37.600,00

(trinta e sete mil e seiscentos reais mensais)

Introdução

O presente trabalho tem por objetivo determinar o justo valor de locação da Loja B do Edifício EMDA, situado na Rua Sete de Setembro n° 48, com numeração suplementar na Rua da Quitanda n° 41, Centro, Rio de Janeiro, RJ, atualmente sendo ocupada pelo comércio de vestuário feminino, que será motivo de maiores detalhes adiante.

A finalidade do mesmo é subsidiar a LOCADORA e proprietária do imóvel, assim como a LOCATÁRIA, na renovação do Contrato de Locação de forma amigável, podendo, entretanto, servir como peça de instrução em processo judicial.

Cabe salientar que o valor ao final encontrado é aquele a que o imóvel pode ser locado depois de exposto ao mercado por um período razoável, atingindo o que seria justo para a negociação.

Ressaltamos ainda que os Peritos Avaliadores não têm qualquer inclinação ou interesse na aquisição, venda ou locação do aludido imóvel, sendo que o valor ao final indicado foi aquele que o Mercado Imobiliário atual vem determinando através da Lei da Oferta e da Procura.

Metodologia

Apresentaremos a seguir algumas considerações e definições, assim como os principais métodos de avaliações definidos pela Associação Brasileira de Normas Técnicas (ABNT), a qual acatamos no presente trabalho.

Considerações gerais sobre a técnica de avaliações

A Engenharia de Avaliações é a ciência de estimar os valores das propriedades específicas, em que o conhecimento profissional de Engenharia e os bons julgamentos são condições essenciais. Já se foi o tempo em que o "olho mágico" do avaliador, ou seja, a sua experiência era a melhor técnica admitida para a avaliação de um bem. Não há dúvidas de que a experiência do avaliador muito influi para uma boa aplicação das técnicas hoje conhecidas, mas os métodos científicos desenvolvidos até os dias atuais fazem com que o avaliador cada vez mais se paute por dados estatísticos, tecnicamente analisados, em detrimento do sentimento pessoal.

Na avaliação imobiliária, isto é, na determinação do valor de um imóvel, sempre que possível, o avaliador não deve se ater a um único aspecto da questão, convindo considerar simultaneamente a utilidade e o custo, por serem inseparáveis e complementares. O objetivo da avaliação é encontrar a tendência central ou média ponderada indicada por importantes dados do mercado.

Stanley L. McMichael, em seu *Tratado de Transación*, afirma:

> Os avaliadores de propriedades imobiliárias não têm o dom da profecia e será útil recorrer-se a eles para que estimem o valor puramente especulativo da propriedade, muito embora seja frequente desejar o proprietário precisamente este tipo de informações, especialmente quando se tem em vista uma transação.

Valor, custo e preço

As palavras *valor*, *custo* e *preço* têm significados distintos. *Preço* é a quantia paga pelo comprador ao vendedor; já o *custo* é o preço pago mais todas as outras despesas em que incorre o comprador na aquisição da propriedade.

O custo de uma propriedade não é necessariamente igual ao seu valor, embora o custo seja uma prova de valor; por outro lado, na investigação do valor de uma propriedade, procura-se conhecer tanto o custo original quanto o custo de reprodução.

A palavra *valor* tem muitos sentidos e diversos elementos modificadores. As definições a seguir mostram os sentidos mais usuais do termo em Engenharia de Avaliações:

- *Valor de mercado*: é aquele encontrado por um vendedor desejoso de vender, mas não forçado, e um comprador desejoso de comprar, mas também não forçado, tendo ambos plenos conhecimentos das condições de compra e venda e da utilidade da propriedade.
- *Valor de reposição*: é aquele valor da propriedade determinado com base no quanto ela custaria (normalmente conforme os preços correntes do mercado) para ser substituída por outra igualmente satisfatória.
- *Valor rentábil*: é o valor atual das receitas líquidas prováveis e futuras, segundo prognóstico feito com base nas receitas e despesas recentes e nas tendências dos negócios.

A Suprema Corte da Califórnia, nos Estados Unidos, assim definiu o valor venal:

> VALOR VENAL ou de mercado é o maior preço em dinheiro que produziria a terra se fosse posta à venda no mercado, por tempo razoável, para encontrar comprador que adquirisse, com pleno conhecimento de todos os usos e finalidades a que se adapta e a que pode ser submetida.

Para alcançar isso, os peritos avaliadores ficam subordinados ao seguinte esquema de trabalho, para o presente caso:

a. Procurar referências de locações de propriedades comparáveis.

b. Atualizar o preço das propriedades locadas/ofertadas às diferentes épocas de transações.

c. Comparar as propriedades locadas/ofertadas com a propriedade que está sendo avaliada.

d. Pesquisar a tendência central ou média ponderada dos resultados obtidos para finalmente chegar-se ao valor.

Métodos de avaliações

Para se alcançar o valor, têm-se os métodos de avaliação definidos pela ABNT:

- *Método comparativo:* é aquele em que o valor do imóvel, ou de suas partes constitutivas, é obtido através da comparação de dados de mercado relativos a outros de características similares.
- *Método de custo:* é aquele em que o valor das benfeitorias resulta de orçamento sumário ou detalhado ou da composição dos custos de outros iguais ao objeto da avaliação (custo de reprodução) ou equivalente (custo de substituição).
- *Método da renda:* é aquele em que o valor do imóvel, ou de suas partes constitutivas, é obtido pela capitalização da renda líquida, real ou prevista.
- *Método involutivo:* é aquele em que o valor do terreno bruto, não construído, alicerçado no seu aproveitamento eficiente é baseado em um modelo de estudo de viabilidade técnico-econômico.
- *Método evolutivo:* é aquele em que o valor do imóvel é obtido através do cálculo, direto ou indireto, dos valores do terreno e da construção, devendo ser consideradas também as condições de mercado.

Princípios e ressalvas

O Laudo de Avaliação do imóvel, a seguir enumerado, calculado e particularizado, obedeceu criteriosamente aos seguintes princípios fundamentais:

a. Os peritos avaliadores inspecionaram o imóvel, objeto do presente trabalho.

b. Os peritos avaliadores não possuem nenhuma inclinação pessoal em relação à matéria envolvida neste Laudo.

c. O Laudo foi elaborado com estrita observância dos postulados constantes dos Códigos de Ética Profissional do Conselho Federal de Engenharia e Agronomia (Confea).

d. Os peritos avaliadores assumem a responsabilidade sobre a matéria de Engenharia estabelecida em Leis, Códigos ou regulamentos próprios.

e. Não foram efetuadas investigações específicas no que concerne a defeito dos títulos, invasões, hipotecas, superposições de divisas e outros, por não integrarem o objetivo desta avaliação.

f. No Laudo de Avaliação apresentado, presume-se que as dimensões constantes das documentações oferecidas estão corretas e que o título de propriedade é bom: subentende-se que as informações fornecidas por terceiros são confiáveis.

g. O presente Laudo de Avaliação apresenta todas as condições limitativas impostas pela metodologia aplicada.

h. Os honorários profissionais dos peritos avaliadores não estão de forma alguma relacionados à conclusão deste Laudo.

i. Este trabalho foi elaborado sob a responsabilidade dos peritos avaliadores e ninguém, a não ser os próprios, preparou as descrições, análises e respectivas conclusões.

Características da região

De acordo com a NBR 14653-1 (ABNT, 2019a) e buscando atingir um melhor entendimento do presente Laudo de Avaliação, a seguir apresentamos as características da região e da circunvizinhança onde se situa o imóvel avaliando.

Localização

O prédio onde se encontra o imóvel avaliando localiza-se na Rua Sete de Setembro nº 48, Centro, Rio de Janeiro, RJ, e é composto de 01 (um) subsolo, 02 (duas) lojas, 01 (uma) sobreloja, 11 (onze) pavimentos e 01 (uma) cobertura, posicionando-se na quadra delimitada pelo logradouro de situação, fazendo esquina com a Rua da Quitanda. Complementando a quadra, temos a Travessa do Ouvidor e Rua do Ouvidor (anexo 9.1 – croqui de localização).

Logradouros de situação

As Ruas Sete de Setembro e da Quitanda estão inseridas na 2ª Região Administrativa (II RA) e integram a Área Central 2 (AC 2), de acordo com o Decreto nº 322 de 3 de março de 1976.

A Rua Sete de Setembro tem seu início na Rua Primeiro de Março, corta a principal via do Centro, a Avenida Rio Branco, e finda junto à Praça Tiradentes.

A Rua da Quitanda inicia-se na Rua São José e finda na Rua São Bento, próximo ao morro de mesmo nome. Desenvolvem-se sempre em traçados retilíneos sobre perfis planos.

No trecho onde se encontra o imóvel avaliando, não obstante a linha do veículo leve sobre trilhos (VLT), o acesso é exclusivo a pedestres, sendo seu calçamento revestido totalmente em pedras portuguesas, não possuindo, portanto, pistas de rolamento para veículos, onde o acesso só é permitido aos autorizados.

Acessibilidade/transportes

Destacam-se como as principais vias de acesso à região as Avenidas Presidente Vargas, Rio Branco, Presidente Antônio Carlos e a Rua Primeiro de Março.

Com relação aos meios de transportes, constatamos a existência de inúmeras linhas de ônibus urbanos em logradouros próximos que ligam o centro a todos os bairros do município.

Além do VLT, temos o metrô com as estações Carioca e Uruguaiana, a Estação das Barcas (Praça XV) com transporte regular para Niterói, Ilha do Governador e Paquetá, além do Aeroporto Santos Dumont.

Em relação ao imóvel em pauta, são as seguintes as distâncias aproximadas:

Avenida Rio Branco ....120,00 m

Avenida Presidente Vargas ....400,00 m

Rua Primeiro de Março ....100,00 m

Terminal Menezes Cortes ....300,00 m

Estação de metrô Carioca ....450,00 m

Estação de metrô Uruguaiana ....500,00 m

Estação das Barcas (Praça XV) ....450,00 m

Aeroporto Santos Dumont ....1.000,00 m

Tipo de ocupação circunvizinha

A região é constituída totalmente de prédios comerciais que variam de 01 a 42 pavimentos, onde, invariavelmente, no térreo têm-se lojas com o mais variado comércio possível: bancos, restaurantes, magazines etc. E, nos pavimentos superiores, escritórios diversos funcionando. Enfim, a região é o centro econômico-financeiro para onde converge todo o movimento administrativo, político e socioeducacional do município do Rio de Janeiro.

Melhoramentos públicos

A região é beneficiada por todos os melhoramentos existentes na cidade, tais como: redes de distribuição de água e captação de esgoto, energia elétrica (luz e força), telefone, correios, bancos, restaurantes, hospitais, praças, limpezas, conservação viária etc.

Descrição do imóvel

Em vistoria realizada no dia 21 de outubro de 2019, em conformidade com a NBR 13752 (ABNT, 1996), a seguir serão apresentadas as principais características e descrição do imóvel.

O prédio

O edifício EMDA localiza-se na esquina das Ruas Sete de Setembro e da Quitanda, tendo pela Rua Sete de Setembro o n° 48, onde se situa a portaria, e numeração suplementar pela Rua da Quitanda n° 41.

A edificação é composta de 02 (duas) lojas no pavimento térreo, sendo uma delas ocupada por um magazine, designada Loja A, que abrange também o subsolo e a sobreloja, e a outra ocupada pela loja de vestuário feminino, que é designada de Loja B, além dos demais pavimentos superiores e uma cobertura, que são ocupados por diversas empresas.

O prédio é de bom padrão construtivo, tendo sofrido recente reforma de modernização e adaptação para a utilização como *shopping*, sendo a sua estrutura erigida em concreto armado, apresentando materiais de boa qualidade, tais como: fachada revestida em granito polido do térreo à sobreloja e daí à cobertura, massa e pintura. O saguão de entrada apresenta piso e paredes revestidas em granito polido, teto em gesso pintado como tinta lavável e luminárias com lâmpadas fluorescentes embutidas.

Além de escada contínua, a circulação vertical é feita através de 03 (três) elevadores da marca OTIS, com capacidade para 12 (doze) pessoas ou 840 kg de carga cada um, e escada interna contínua que liga a portaria ao 12° andar. A cobertura tem seu acesso feito através de escada independente, que a liga ao 12° pavimento.

O acesso ao subsolo é feito somente por escada independente pela Loja A, complementando o conjunto subsolo/loja. Existem 02 (dois) elevadores da marca OTIS com capacidade para 12 (doze) passageiros ou 840 kg que ligariam o subsolo, a Loja A, a sobreloja e daí ao 6° pavimento; entretanto, eles estão desativados.

Imóvel avaliando

As características e os principais acabamentos do objeto em estudo LOJA B são os seguintes:

Com testada voltada para a Rua Sete de Setembro, conta com duas vitrines amplas de vidro temperado, sendo uma para o logradouro de situação e a outra voltada para o *hall* dos elevadores de acesso ao *shopping*. O acesso ao imóvel é exclusivo pelo logradouro de situação, através de porta de ferro com vidro transparente e fechadura.

Segue a distribuição interna:

Amplo salão, na parte frontal destinado a atendimento ao público, área intermediária com provador constituído de 05 (cinco) cabines e, nos fundos, um sanitário e um cômodo destinado ao estoque/depósito de mercadorias, este em dois níveis, com ligação por escada de ferro.

O salão conta com piso revestido por placas de cerâmica na parte frontal e piso em laminado na área intermediária dos provadores. As paredes são emboçadas e pintadas, acopladas com espelhos, painéis ou armários decorativos revestidos de madeira para exposição de mercadorias. O teto é rebaixado em gesso, emboçado e pintado, dotado de aerofusos para ar condicionado, além de luminárias tipo *spot*.

O sanitário apresenta vaso, lavatório com cuba em granito, sensor de presença e exaustor. O piso é revestido em laminado, as paredes são revestidas em placas de cerâmica até meia-altura, daí em diante emboçadas e pintadas, e o teto é rebaixado em gesso, emboçado e pintado.

A área de estoque apresenta piso revestido por placas laminadas, paredes emboçadas e pintadas, e teto com pé-direito de aproximadamente 1,90 m em madeira pintada no 1º nível e laje pintada no 2º nível.

O imóvel apresenta sensores de presença, iluminação por lâmpadas alógenas, rodapés e portas de madeira. Seu estado de conservação pode ser considerado como estado 2,5 – entre regular e reparos simples, segundo a classificação pela tabela do critério de Heidecke (Tab. A.2).

Área útil do imóvel e sua testada

De acordo com a documentação fornecida pela consulente e a verificação *in loco*, o imóvel apresenta uma área útil de 163,73 m², possuindo testada principal de 11,80 m, voltada para Rua Sete de Setembro.

Cálculos avaliatórios

O laudo de avaliação imobiliária elaborado pelos peritos avaliadores seguiu a norma técnica NBR 14653 – Avaliação de Bens (Parte 1: Procedimentos Gerais e Parte 2: Imóveis Urbanos) da Associação Brasileira de Normas Técnicas (ABNT).

Metodologia adotada

Para o objeto em pauta, sem dúvida o método comparativo direto de dados de mercado (MCDDM) é o mais adequado e o que apresentará melhor resultado, além de ser sugerido pela citada norma. Tal método foi definido após o levantamento de dados de mercado (amostragem), considerado adequado para a sua aplicação.

Será adotado o "tratamento por fatores" com uso da estatística descritiva, como preconiza a norma: "O tratamento por fatores é aplicável a uma amostra composta por dados de mercado com as características mais próximas possíveis do imóvel avaliando" (NBR 14653-2 – ABNT, 2019a).

Para tal, foi realizada ampla pesquisa no mercado, através de arquivos pessoais dos peritos avaliadores, firmas imobiliárias, internet, anúncios de jornais e in loco, visando selecionar elementos amostrais os mais semelhantes possíveis ao imóvel avaliando. Em alguns casos de lojas ofertadas, além do valor do aluguel era solicitado o valor de "luvas", que foram diluídas no valor corrido do aluguel através da expressão:

$$VL = VA + R$$

em que:

VL = valor de locação mensal;

VA = valor simples de aluguel;

R = reposição mensal de luvas, sendo:

$$R = P \, \frac{i\,(1 + i)\,n}{(1 + i)\,n - 1}$$

em que:

i = taxa mensal (1,531%) ou 20% a.a.;

P = valor das luvas;

n = número de meses do contrato.

Assim, em pesquisa e inspeção realizada no mês de outubro de 2019, encontramos o seguinte rol amostral, ao qual foram atribuídos os seguintes pesos para o cálculo das respectivas áreas equivalentes:

- Térreo: peso 1,00
- Subsolo: peso 0,30
- Jirau: peso 0,70
- Sobreloja: peso 0,50
- Pavimentos superiores: peso 0,30

Para o tratamento por fatores, foram considerados, para o imóvel avaliando:

- Área útil equivalente: 163,73 m²
- Posicionamento: meio de quadra e testada secundária voltada para o acesso ao shopping
- Testada principal: 11,80 m
- Equivalência: estado 2,5 (entre regular e reparos simples)
- V_{Lj} (valor unitário padrão loja) = R$ 5.078,39

Já os elementos amostrais:

- Elemento nº 1
  - ◊ Endereço: Rua da Quitanda nº 51 – Centro, Rio de Janeiro, RJ
  - ◊ Tipo do imóvel: Loja comercial
    - ◊ Posicionamento: meio de quadra
    - ◊ V_{Lj} (valor unitário padrão loja): R$ 5.144,67
    - ◊ Testada: 7,00 m
    - ◊ Térreo: 300,00 m² (peso 1,00)
    - ◊ Jirau: 200,00 m² (peso 0,70)
    - ◊ Sobreloja: 270,00 m² (peso 0,50)
    - ◊ Pavimento superior: 270,00 m² (peso 0,30)
    - ◊ Área útil total: 1.040,00 m²
    - ◊ Área equivalente: 656,00 m²
    - ◊ Estado de conservação: 2,5 (entre regular e reparos simples)
    - ◊ Valor em oferta: R$ 130.000,00/mês
    - ◊ Informante/contato: Rosa Feigelson – Tel: (21) xxx-xxx-xxx
    - ◊ Em anexo foto do elemento

- Elemento nº 2
  - ◊ Endereço: Rua Buenos Aires nº 114 – Centro, Rio de Janeiro, RJ
  - ◊ Tipo do imóvel: loja comercial
  - ◊ Posicionamento: meio de quadra
  - ◊ V_{Lj} (valor unitário padrão loja): R$ 3.809,58
  - ◊ Testada: 3,50 m
  - ◊ Térreo: 112,00 m² (peso 1,00)
  - ◊ Sobreloja: 112,00 m² (peso 0,50)
  - ◊ Área útil total: 224,00 m²
  - ◊ Área equivalente: 168,00 m²
  - ◊ Estado de conservação: 2,5 (entre regular e reparos simples)
  - ◊ Valor em oferta: R$ 23.000,00/mês
  - ◊ Informante/contato: José Mauro dos Santos Fonseca – Tel: (21) xxx-xxx-xxx
  - ◊ Em anexo foto do elemento

- Elemento nº 3
  - ◊ Endereço: Rua do Rosário nº 84 – Centro, Rio de Janeiro, RJ
  - ◊ Tipo do imóvel: loja comercial

◊ Posicionamento: meio de quadra

◊ V_{Lj} (valor unitário padrão loja): R$ 4.805,75

◊ Testada: 3,50 m

◊ Térreo: 45,00 m² (peso 1,00)

◊ Sobreloja: 45,00 m² (peso 0,50)

◊ Área útil total: 90,00 m²

◊ Área equivalente: 67,50 m²

◊ Estado de conservação: 1,5 (entre novo e regular)

◊ Valor de luvas: R$ 270.000,00

◊ Valor em oferta: R$ 9.400,00/mês

◊ Valor corrigido do aluguel em oferta: R$ 16.310,98/mês

◊ Informante/contato: Osório Gatto – Tel: (21) xxx-xxx-xxx

◊ Em anexo foto do elemento

- Elemento nº 4

  ◊ Endereço: Praça Olavo Bilac nº 28, C – Centro, Rio de Janeiro, RJ

  ◊ Tipo do imóvel: loja comercial

  ◊ Posicionamento: meio de quadra

  ◊ V_{Lj} (valor unitário padrão loja): R$ 4.184,59

  ◊ Testada: 7,00 m

  ◊ Térreo: 30,00 m² (peso 1,00)

  ◊ Jirau: 20,00 m² (peso 0,70)

  ◊ Área útil total: 50,00 m²

  ◊ Área equivalente: 44,00 m²

  ◊ Estado de conservação: 1,5 (entre novo e regular)

  ◊ Valor em oferta: R$ 8.000,00/mês

  ◊ Informante/contato: Tito Livio Ferreira Gomide – Tel: (11) xxx-xxx-xxx

  ◊ Em anexo foto do elemento

- Elemento nº 5

  ◊ Endereço: Rua do Ouvidor nº 161 – Centro, Rio de Janeiro, RJ

  ◊ Tipo do imóvel: loja comercial

  ◊ Posicionamento: esquina

  ◊ V_{Lj} (valor unitário padrão loja): R$ 4.805,75

  ◊ Testada principal: 6,50 m

  ◊ Térreo: 80,00 m² (peso 1,00)

◊ Área útil total: 80,00 m²
◊ Área equivalente: 80,00 m²
◊ Estado de conservação: 1,5 (entre novo e regular)
◊ Valor em oferta: R$ 25.000,00/mês
◊ Informante/contato: Paulo Tadeu Costa – Tel: (21) xxx-xxx-xxx
◊ Em anexo foto do elemento

- Elemento nº 6
  ◊ Endereço: Rua da Alfândega nº 65 – Centro, Rio de Janeiro, RJ
  ◊ Tipo do imóvel: loja comercial
  ◊ Posicionamento: meio de quadra
  ◊ V_{Lj} (valor unitário padrão loja): R$ 4.880,59
  ◊ Testada: 4,00 m
  ◊ Térreo: 180,00 m² (peso 1,00)
  ◊ Área útil total: 180,00 m²
  ◊ Área equivalente: 180,00 m²
  ◊ Estado de conservação: 2,5 (entre regular e reparos simples)
  ◊ Valor transacionado: R$ 30.000,00/mês
  ◊ Informante/contato: Daniel Lird – Tel: (595) xxx-xxx-xxx
  ◊ Em anexo foto do elemento

- Elemento nº 7
  ◊ Endereço: Rua Gonçalves Dias nº 67 – Centro, Rio de Janeiro, RJ
  ◊ Tipo do imóvel: loja comercial
  ◊ Posicionamento: meio de quadra
  ◊ V_{Lj} (valor unitário padrão loja): R$ 4.651,33
  ◊ Testada: 7,00 m
  ◊ Térreo: 150,00 m² (peso 1,00)
  ◊ Sobreloja: 70,00 m² (peso 0,50)
  ◊ Subsolo: 70,00 m² (peso 0,30)
  ◊ Área útil total: 290,00 m²
  ◊ Área equivalente: 206,00 m²
  ◊ Estado de conservação: 1,5 (entre novo e regular)
  ◊ Valor em oferta: R$ 40.000,00/mês
  ◊ Informante/contato: Francisco Maia – Tel: (21) xxx-xxx-xxx
  ◊ Em anexo foto do elemento

- Elemento nº 8
  ◊ Endereço: Rua da Assembleia nº 10, H – Centro, Rio de Janeiro, RJ
  ◊ Tipo do imóvel: loja comercial
  ◊ Posicionamento: esquina
  ◊ V_{Lj} (valor unitário padrão loja): R$ 5.144,67
  ◊ Testada: 7,00 m
  ◊ Térreo: 72,00 m² (peso 1,00)
  ◊ Área útil total: 72,00 m²
  ◊ Área equivalente: 72,00 m²
  ◊ Estado de conservação: 1,5 (entre novo e regular)
  ◊ Valor em oferta: R$ 20.000,00/mês
  ◊ Informante/contato: Kátia Farah – Tel: (21) xxx-xxx-xxx
  ◊ Em anexo foto do elemento

Homogeneização de valores

Como podemos notar, os elementos amostrais obtidos não apresentam características "idênticas" ao imóvel avaliando, e raramente isso seria possível. Assim sendo, lançaremos mão do emprego de fatores, respeitando os intervalos definidos pela NBR 14653, e que foi motivo de amplo debate por parte dos peritos avaliadores.

Para melhor compreensão, daremos abaixo a descrição de cada um dos fatores utilizados:

Fator fonte (F_f)

Também denominado fator de oferta ou fator de euforia, é caracterizado pela possível elasticidade ou não da negociação. Admite um campo de arbítrio que varia de 0,80 a 1,00. O limite inferior é utilizado quando o ofertante admite "receber propostas". Caso a negociação tenha ocorrido em condições normais ou o vendedor não aceite receber propostas, esse fator será igual a 1,00.

Fator de transposição (F_Tr)

Reflete a maior ou menor valorização do elemento amostral em relação ao imóvel avaliando. É calculado através da seguinte fórmula:

$$F_{Tr} = \frac{V_{Lji}}{V_{Lje}}$$

para o intervalo: $0,50 \leq \dfrac{V_{Lji}}{V_{Lje}} \leq 2,00$, em que:

$V_{Lji} = V_{Lj}$ (valor unitário padrão loja) do logradouro de situação do imóvel avaliando;

$V_{Lje} = V_{Lj}$ do logradouro do elemento amostral em processo de homogeneização.

Nota: os valores de V_{Lj} (valor unitário padrão loja) são fornecidos pela Prefeitura Municipal do Rio de Janeiro.

Fator de correção de área (F_a)

Certamente o valor unitário para áreas menores deverá ser maior. Assim, têm-se os seguintes modelos:

$$Fa = \left[\frac{\text{Área do elemento pesquisado}}{\text{Área do elemento avaliando}} \right]^{1/4} \rightarrow \text{quando a diferença entre os elementos for inferior a 30\%}$$

$$Fa = \left[\frac{\text{Área do elemento pesquisado}}{\text{Área do elemento avaliando}} \right]^{1/8} \rightarrow \text{quando a diferença entre os elementos for superior a 30\%}$$

Fator de testada (F_t)

Corrige o valor do elemento amostral quanto à dimensão da testada em relação ao imóvel avaliando. A fórmula adotada será:

$$F_t = \left[\frac{\text{Testada do imóvel avaliando}}{\text{Testada do elemento}} \right]^{1/4}$$

para o intervalo $0,51/4 \leq \left[\dfrac{\text{Testada do imóvel avaliando}}{\text{Testada do elemento}} \right] \leq 2,001/4$.

Caso o resultado dessa divisão extrapole um dos limites do intervalo, será considerado o limite ultrapassado.

Fator de testada múltipla (F_{Tm})

Ajusta o valor do elemento amostral quanto ao número de testadas em relação ao imóvel avaliando. Seu campo de arbítrio varia de 0,80 a 1,20 e é definido pelo avaliador.

Fator de equivalência (F_{Eq})

Esse fator considera as qualidades de utilização do imóvel no que diz respeito a funcionalidade, características construtivas, estado de conservação e idade aparente do elemento amostral em relação ao imóvel avaliando. O campo de arbítrio também será observado *in loco*, e se tomará como parâmetro a tabela do critério de Heidecke (Tab. A.2).

Valor unitário homogeneizado (V_{UH})

O valor unitário homogeneizado será obtido através da expressão:

$$V_{UH} = V_U \cdot F_f \cdot F_{Tr} \cdot F_a \cdot F_t \cdot F_{Tm} \cdot F_{Eq}$$

Tab. 15.1 Quadro de homogeneização de valores

Elemento	Testada	V_{Lj}	Área equivalente	Valor (R$)	Unitário	F_f	F_{Tr}	F_a	F_t	F_{Tm}	F_{Eq}	V_{UH}
1	7,00	5.144,67	656,00	130.000,00	198,17	0,90	0,987	1,189	1,139	1,10	1,00	262,47
2	3,50	3.809,52	168,00	23.000,00	136,90	0,90	1,333	1,006	1,189	1,10	1,00	216,22
3	3,50	4.805,75	67,50	16.310,98	241,64	0,90	1,057	0,895	1,189	1,10	0,90	242,16
4	7,00	4.184,59	44,00	8.000,00	181,82	0,90	1,214	0,849	1,139	1,10	0,90	190,09
5	6,50	4.805,75	80,00	25.000,00	312,50	0,90	1,057	0,914	1,161	0,90	0,90	255,51
6	4,00	4.880,59	180,00	30.000,00	166,67	1,00	1,041	1,024	1,189	1,10	1,00	232,25
7	7,00	4.651,33	206,00	40.000,00	194,17	0,90	1,092	1,059	1,139	1,10	0,90	227,96
8	7,00	5.144,67	72,00	20.000,00	277,78	0,90	0,987	0,902	1,139	0,90	0,90	205,54

A Tab. 15.1 mostra a homogeneização dos valores.

Temos, então, a média $\overline{X}$ dos 08 (oito) elementos amostrais igual a:

$$\overline{X} = \frac{X_1 + X_2 + ... + X_7 + X_8}{8}$$

$$\overline{X} = R\$ \ 229,02/m^2$$

Tratamento estatístico

O desvio padrão (*standard deviation* – S) é calculado pela fórmula:

$$S = \sqrt{\frac{\sum (X_i - \overline{X})^2}{n-1}}$$

$$S = R\$ \ 24,60/m^2$$

Para o rol de elementos homogeneizados (R\$/m²):

$x_1 = 262,47$ $x_5 = 255,51$

$x_2 = 216,22$ $x_6 = 232,25$

$x_3 = 242,16$ $x_7 = 227,96$

$x_4 = 190,09$ $x_8 = 205,54$

O presente trabalho utilizará a teoria estatística das pequenas amostras ($n < 30$), com distribuição t de Student para $n = 8$ (oito) elementos amostrais e ($n - 1$) = 7 (sete) graus de liberdade com confiança de 80%, conforme NB.

Os limites de confiança vêm definidos pelos modelos:

$$X_{máx} = \overline{X} + t_c \cdot \frac{S}{(n-1)^{1/2}}$$

$$X_{mín} = \overline{X} + t_c \cdot \frac{S}{(n-1)^{1/2}}$$

em que:

t_c = valores percentis para distribuição t de Student com 7 (sete) graus de liberdade e confiança de 80% (Tab. A.6).

Têm-se, então:

$$x_{máx} = R\$\ 242,23/m^2$$
$$x_{mín} = R\$\ 215,82/m^2$$

Empregando-se o critério de exclusão de Chauvenet para 08 (oito) elementos amostrais (Tab. A.7):

$$d/S \leq 1,86$$

Tomam-se os extremos:

$$x_4 = R\$\ 190,09/m^2$$
$$x_1 = R\$\ 262,47/m^2$$
$$d_4 | = |\,X_i - \overline{X}\,| = |\,190,09 - 229,02\,| = 38,93$$

$$\frac{d_4}{S} = \frac{38,93}{24,60} = 1,58 < 1,86$$

O elemento x_4 será mantido.

$$d_1 | = |\,X_i - \overline{X}\,| = |\,262,47 - 229,02\,| = 33,45$$

$$\frac{d_1}{S} = \frac{33,45}{24,60} = 1,36 < 1,86$$

O elemento x_1 será mantido.

Uma vez que os elementos extremos são mantidos, os demais também o serão.

Dividindo-os em três classes, encontramos:

$$A = (x_{máx} - x_{mín})$$

$$A = (242,23 - 215,82)$$

$$A = 26,41$$

$$\frac{A}{3} = \frac{24,61}{3} = 8,80$$

1ª classe:

215,82.......................224,62

Há um elemento na 1ª classe: 216,22 (peso 1).

2ª classe:

224,62.......................233,42

Há dois elementos na 2ª classe: 227,96 e 232,25 (peso 2).

3ª classe:

233,42.......................242,23

Há um elemento na 3ª classe: 242,16 (peso 1).

Soma dos pesos (S_p):

$$S_p = 1 + 2 + 2 + 1 = 6$$

Temos então a média saneada ($\overline{X}_s$):

$$\overline{X}_s = \frac{\dfrac{216,22}{m^2} + \dfrac{227,96}{m^2} + \dfrac{227,96}{m^2} + \dfrac{232,25}{m^2} + \dfrac{232,25}{m^2} + \dfrac{242,16}{m^2}}{6}$$

$$\overline{X}_s = R\$ \ 229,80/m^2$$

Diagnóstico de mercado

Comparando os números existentes sobre o segmento de mercado em análise (loja comercial) relativos ao ano passado, verificamos que a taxa de vacância é quase nula. Com isso, a média de preços para esse tipo de imóvel sofreu uma forte elevação em relação aos anos anteriores. A tendência é que os preços permaneçam nesse patamar.

O centro da cidade onde o imóvel avaliando se insere está recebendo investimentos com inúmeros empreendimentos em construção. Nos próximos anos, o entorno do imóvel avaliando será muito beneficiado com essas obras.

Em razão do exposto e dos diversos investimentos que serão implantados na região, a liquidez do imóvel em análise é boa e sua absorção é considerada normal pelo mercado imobiliário.

Discussão de valores

Observa-se que o quociente entre o valor unitário médio pelo desvio padrão é igual a 9,31, portanto, bem acima de 3,00 (três), demonstrando a homogeneidade da amostra.

Após os tratamentos estatísticos, considerados adequados para a obtenção do valor de locação do imóvel em análise, e em virtude de os elementos adotados se encontrarem em oferta "saneada", os peritos avaliadores optaram pela adoção da média aritmética saneada e dentro do intervalo de confiança.

Assim, o valor médio unitário de locação encontrado para a loja em estudo, localizada no centro do Rio de Janeiro, será de R$ 229,80/m², em que o V_L (valor de locação) mensal para o imóvel avaliando será de:

$$R\$ \ 229,80/m^2 \cdot 163,73 \ m^2 = R\$ \ 37.625,15$$

Arredondado para o mercado, tem-se:

$$R\$ \ 37.600,00$$
(trinta e sete mil e seiscentos reais)

Graus de fundamentação e precisão

Grau de fundamentação no caso de utilização do tratamento por fatores (NBR 14653-2):

Item	Descrição	Grau		
		III	II	I
1	Caracterização do imóvel avaliando	Completa quanto a todos os fatores analisados	Completa quanto aos fatores utilizados no tratamento	Adoção de situação-paradigma

Item	Descrição	Grau		
		III	II	I
2	Quantidade mínima de dados de mercado efetivamente utilizados	12	5	3
3	Identificação dos dados de mercado	Apresentação de informações relativas a todas as características dos dados analisadas, com foto e características observadas pelo autor do laudo	Apresentação de informações relativas a todas as características cas dos dados analisadas	Apresentação de informações relativas a todas as características dos dados correspondentes aos fatores utilizados
4	Intervalo admissível de ajuste para o conjunto de fatores	0,80 a 1,25	0,50 a 2,00	0,40 a 2,5[a]

[a] No caso de utilização de menos de cinco dados de mercado, o intervalo admissível de ajuste é de 0,80 a 1,25, pois é desejável que, com um número menor de dados de mercado, a amostra seja menos heterogênea.

Pontuação:

Item	Descrição	Grau		
		III	II	I
1	Caracterização do imóvel avaliando	X		
2	Quantidade mínima de dados de mercado efetivamente utilizados		X	
3	Identificação dos dados de mercado	X		
4	Intervalo admissível de ajuste para o conjunto de fatores		X	

Número de pontos alcançados: 10 (dez).

Enquadramento do laudo segundo seu grau de fundamentação no caso de utilização de tratamento por fatores (NBR 14653-2):

Graus	III	II	I
Pontos mínimos	10	6	4
Itens obrigatórios	Itens 2 e 4 no grau III, com os demais no mínimo no grau II	Itens 2 e 4 no mínimo no grau II e os demais no mínimo no grau I	Todos no mínimo no grau I

Grau de fundamentação alcançado: II.

Grau de precisão nos casos de utilização de modelos de regressão linear ou tratamento por fatores (NBR 14653-2):

Descrição	Grau		
	III	II	I
Amplitude do intervalo de confiança em torno de 80% da estimativa de tendência central	≤ 30%	≤ 40%	≤ 50%

Intervalo de confiança:

$$x_{máx} = R\$\ 242,23/m^2$$

$$x_{mín} = R\$\ 215,82/m^2$$

$$\overline{X}_s = R\$\ 229,02/m^2$$

Grau de precisão da estimativa de valor $= \dfrac{(242,23 - 215,82)}{229,02}$

Grau de precisão da estimativa de valor = 0,1153

Grau de precisão alcançado: III (11,53%)

Avaliação

Tendo em vista tudo anteriormente exposto, avaliamos a Loja B, situada na Rua Sete de Setembro nº 48, Centro, Rio de Janeiro, RJ, já com o valor arredondado para o mercado e para pagamento mensal, em:

R$ 37.600,00
(trinta e sete mil e seiscentos reais)

Encerramento

Damos por encerrado o presente LAUDO em 64 (sessenta e quatro) folhas de papel formato A4, digitadas de um só lado, incluindo anexos.

Rio de Janeiro, 30 de outubro de 2019

_____
Sérgio Antonio Abunahman
Engenheiro – CREA-RJ nº 1.445-D

_____
Salvador José Bailuni
Engenheiro – CREA-RJ nº 46.872-D

_____
Bruno Bailuni Cavalheiro
Engenheiro – CREA-RJ nº 2006103298

_____
Caroline Elias Bailuni
Engenheira – CREA-RJ nº 2014104807

Anexos

9.1 Croqui de localização

9.2 Documentação fotográfica

9.3 Tabela para distribuição de Student

9.4 Tabela do critério de Chauvenet

9.5 Tabela do critério de Heidecke

    9.6 Documentação compulsada

    9.7 Anotação de responsabilidade técnica (ART)

    9.8 Planta baixa do imóvel avaliando

    9.9 Currículos dos peritos avaliadores

15.2 Laudo para compra/venda de um edifício comercial pelos métodos comparativo e evolutivo

LAUDO DE AVALIAÇÃO

Imóvel: Edifício da Bolsa de Valores – Praça XV de Novembro nº 20 – Centro, RJ

Mês de referência: abril de 2012

Peritos avaliadores:

Eng. Sérgio Antonio Abunahman – CREA-RJ nº 1.445-D

Arq.ª e Urb.ª Simone Feigelson Deutsch – CAU-RJ nº A11475-8

Arq.ª e Urb.ª Luciana Deutsch – CAU-RJ nº A158132-5

1 Objetivo

O presente laudo tem por objetivo determinar o JUSTO VALOR DE MERCADO do imóvel situado na Praça XV de Novembro nº 20, Centro, Rio de Janeiro, RJ.

O trabalho é referido a abril de 2012 e foi elaborado por solicitação da Bolsa de Imóveis do Rio de Janeiro.

2 Valor final encontrado

2.1 *Pelo método comparativo*

$$V_{i\text{-comparativo}} = R\$ 464.000.000,00$$
(quatrocentos e sessenta e quatro milhões de reais)

2.2 *Pelo método evolutivo*

$$V_{i\text{-evolutivo}} = R\$ 477.600.000,00$$
(quatrocentos e setenta e sete milhões e seiscentos mil reais)

2.3 *Valor de decisão*

$$V_{i\text{-decisão}} = R\$ 470.000.000,00$$
(quatrocentos e setenta milhões de reais)

3 Metodologia

3.1 Considerações gerais sobre a técnica de avaliações

3.2 Valor, custo e preço

3.3 Técnica de avaliação

(*vide* seção 15.1.)

4 Ressalvas e princípios

(*vide* seção 15.1.)

5 Do imóvel

O Edifício Bolsa do Rio constitui-se de uma construção corporativa executada para atender às necessidades da Bolsa.

Posteriormente, a edificação foi privatizada, porém todos seus serviços foram mantidos e, hoje, pode ser considerado o edifício de mais alto padrão de escritórios no Centro do Rio de Janeiro, sendo considerado um edifício *triple* A (AAA).

5.1 *Da localização e vizinhança*

A edificação está localizada na Praça XV de Novembro n° 20, II Região Administrativa, Área Central 2. Está inserido na área protegida pelo corredor cultural.

Localiza-se junto a imóveis representativos do Rio Antigo, tais como Paço Imperial e Arco do Teles, e a diversos prédios importantes, como o Foro Central do Tribunal de Justiça do RJ, Terminal Rodoviário Menezes Cortes, Estação Hidroviária das Barcas para o centro de Niterói, Charitas e Paquetá, e a poucos minutos a pé do Theatro Municipal e da Biblioteca Nacional.

Local de fácil acesso, com várias linhas de ônibus, metrô e estação das barcas, conforme já dito. Possui todos os serviços públicos disponíveis: telefonia, energia elétrica, água, esgoto, gás, iluminação pública, coleta de lixo, entre outros. As calçadas no entorno da edificação foram revestidas com placas em granito, o que torna o local ainda mais nobre.

Localiza-se, ainda, muito próximo ao Aeroporto Santos Dumont, principal ponto de acesso do eixo Rio de Janeiro-São Paulo, o que se converte em mais um grande atrativo em termos de posicionamento.

O condomínio ocupa toda uma quadra, compreendida pela Rua do Ouvidor e a Avenida Alfred Agache, tal como mostra mapa e foto aérea no anexo I.

5.2 Do terreno

O terreno é plano, de formato irregular, possuindo uma área de 2.744,81 m².

5.3 Da edificação

Edificação de alto padrão construtivo (AAA), sendo considerado um dos poucos edifícios de altíssimo padrão do Centro do Rio de Janeiro. Foi projetado e construído em duas fases: a fase A, concluída em 1999, e a fase B, em 2004. Originalmente foi edificado para ser a sede da Bolsa de Valores, sendo, portanto, uma edificação corporativa, com materiais construtivos e instalações de alta qualidade, conforme pode ser constatado no relatório fotográfico (anexo II).

Possui uma série de equipamentos e instalações, tais como: sistema de captação de águas pluviais, 4.400 pontos de automação, considerado um prédio "inteligente", *no breaks* com 600 W de potência que mantêm a edificação acesa mesmo em casos de queda de energia, insuflamento do ar condicionado por piso elevado monolítico, possuindo cinco compressores de água gelada de 250 TRs cada e com 21 tanques de gelo.

Apresenta ainda posto médico que atende a toda a edificação, heliponto, entre outros inúmeros serviços e instalações especiais, tal como mostram as fotografias e quadros descritivos nos anexos II e III.

5.3.1 Fachadas e acabamento

A edificação possui estrutura em concreto armado, fechamento em alvenaria e as fachadas constituem-se de "cortinas de vidro", padrão extremamente moderno e atualizado. As esquadrias são em alumínio, com cortina tipo silicone estrutural fixa, constituída de montantes e travessas internas de vidro. As portas são de vidro temperado.

Os vidros são laminados refletivos na cor prata, com espessura de 10 mm, com bordas lapidadas e total isolamento acústico.

Na altura do embasamento, as fachadas são revestidas em granito cinza veneziano com acabamento polido e pilares do pilotes revestidos em granito capão bonito, cortado em lâminas verticais.

Externamente, possui calçadas revestidas em granito costaneira em todo o entorno da edificação.

5.3.2 Circulação interna

A edificação possui oito elevadores da marca Otis, que atendem a dois blocos distintos, sendo quatro para cada bloco, com capacidade de 14 passageiros. Os halls dos elevadores são totalmente revestidos em granito, tanto no piso quanto nas paredes.

Os elevadores possuem portas em aço inoxidável escovado, aduelas em granito cinza veneziano lustrado. Internamente, as cabines possuem piso revestido em granito lustrado e paredes revestidas em espelho cristal fumê, com corrimão em aço inoxidável escovado, teto em acrílico.

Possui duas caixas de escadas internas, sendo as paredes revestidas em pastilha cerâmica 5 × 5 cm tipo Jatobá e o piso revestido em pedra ardósia. As escadas de acesso ao heliponto possuem piso e paredes revestidos em granito.

Quatro escadas rolantes e uma escada convencional central atendem aos acessos entre 1º subsolo e térreo.

As garagens são interligadas por rampas em concreto.

5.3.3 Garagens

A edificação possui um total de 124 vagas cobertas distribuídas entre três subsolos, interligados por rampas.

Há uma concessão municipal para estacionamento de 30 vagas externas na área de recuos da Avenida Alfred Agache e Praça XV.

O acesso às garagens pode ser realizado de forma independente da edificação, com entrada pela Praça XV, tanto de veículos quanto de pedestres.

As garagens possuem controle total de espaços ocupados e de entrada de pessoas estranhas. O piso é concretado com acabamento vitrificado.

5.3.4 Térreo e café

A edificação possui no térreo um espaço destinado à loja A, que atualmente está ocupada pelo Centro de Convenções, sala de eventos, setores condominiais, como o recente espaço "cafeteria", localizado no saguão da entrada pela Rua do Mercado.

5.3.5 Recepção

O saguão de recepção se localiza no 1º subsolo, onde também se localizam uma área de protocolo, a sala da administração e o posto médico.

5.3.6 Heliponto

Possui pista de pouso com área de decolagem de 20,00 × 20,00 m, base em concreto armado e resistência de 5.000 kg.

5.3.7 Taxa condominial

Segundo pesquisa realizada, mesmo com todas as melhorias existentes na edificação, em função de uma boa administração, a taxa condominial é baixa, sendo um dos menores percentuais quando comparado ao de outras edificações do mesmo porte, tal como pode ser observado no gráfico do anexo IV, fornecido pelo condomínio.

5.3.8 Manutenção

Em vistoria em toda a edificação, pode-se observar que a manutenção é excelente, e o prédio encontra-se em ótimo estado de conservação.

5.4 Pavimentos

A edificação possui quatro subsolos. O 4° subsolo é ocupado com áreas condominiais, casa de máquinas e bombas. Do 1° ao 3° subsolo encontram-se instaladas as garagens. No 2° subsolo, há uma área de unidade privativa destinada à subloja 201. No 1° subsolo, há uma unidade privativa, a subloja 101, além do saguão principal, como já mostrado.

No térreo, no espaço destinado à loja A, encontra-se instalado o Centro de Convenções.

O 2° pavimento possui espaços condominiais, subestação de energia, sala de geradores, sala de *no breaks* e DG da telefonia.

Os pavimentos-tipo estão distribuídos do 3° ao 13° andar, com duas unidades por andar, 01 e 02, sendo apenas o 4° pavimento diferenciado, com oito salas.

5.4.1 Centro de Convenções

O conjunto do Centro de Convenções ocupa uma área de 1.500 m², incluindo um auditório de 195 lugares, salão de 70,00 m² e três salas moduláveis de 53,00 m², possibilitando a realização de eventos com diversos *layouts*.

O salão de eventos, de 336,00 m², tem sala de estar, galeria de exposições e área para *coffee breaks*.

O *foyer* do Centro de Convenções possui uma área de 120,00 m², com balcão informatizado e guarda-volumes.

O acabamento do Centro de Convenções é de excelente padrão construtivo, com piso e paredes do salão nobre revestidos em granito. As salas de eventos e auditório possuem piso revestido em carpete e paredes com revestimento acústico.

5.4.2 *Pavimentos-tipo*

Os pavimentos-tipo possuem espaços privativos 01 e 02, com dois *halls* de elevadores independentes para cada sala. As salas de final 01 foram construídas na fase A e as de final 02 foram finalizadas em 2002, na fase B.

A área dos escritórios é revestida com carpete espessura 6 mm, aplicado sobre piso elevado monolítico, com vão livre de 13 cm para passagem de cabos elétricos e de TI, além do insuflamento do ar condicionado.

As luminárias possuem alto desempenho com lâmpadas fluorescentes.

Os banheiros possuem piso revestido em cerâmica 20 × 20 cm, paredes revestidas em pastilha 5 × 5 cm tipo Jatobá e bancada em mármore.

O 12° pavimento possui espaços privativos diferenciados, visto que nesse pavimento se encontram a central de água gelada e a sala de máquinas de exaustão, tal como mostra a planta no anexo V.

O 13° pavimento também apresenta espaços privativos diferenciados, com área condominial ocupada por instalações condominiais, conforme mostra a planta no anexo V.

5.4.3 Hall *dos elevadores*

Os *halls* dos elevadores nos pavimentos-tipo são utilizados, na grande maioria, como áreas de atendimento e salas de espera. Possuem piso e paredes revestidos em granito e teto rebaixado em gesso com pintura plástica.

5.5 *Áreas*

De acordo com levantamento detalhado realizado, os pavimentos-tipo, de forma geral, possuem salas com 714,63 m² e salas com 1.053,08 m². O quadro de áreas da edificação é demonstrado a seguir.

Cada pavimento possui dois *halls* de elevadores, como já mostrado, um com 48,00 m² e outro com 28,00 m². Esses espaços devem ser considerados com uma equivalência sobre a área de 0,50. As áreas ocupadas por elevadores e caixas de escada serão computadas com uma equivalência de 0,20.

A área útil equivalente de construção que será utilizada para cálculo comparativo da edificação é de 26.302,39 m². A área total construída é de 41.428,70 m², contabilizando todas as áreas da edificação. A área total construída equivalente, para efeito de cálculos pelo método evolutivo, é de 36.270,30 m², consoante as Tabs. 15.2 a 15.4.

Tab. 15.2 Área total construída

	Área útil total (m²)	Área útil equivalente (m²)	Área construída equivalente (m²)
Andares corridos	27.597,72	26.302,39	30.247,74
Estacionamento	3.625,76	2.175,45	2.501,76
Áreas condominiais	10.205,22	3.061,56	3.520,8
	41.428,7		36.270,30

Tab. 15.3 Quadro de áreas

Unidades	Área privativa legal: RGI, SPU, IPTU, Convenção	Área *hall* de elevadores	Área casas de máquinas e ar-condicionado	Área equivalente *hall* de elevadores	Área equivalente casas de máquinas e ar-condicionado	Área útil equivalente do pavimento Total por unidade
Grupo 1302	913,22	27,67	37,30	13,84	7,46	934,52
Grupo 1301	603,71	48,40	10,99	24,20	2,20	630,11
Grupo 1202	595,48	27,67	27,98	13,84	5,60	614,91
Grupo 1201-A	471,29	24,20	12,99	12,10	2,60	485,99
Grupo 1201-B	384,78	24,20	10,99	12,10	2,20	399,08
Grupo 1102	1.053,08	27,67	37,30	13,84	7,46	1.074,38
Grupo 1101	714,63	48,40	10,99	24,20	2,20	741,03
Grupo 1003	529,08	27,67	18,65	13,84	3,73	546,65
Grupo 1002	524,00	27,67	18,65	13,84	3,73	541,57
Grupo 1001	714,63	48,40	10,99	24,20	2,20	741,03
Grupo 902	1.053,08	27,67	37,30	13,84	7,46	1.074,38
Grupo 901	714,63	48,40	10,99	24,20	2,20	741,03
Grupo 802	1.053,08	27,67	37,30	13,84	7,46	1.074,38

Tab. 15.3 (continuação)

Unidades	Área privativa legal: RGI, SPU, IPTU, Convenção	Área *hall* de elevadores	Área casas de máquinas e ar-condicionado	Área equivalente *hall* de elevadores	Área equivalente casas de máquinas e ar-condicionado	Área útil equivalente do pavimento Total por unidade
Grupo 801	714,63	48,40	10,99	24,20	2,20	741,03
Grupo 702	1.053,08	27,67	37,30	13,84	7,46	1.074,38
Grupo 701	714,63	48,40	10,99	24,20	2,20	741,03
Grupo 602	1.053,08	27,67	37,30	13,84	7,46	1.074,38
Grupo 601	714,63	48,40	10,99	24,20	2,20	741,03
Grupo 502	1.053,08	27,67	37,30	13,84	7,46	1.074,38
Grupo 501	714,63	48,40	10,99	24,20	2,20	741,03
Grupo 408	63,52	0,00	0,00	0,00	0,00	63,52
Grupo 407	125,51	0,00	0,00	0,00	0,00	125,51
Grupo 406	47,39	0,00	0,00	0,00	0,00	47,39
Grupo 405	47,66	0,00	9,33	0,00	1,87	49,53
Grupo 404	53,88	0,00	0,00	0,00	0,00	53,88
Grupo 403	169,48	0,00	0,00	0,00	0,00	169,48
Grupo 402	453,24	0,00	18,65	0,00	3,73	456,97
Grupo 401-A	312,53	24,20	5,50	12,10	1,10	325,73
Grupo 401-B	402,10	24,20	5,50	12,10	1,10	415,30
Grupo 302	1.053,08	27,67	37,30	13,84	7,46	1.074,38
Grupo 301	788,07	48,40	10,99	24,20	2,20	814,47

Tab. 15.3 (continuação)

Unidades	Área privativa legal: RGI, SPU, IPTU, Convenção	Área *hall* de elevadores	Área casas de máquinas e ar--condicionado	Área equivalente *hall* de elevadores	Área equivalente casas de máquinas e ar--condicionado	Área útil equivalente do pavimento Total por unidade
Grupo 202	1.040,00	27,67	37,30	13,84	7,46	1.061,30
Grupo 201 – Torre	757,16	48,40	10,99	24,20	2,20	783,56
Grupo 201 – Anexo	290,97	0,00	37,00	0,00	7,40	298,37
Loja A	884,84	27,67	177,06	13,84	35,41	934,09
1º pavimento – anexo	455,89	0,00	27,72	0,00	5,54	461,43
Subloja 101-A	216,25	0,00	20,19	0,00	4,04	220,29
Subloja 101-B	1.096,53	0,00	87,81	0,00	17,56	1.114,09
Subloja 201	2.009,92	48,40	63,74	24,20	12,75	2.046,87
Total	25.610,47	988,91	987,34	494,46	197,47	26.302,39
124 vagas internas	3.625,76					
Total com vagas	29.236,23					

Tab. 15.4 Quadro-resumo

Área disponível para comercialização (1)	47,39	47,39
Área ocupada por condôminos-proprietários (2)	9.741,32	10.033,45
Área ocupada por condôminos-locatários (3):	15.821,76	16.221,55
Total (1) + (2) + (3)	25.610,47	26.302,39
Área total real de construção	41.428,70	

6 Diagnóstico de mercado

O Centro do Rio de Janeiro apresenta uma oferta muito limitada de espaços do tipo do imóvel avaliando (padrão AAA), e tal fato gera a ausência de imóveis em oferta para venda e uma baixa taxa de vacância de espaços similares.

Tal *déficit* de espaços comerciais e a baixa disponibilidade de terrenos vagos no Centro geraram a elaboração de *retrofits* em alguns prédios, porém estes não alcançam o grau de automação e instalações de uma edificação corporativa planejada.

A limitada oferta de espaços de alto padrão no Centro tem gerado valores de mercado em patamares elevados, principalmente na área onde o imóvel se encontra. Os eventos que serão realizados no Rio de Janeiro, como a Copa do Mundo de 2014 e os Jogos Olímpicos de 2016, aliados à revitalização da área portuária, incentivam a implantação de novas empresas na cidade, que buscam espaços de alto padrão para a sua instalação.

7 Cálculos avaliatórios

7.1 *Cálculo do valor pela comparação*

Após exaustiva pesquisa na região de influência do imóvel avaliando, verificando ofertas de venda e/ou vendas efetuadas e de locação e/ou locação efetuadas, procede-se às homogeneizações adequadas para o imóvel avaliando. Este passa a ser o parâmetro de referência em torno do qual as homogeneizações serão feitas.

Os fatores de homogeneização utilizados são:

1. Fator de fonte (fator de oferta ou de euforia) (F_f)
   Tomado como 0,90 para imóveis em oferta de venda, considerando-se o desejo de vender e a negociação a ser realizada. Para negociações realizadas, $F_f = 1$.

2. Fator de transposição (fator de localização) (F_t)
   Tomado como igual à unidade para imóveis situados em áreas com a mesma força comercial e nobreza daquelas do imóvel avaliando, inferior à unidade quando a amostra estiver em áreas menos valorizadas, e superior quando ocorrer o inverso. No Rio de Janeiro, por comodidade, os peritos têm por costume adotar como fator de transposição o quociente entre os $V_c V_c$ (valor comercial) fornecidos pela Prefeitura para taxação nos diversos logradouros, já que se considera que a taxação é maior quanto mais nobre for o logradouro.

3. Fator de área (F_a)
   É representado pela expressão empírica a seguir.

$$F_a = \left(\frac{\text{Área do elemento pesquisado}}{\text{Área do imóvel avaliando}} \right)^n$$

em que:

$n = 0,25 \rightarrow$ quando a diferença entre as áreas for inferior a 30%;

$n = 0,125 \rightarrow$ quando a diferença entre as áreas for superior a 30%.

4. Fator de equivalência (F_e)

    Tomado como igual à unidade para imóveis com acabamento e padrões construtivos assemelhados aos do avaliando, inferior à unidade quando a amostra tiver padrão construtivo superior ao do avaliando, e maior do que a unidade quando a amostra tiver padrão inferior ao do avaliando.

5. Fator vaga de garagem (F_{vg})

    Esse fator corrige os valores dos imóveis pesquisados, tendo por base a existência de vaga de garagem vinculada, considerando para cada vaga a proporção de 1,025.

A pesquisa realizada na região de influência do imóvel avaliando acusou as seguintes amostras:

*   Elemento n° 1
    ◊ Localização: Avenida Rio Branco n° 1 (RB1) – Centro, Rio de Janeiro, RJ
    ◊ Andar corrido
    ◊ Área útil: 1.060,00 m²
    ◊ Valor de oferta de venda: R$ 20.306.000,00
    ◊ Informante/contato: Doquia Bailuni – (21) xxx-xxx-xxx – vendido no início de 2012
    ◊ Vagas de garagem: 06 vagas
    ◊ V_c = R$ 3287,550
*   Elemento n° 2
    ◊ Localização: avenida Chile n° 330 (Ventura Corporate Tower) – Centro, Rio de Janeiro, RJ
    ◊ Andar corrido
    ◊ Área útil: 1.400,00 m²
    ◊ Valor de oferta: R$ 18.700.000,00
    ◊ Informante/contato: Marília Mandelblatt – (21) xxx-xxx-xxx – vendido em março de 2012
    ◊ Vagas de garagem: 11 vagas
    ◊ V_c = R$ 2661,3600

- Elemento nº 3
  - ◊ Localização: Avenida Rio Branco nº 1 – Centro, Rio de Janeiro, RJ
  - ◊ Edifício RB1
  - ◊ Área = 671,00 m²
  - ◊ Valor ofertado locação: R$ 90.632,00
  - ◊ Valor de venda à taxa de 8% a.a.: R$ 13.594.800,00
  - ◊ Vagas de garagem: 17 vagas
  - ◊ V_c = R$ 3287,550
  - ◊ Informante/contato: Gilberto Adib Couri – (21) xxx-xxx-xxx
- Elemento nº 4
  - Localização: Praça Pio X nº 17 – Centro, Rio de Janeiro, RJ
  - ◊ Área = 761,00 m²
  - ◊ Valor ofertado locação: R$ 95.170,00
  - ◊ Valor de venda à taxa de 8% a.a.: R$ 14.275.500,00
  - ◊ Vagas de garagem: 0 vaga
  - ◊ V_c = R$ 2974,4400
  - ◊ Informante/contato: Ronaldo Foster – (21) xxx-xxx-xxx
- Elemento nº 5
  - ◊ Localização: Avenida Rio Branco nº 1 – Centro, Rio de Janeiro, RJ
  - ◊ Edifício RB1
  - ◊ Área = 312,00 m²
  - ◊ Valor ofertado locação: R$ 40.560,00
  - ◊ Valor de venda à taxa de 8% a.a.: R$ 6.084.000,00
  - ◊ Vagas de garagem: 04 vagas
  - ◊ V_c = R$ 3287,550
  - ◊ Informante/contato: Selma Fuks Benchimol – (21) xxx-xxx-xxx
- Elemento nº 6
  - ◊ Localização: Rua Candelária nº 65 – Centro, Rio de Janeiro, RJ
  - ◊ Candelária Corporate
  - ◊ Área = 845,00 m²
  - ◊ Valor ofertado locação: R$ 92.250,00
  - ◊ Valor de venda à taxa de 8% a.a.: R$ 13.837.500,00
  - ◊ Vagas de garagem: 0 vaga
  - ◊ V_c = R$ 3130,9700
  - ◊ Informante/contato: Eliane Schiavo – (21) xxx-xxx-xxx
- Elemento nº 7
  - ◊ Localização: Praia de Botafogo nº 501 – Botafogo, Rio de Janeiro, RJ

◊ Centro Empresarial Mourisco

◊ Área: 503,00 m²

◊ Valor ofertado locação: R$ 75.510,00

◊ Valor de venda à taxa de 8% a.a.: R$ 11.326.500,00

◊ Vagas de garagem: 08 vagas

◊ V_c = R$ 2.780,8600

◊ Informante/contato: Otávio Galvão – (11) xxx-xxx-xxx

- Elemento n° 8

  ◊ Localização: Avenida Chile n° 330 – Centro, Rio de Janeiro, RJ

  ◊ Ventura Corporate Towers

  ◊ Área = 1.560,00 m²

  ◊ Valor de contrato de locação: R$ 249.600,00

  ◊ Valor de venda à taxa de 8% a.a.: R$ 37.440.000,00

  ◊ Vagas de garagem: 20 vagas

  ◊ Valor unitário: R$ 160,00/m²

  ◊ V_c = R$ 2.661,3600

  ◊ Informante/contato: Eduardo Rottmann – (21) xxx-xxx-xxx

Temos formado, assim, o rol amostral em R$/m², tal como demonstrado no quadro de homogeneização apresentado na Tab. 15.5.

Tab. 15.5 Quadro de homogeneização

Elementos	Valor unitário (R$/m²)	F_a	F_f	F_t	F_e	F_{vg}	Valor unitário homogeneizado (R$/m²)
1	19.156,60	1,05	1,00	0,76	1,10	1,087	18.332,66
2	13.357,14	1,09	1,00	0,94	1,00	0,977	13.353,26
3	20.260,51	0,98	0,90	0,76	1,10	0,874	13.149,79
4	18.758,87	1,02	0,90	0,84	1,22	1,250	22.064,87
5	19.500,00	0,90	0,90	0,76	1,10	1,136	15.069,38
6	16.375,74	1,04	0,90	0,80	1,10	1,250	16.905,67
7	22.517,89	0,92	0,90	0,90	1,10	1,042	19.158,24
8	24.000,00	1,10	1,00	0,94	1,00	0,833	20.752,87

A média $\overline{X}$ dos 8 elementos é R$ 17.348,34/m².

O desvio padrão (*standard deviation* – S) é dado pela fórmula:

$$S = \sqrt{\frac{\sum(X_i - \overline{X})^2}{n-1}}$$

$$S = 3.317,90$$

A correlação entre a média e o desvio padrão superior, a 3 (5,23), demonstra a homogeneidade do rol amostral.

Verificação da pertinência do rol pelo critério excludente de Chauvenet:
Elementos extremos: $x_4 = 22.064,87$ e $x_3 = 13.149,79$.
Valor crítico para oito elementos: 1,86.

$d_i/S = (22.064,87 - 17.348,34) \div 3.317,90 = 1,42 < 1,86 \to$ o elemento permanece

$d_i/S = (13.149,79 - 17.348,34) \div 3.317,90 = 1,27 < 1,86 \to$ o elemento permanece

Como os elementos-limites são pertinentes, os demais também o serão, e o rol é compatível.

No presente estudo, será utilizada a teoria estatística das pequenas amostras ($n < 30$) com a distribuição t de Student para n amostras e $n - 1$ graus de liberdade, com confiança de 80% consoante a norma brasileira NBR 14653-2 (ABNT, 2011) que rege a matéria.

Os limites de confiança vêm definidos pelo modelo:

$$X_{máx/mín} = \overline{X} \pm t_c \cdot \frac{S}{(n-1)}$$

em que t_c = valores percentis para distribuição t de Student, com 8 amostras, 7 graus de liberdade e confiança de 80% (tabelado) = 1,42.

Substituindo no modelo, tem-se:

$$X_{máx/mín} = 17.348,3 \pm 1,42 \times \frac{3.317,90}{\sqrt{7}}$$

Efetuando o cálculo, encontramos:

$$x_{máx} = R\$ 19.126,23/m^2$$
$$x_{mín} = R\$ 15.570,45/m^2$$

A amplitude (A) do intervalo é: $x_{máx} - x_{mín} = 19.126,23 - 15.570,45 = 3.555,78$.

$$A/3 = 3.555,78 \div 3 = 1.185,26$$

Divisão em classes para a determinação do valor de decisão:

1ª classe:

15.570,45............16.755,71

Nesse intervalo não há nenhum elemento (peso zero).

2ª classe:

16.755,71............17.940,97

Nesse intervalo há um elemento (16.905,67) → peso 1.

3ª classe:

17.940,97............19.126,23

Nesse intervalo há um elemento (18.332,66) → peso 1.

Soma dos pesos (S_p) = 2.

Soma dos valores ponderados (S_v) = 35.238,33.

Tomada de decisão: $S_p \div S_v$ = 35.238,33 ÷ 2 = R\$ 17.620,00/m².

Assim, para o imóvel avaliando, sendo o valor unitário de R\$ 17.620,00/m², tem-se:

$$\text{Valor} = \text{R\$ } 17.620,00/\text{m}^2 \times 26.302,39 \text{ m}^2$$

$$\text{Valor do imóvel} = \text{R\$ } 463.448.111,00$$

ou, em números redondos:

$$V_{i\text{-}comparação} = \text{R\$ } 464.000.000,00$$
(quatrocentos e sessenta e quatro milhões de reais)

7.2 Cálculo do valor pelo método evolutivo

Pelo presente método, será calculado o valor venal do imóvel com a determinação das parcelas de construção e do terreno, cuja soma será multiplicada por um coeficiente de mercado, que determina a relação entre o custo e as possibilidades de comercialização do imóvel:

$$V_{in} = (V_t + V_{cn})\, f$$

em que:

V_{in} = valor do imóvel novo;

V_{cn} = valor da construção nova;

V_t = valor do terreno, igual a um percentual de V_{in}.

$X = 0,65 V_{in}$ (imóvel situado na Praça XV, no local do avaliando);

f = coeficiente de mercado, em função do bairro onde se situa o imóvel, suas características construtivas e a situação do mercado imobiliário na época da avaliação. No caso, na situação nobre em que se encontra o mercado comprador:

$$f = 1,20$$

O valor da construção nova será calculado pelo modelo:

$$V_{cn} = S \cdot P \cdot K$$

em que:

S = área equivalente de construção = 36.270,30 m²;

P = preço unitário de construção calculado pelo Sindicato da Indústria da Construção Civil no Município do Rio de Janeiro (Sinduscon-Rio) para o mês de março de 2012 (anexo V) e de acordo com o padrão construtivo do imóvel. No caso, foi utilizado o custo tipo padrão alto CSL16-A:

$$P = R\$ 1.490,45/m^2$$

K = acréscimo percentual para cobrir os custos não previstos de administração, lucro do construtor, ligações, licenças e todos os custos indiretos, somente na parte relativa à construção civil; K = 65%.

$$P = R\$ 1.490,45/m^2 \times 1,65 = R\$ 2.459,24/m^2$$

Substituindo e calculando:

- Valor da construção nova:

$$V_{cn} = 36.270,30 \ m^2 \times R\$ 2.459,24/m^2$$

$$V_{cn} = R\$ 89.197.463,00$$

- Valor do imóvel novo:

$$V_{in} = (0,65V_{in} + 89.197.463,00) \cdot 1,20$$

$$V_{in} (1 - 0,78) = 107.036.956,00$$

$$V_{in} = 107.036.956,00 \div 0,22 = 486.531.618,00$$

$$V_{in} = R\$ 486.531.618,00$$

Considerando a vida útil provável, a idade aparente e o estado de conservação, o valor da construção depreciada, em termos físicos e de obsolescência, será de:

$$V_c = V_{cn} \cdot \text{coeficiente de depreciação}$$

No presente caso, para:

◊ Vida útil prevista: 100 anos
◊ Idade aparente: 10 anos
◊ Percentual de duração: 10%
◊ Coeficiente de depreciação (d): (idade 10; vida 100 e estado 1)
◊ Fator de obsolescência: $K_0 = 1 - d = 1 - 0,10 = 0,90$

O valor da construção depreciada (V_c) é de:

$$V_c = 0,90 \times R\$ 89.197.463,00 = R\$ 80.277.717,00$$

O valor do imóvel usado (V_i) será de:

$$V_i = V_{in} - (V_{cn} - V_c)$$

$$V_i = 486.531.618,00 - (89.197.463,00 - 80.277.717,00)$$

$$V_i = 486.531.618,00 - 8.919.746,00 = R\$ 477.611.871,00$$

ou, em números redondos:

$$V_{i\text{-}evolutivo} = R\$ 477.600.000,00$$
(quatrocentos e setenta e sete milhões e seiscentos mil reais)

Tendo em vista a proximidade dos valores retrocalculados pelo COMPARATIVO e pelo EVOLUTIVO, os peritos signatários optam por um valor intermediário para decisão, qual seja:

$$V_{i\text{-}decisão} = R\$ 470.000.000,00$$
(quatrocentos e setenta milhões de reais)

8 Conclusão

O justo valor de mercado do imóvel situado na Praça XV de Novembro nº 20, Centro, referido a abril de 2012, calculado com grau de fundamentação II e grau de precisão III, conforme NBR 14653-2, é de:

$$V_{i\text{-}decisão} = R\$ 470.000.000,00$$
(quatrocentos e setenta milhões de reais)

9 Encerramento

Damos por encerrado o presente LAUDO em 61 (sessenta e uma) folhas de papel formato A4, digitadas de um só lado, seguido das qualificações profissionais dos peritos signatários.

Rio de Janeiro, 23 de abril de 2012

Prof. Eng. Sérgio Antonio Abunahman
CREA-RJ nº 1.445-D

Prof.ª Arq.ª e Urb.ª Simone Feigelson Deutsch
CAU-RJ nº A11475-8

Arq.ª e Urb.ª Luciana Deutsch
CAU-RJ nº A158132-5

Anexos
I.   Croquis de localização
II. Relatório fotográfico
III. Equipamentos e instalações especiais
IV. Gráfico de valores de condomínio
V.   Tabela do Sinduscon
VI. Plantas do imóvel
VII. Currículos dos avaliadores signatários

15.3 Avaliação locativa de uma loja através de conjugação de métodos: evolutivo e de rentabilidade

LAUDO DE AVALIAÇÃO
Objetivo: Avaliação de valor locativo
Imóvel: Rua Visconde de Pirajá nº XXX
Bairro: Ipanema, Rio de Janeiro, RJ
Solicitante: A proprietária
Referência: 1º de abril de 2016

Ressalvas e princípios
O presente laudo de avaliação obedeceu criteriosamente aos seguintes princípios fundamentais, bem como está sujeito às seguintes ressalvas:

- Os honorários profissionais do avaliador não estão, de forma alguma, sujeitos às conclusões do laudo.
- O avaliador não tem no presente, nem contempla para o futuro, interesse algum nos bens avaliados.
- No melhor conhecimento e critério do avaliador, as análises, opiniões e conclusões expressas no presente trabalho são baseadas em dados, diligências e levantamentos verdadeiros e corretos.

- O laudo apresenta todas as condições limitativas impostas pela metodologia empregada, que, no entanto, é a mais adequada ao trabalho em questão.
- O laudo foi elaborado com estrita observância dos postulados constantes dos Códigos de Ética Profissional do Conselho Federal de Engenharia e Agronomia (Confea) e do Instituto Brasileiro de Avaliação e Perícias de Engenharia do Rio de Janeiro (Ibape-RJ).
- O imóvel em avaliação não foi vistoriado internamente, em razão de o locatário não ter permitido.

Descrição do imóvel
O logradouro
A Rua Visconde de Pirajá localiza-se no bairro de Ipanema, VI Região Administrativa do Município do Rio de Janeiro, iniciando-se na Rua Gomes Carneiro e terminando na Avenida Epitácio Pessoa, constituindo-se na mais importante via de circulação de veículos do bairro e, também, a que apresenta maior valorização comercial em Ipanema.

É uma via pavimentada, calçada, arborizada e dotada de todos os serviços públicos e comunitários disponíveis, sendo que o imóvel em avaliação fica no trecho entre as Ruas Garcia D'Ávila e Aníbal de Mendonça.

Trata-se de uma localização privilegiada, pois está inserida no denominado "Quadrilátero do Charme de Ipanema", área comercialmente mais valorizada do bairro. Esse detalhe da localização do imóvel é sumamente importante, pois se trata de um local realmente privilegiado e de alta valorização comercial, reconhecido pela própria Prefeitura da Cidade do Rio de Janeiro, que criou, através do Decreto n° 26.824, de 1° de agosto de 2006, o "Polo Comercial Quadrilátero do Charme de Ipanema", compreendendo a área entre as Ruas Aníbal de Mendonça e Joana Angélica e as Avenidas Vieira Souto e Epitácio Pessoa.

O anexo 1 (fonte: Google) mostra a localização do imóvel.

O prédio
É uma edificação de concreto e alvenaria situada na Rua Visconde de Pirajá n° XXX, constituída de pavimento térreo com duas lojas e quatro pavimentos-tipo com unidades residenciais, sem vagas de garagem.

A idade aparente/funcional da edificação é de 40 anos e seu estado de conservação é classificado como regular – estado 2,0, de acordo com a classificação de Heidecke.

A loja em avaliação

Trata-se da loja A, situada no pavimento térreo do prédio acima descrito, composta de área frontal de atendimento a clientes, sanitário e cozinha localizados na parte dos fundos, e mezanino.

O padrão construtivo é classificado como normal, assim como os materiais de acabamento, e a loja conta com decoração e instalações comerciais adequadas ao negócio explorado de lanchonete.

As áreas construídas, de acordo com a guia do IPTU e informações fornecidas pela Solicitante, são as seguintes:

Térreo	40,00 m²
Mezanino	30,00 m²

A área construída equivalente da loja é igual a 55,00 m², considerando-se percentuais de equivalência de 100% para o térreo e 50% para o mezanino, de forma proporcional aos respectivos padrões construtivos e potenciais de aproveitamento comercial.

A loja é isenta do pagamento de condomínio.

As fotos anexadas ao laudo (anexo 2) ilustram e complementam a descrição do imóvel.

Avaliação do aluguel

Considerações sobre o mercado imobiliário

É fato do conhecimento de todos, face ao grande destaque dado pela mídia em geral, que os imóveis comerciais no Rio de Janeiro, especialmente os imóveis situados nos bairros do Centro, Ipanema e Leblon, tiveram grande valorização a partir do início de 2010, motivada pela conjugação de diversos fatores positivos e importantes, tais como: a escolha da cidade para sediar a Copa do Mundo de 2014, a Copa das Confederações de 2013, os Jogos Mundiais Militares de 2012, a Rio +20 – Conferência das Nações Unidas sobre Desenvolvimento Sustentável, a Jornada Mundial da Juventude e as Olimpíadas de 2016; as obras de revitalização do bairro do Centro e de outros bairros da cidade, implementadas pela Prefeitura; a implantação de novos corredores de mobilidade; e, finalmente, a grande expectativa de negócios gerada por esses eventos.

Em meados de 2014, os valores dos imóveis atingiram o seu patamar superior, e nele permaneceram até o encerramento da Copa do Mundo e as eleições de 2014, quando lentamente começaram a baixar, buscando novo patamar de equilíbrio.

Na data de referência da avaliação, 1º de abril de 2016, os valores de locação de lojas de frente de rua ainda se mantinham em faixa bastante elevada, especialmente aqueles, como o imóvel em avaliação, localizados no denominado "Quadrilátero do Charme de Ipanema", área comercialmente mais valorizada do bairro.

Metodologia empregada

Nesta avaliação, que está sendo realizada cinco anos após a sua data de referência (1º de abril de 2016), não será empregado o método comparativo direto de dados de mercado, em razão da total impossibilidade de obtenção de dados contemporâneos à referida data de referência que possibilitem a formação de uma amostra significativa e confiável com a quantidade mínima de elementos exigida pela NBR 14653-2 da Associação Brasileira de Normas Técnicas (ABNT, 2011).

Assim, nesta avaliação será empregado o método da rentabilidade, que consiste na obtenção do aluguel através da aplicação de uma taxa de rentabilidade ao capital representado pelo valor de uso do imóvel (valor para efeito de locação).

Para o cálculo do valor de uso do imóvel, será utilizado o processo que a norma técnica para avaliações realizadas no Estado do Rio de Janeiro do Instituto Brasileiro de Avaliações e Perícias do Rio de Janeiro (Ibape-RJ) denomina *conjugação de métodos* e a NBR 14653-2 classifica como *método evolutivo*, com o valor do imóvel sendo obtido através do valor do terreno, do valor de reprodução das benfeitorias e do fator de comercialização (coeficiente de mercado), empregando-se as seguintes fórmulas:

1. $V_i = V_{in} - V_{cn} \cdot d$, em que:
   V_i = valor do imóvel;
   V_{in} = valor do imóvel, se novo fosse;
   V_{cn} = valor da construção, se nova fosse;
   d = depreciação física do imóvel.
2. $V_{in} = (V_{qt} + V_{cn}) \cdot K$, em que:
   V_{qt} = valor da quota de terreno do imóvel;
   K = coeficiente de mercado, que expressa a maior ou menor liquidez do mercado para imóveis semelhantes ao que está sendo avaliado, na data de referência da avaliação, obtido por pesquisa.
3. $V_{qt} = r \cdot V_{in}$, em que:
   r = relação percentual entre o valor da quota de terreno e o valor do imóvel num empreendimento semelhante, novo, no local.
4. $V_{cn} = A_c \cdot C_c$, em que:
   A_c = área equivalente de construção do imóvel;
   C_c = custo unitário de construção adequado ao imóvel.

Operando-se algebricamente as quatro igualdades acima, obtém-se a fórmula final, apresentada a seguir, que utilizaremos nos nossos cálculos:

$$V_i = \frac{A_c \cdot C_c \, [K - d(1 - r \cdot K]}{1 - r \cdot K}$$

Valor do imóvel

Considerando-se as características da loja, as peculiaridades do local onde ela está localizada e as condições do mercado na data de referência da avaliação, são adotados os seguintes parâmetros:

A_c = 55,00 m²;

C_c = R\$ 2.071,30/m², correspondente ao custo unitário básico fornecido pelo Sindicato da Indústria da Construção Civil do Rio de Janeiro (Sinduscon-Rio) para abril de 2016, referente a imóveis comerciais (lojas e salas), padrão CSL8-N (anexo 3) – R\$ 1.294,56/m², acrescido de 60% para cobrir os custos não incluídos nos cálculos do Sinduscon, mais administração, lucro, impostos, taxas etc.;

d = 10% ou 0,10, considerando tratar-se de um imóvel comercial, para o qual a depreciação não varia linearmente com a idade, e fixado de forma compatível com o seu estado;

r = 65% ou 0,65, percentual adequado à excelente localização e às condições próprias do imóvel;

K = 1,35, fixado de forma compatível com as características próprias do imóvel, sua localização privilegiada e as condições do mercado local de locação de lojas de frente de rua na data de referência da avaliação.

Substituindo na fórmula, tem-se:

$$V_i = \frac{55,00 \cdot 2.071,30 \, [1,35 - 0,10(1 - 0,65 \cdot 1,35)]}{1 - 0,65 \cdot 1,35}$$

$$V_i = R\$ \ 1.244.049,52$$

ou, em números redondos:

$$V_i = R\$ \ 1.245.000,00$$

Aluguel do imóvel

Aplicando-se a taxa de rentabilidade de 12% a.a., compatível com o imóvel e as condições do mercado na data de referência da avaliação, obtém-se:

$$A = R\$ \ 1.245.000,00 \cdot \frac{0,12}{12}$$

$$A = R\$ 12.450,00$$

Conclusão

Pelas razões expostas e de acordo com os cálculos efetuados, o valor locativo do imóvel, calculado pelo método da rentabilidade, correspondente à aplicação, sobre o capital-imóvel, da taxa de rentabilidade de 12% a.a. e referido a 1º de abril de 2016, data de início do novo contrato, é igual a R$ 12.450,00 (doze mil, quatrocentos e cinquenta reais).

Encerramento

Encerramos aqui o presente laudo de avaliação, com 11 (onze) folhas e 2 (dois) anexos.

Rio de Janeiro, 20 de fevereiro de 2021

Eng. Milton J. Mandelblatt
CREA-RJ 10.823-D
Membro do Ibape-RJ

Eng. Sérgio Antonio Abunahman
CREA-RJ 1.445-D
Membro do Ibape-RJ

Eng. Rafael L. Mandelblatt
CREA-RJ 2021108383
Membro do Ibape-RJ

Anexos

Anexo 1 – Croqui de localização

Anexo 2 – Relatório fotográfico

Anexo 3 – Custo unitário de construção (Sinduscon)

Referências bibliográficas

ABNT – ASSOCIAÇÃO BRASILEIRA DE NORMAS TÉCNICAS. NBR 12721: avaliação de custos unitários e preparo de orçamento para incorporação de edifícios em condomínio – procedimento. Rio de Janeiro: ABNT, 2007.

ABNT – ASSOCIAÇÃO BRASILEIRA DE NORMAS TÉCNICAS. NBR 13752: perícias de Engenharia na Construção Civil. Rio de Janeiro: ABNT, 1996.

ABNT – ASSOCIAÇÃO BRASILEIRA DE NORMAS TÉCNICAS. NBR 14653-1: avaliação de bens. Parte 1: procedimentos gerais. Rio de Janeiro: ABNT, 2019a.

ABNT – ASSOCIAÇÃO BRASILEIRA DE NORMAS TÉCNICAS. NBR 14653-2: avaliação de bens. Parte 2: imóveis urbanos. Rio de Janeiro: ABNT, 2011.

ABNT – ASSOCIAÇÃO BRASILEIRA DE NORMAS TÉCNICAS. NBR 14653-3: avaliação de bens. Parte 3: imóveis rurais. Rio de Janeiro: ABNT, 2019b.

ABNT – ASSOCIAÇÃO BRASILEIRA DE NORMAS TÉCNICAS. NBR 14653-4: avaliação de bens. Parte 4: empreendimentos. Rio de Janeiro: ABNT, 2002.

ABNT – ASSOCIAÇÃO BRASILEIRA DE NORMAS TÉCNICAS. NBR 14653-5: avaliação de bens. Parte 5: máquinas, equipamentos, instalações e bens industriais em geral. Rio de Janeiro: ABNT, 2006.

ARANTES, C. A.; SALDANHA, M. S. Avaliação de Imóveis Rurais: Norma NBR 14.653-3: ABNT Comentada. 2. ed. São Paulo: Ed. Leud., 2017.

BRASIL. Lei nº 13.105, de 16 de março de 2015. Institui o Código de Processo Civil. Diário Oficial da União, Brasília, DF, 17 mar. 2015.

BUZAID, A. Da Ação Renovatória. [S.l.]: Saraiva, 1981.

CRETELLA JÚNIOR, J. Comentários à Lei de desapropriação: constituição de 1988 e leis ordinárias. Rio de Janeiro: Forense, 1995. 626 p.

DE MIRANDA, P. Comentários à constituição de 1967. [S.l.]: [s.n.], 1970.

DEUTSCH, S. F. Perícias de Engenharia – a apuração dos fastos – 4ª Edição – ed. São Paulo: Ed. Leud., 2019.

FILHO, N. S. Comentários à Nova Lei do Inquilinato. Rio de Janeiro: Forense, 1995.

FISHER, R. A.; YALES, F. Statistical Tables for Biological. Agricultural and Medical Research. 6ª ed. Table III. Edinburgh: Oliver e Boyd Ltd., 1963.

GUYÉNOT, J. Le fonds de commerce. França: Dalloz, 1994.

MARQUES, J. Q. de A. Manual Brasileiro para Levantamento da Capacidade de Uso da Terra. III – Aproximação. Escritório Técnico de Agricultura Brasil-Estados Unidos, 1971.

MCCULLOCH, W. S.; PITTS, W. A logical calculus of the ideas immanent in nervous activity. The bulletin of mathematical biophysics, v. 5, p. 115-133, 1943.

MENDES SOBRINHO, O. T. Avaliação dos prédios rústicos para desapropriação por utilidade pública. CESP, 1973.

MINSKY, M.; PAPERT, S. *Perceptrons*: an introduction to computational geometry. [S.l.]: MIT Press, 1969. 258 p.

NORTON, E. A. Soil Conservation Survey Handbook. *Miscellaneous Publication*, United States Department of Agriculture, n. 352, Washington, D.C., Issued August 1939.

PELLI, A. N. Avaliação de imóveis com utilização de sistemas nebulosos (redes neuro-fuzzy) e redes neurais artificiais. In: XXI CONGRESO PANAMERICANO DE VALUÁCION, SCdA UPAV, Cartagena, Colômbia, 2004.

PELLI, A. N.; BRAGA, A. de P. Redes neurais artificiais: aplicação e comparação dos resultados com regressão linear na avaliação de imóveis urbanos. In: IV CONCURSO INTERNACIONAL DE AVALUÁCION Y CATASTRO, SOITAVE, Caracas/ Venezuela, abr. 2005. Trabalho 1 – Versão digital em CD. Trabalho agraciado com o 1° lugar no concurso.

PELLI, A. N.; ZARATE, L. Avaliação de imóveis urbanos com utilização de redes neurais artificiais. In: XII COBREAP – CONGRESSO BRASILEIRO DE ENGENHARIA DE AVALIAÇÕES E PERÍCIAS, Ibape-MG, Belo Horizonte, MG, 2003. Trabalho agraciado com a Menção Honrosa Orlando Andrade Resende, 2003.

Tab. A.1 Depreciação física total pelo método da soma dos anos

Ano	5	6	7	8	9	10	12	15	20	25	30	40	50
1	0,333	0,286	0,250	0,222	0,200	0,182	0,154	0,125	0,095	0,077	0,065	0,049	0,039
2	0,600	0,524	0,464	0,416	0,378	0,346	0,295	0,241	0,185	0,151	0,127	0,096	0,078
3	0,800	0,715	0,643	0,583	0,533	0,491	0,423	0,349	0,271	0,222	0,187	0,143	0,115
4	0,933	0,858	0,786	0,722	0,666	0,618	0,538	0,449	0,352	0,289	0,245	0,188	0,152
5	1,000	0,953	0,893	0,833	0,777	0,727	0,641	0,541	0,428	0,354	0,301	0,232	0,188
6		1,000	0,964	0,916	0,867	0,818	0,731	0,649	0,499	0,415	0,355	0,274	0,224
7			1,000	0,973	0,934	0,891	0,808	0,699	0,565	0,475	0,400	0,316	0,258
8				1,000	0,978	0,946	0,872	0,765	0,628	0,530	0,456	0,356	0,292
9					1,000	0,982	0,923	0,824	0,685	0,583	0,503	0,395	0,325
10						1,000	0,961	0,874	0,737	0,632	0,548	0,433	0,357
11							0,987	0,916	0,785	0,678	0,591	0,470	0,388
12							1,000	0,949	0,828	0,721	0,632	0,505	0,419
13								0,974	0,866	0,761	0,671	0,539	0,449
14								0,991	0,699	0,799	0,707	0,572	0,478
15								1,000	0,926	0,832	0,742	0,604	0,506
16									0,952	0,863	0,774	0,634	0,533
17									0,971	0,890	0,804	0,664	0,560
18									0,985	0,915	0,832	0,692	0,586
19									0,995	0,936	0,858	0,718	0,611
20									1,000	0,955	0,882	0,744	0,635
21										0,970	0,903	0,769	0,659
22										0,982	0,923	0,792	0,682

Tab. A.1 (continuação)

Ano	5	6	7	8	9	10	12	15	20	25	30	40	50
23										0,991	0,940	0,814	0,704
24										0,997	0,955	0,835	0,725
25										1,000	0,968	0,854	0,745
26											0,978	0,872	0,765
27											0,987	0,890	0,784
28											0,993	0,905	0,802
29											0,998	0,920	0,819
30											1.000	0,933	0,835
31												0,946	0,851
32												0,957	0,868
33												0,996	0,880
34												0,975	0,893
35												0,962	0,906
36												0,988	0,918
38												0,997	0,939
40												1,000	0,957
45													0,988
50													1,000

Nota: os números representam a depreciação total para as vidas úteis indicadas na linha horizontal superior e para a idade indicada na primeira coluna.

Tab. A.2 Critério de Heidecke

Estado 1	Novo	0,00%
Estado 1,5	Entre novo e regular	0,32%
Estado 2,0	Regular	2,52%
Estado 2,5	Entre regular e reparos simples	8,09%
Estado 3	Reparos simples	18,10%
Estado 3,5	Entre reparos simples e importantes	33,20%
Estado 4	Reparos importantes	52,60%
Estado 4,5	Entre reparos importantes e sem valor	75,20%

Tab. A.3 Depreciação física – critério de Ross-Heidecke

Idade em % de duração	1	1,5	2	2,5	3	3,5	4	4,5	Idade em % de duração	1	1,5	2	2,5	3	3,5	4	4,5
2	1,02	1,05	3,51	9,03	18,9	33,9	53,1	75,4	52	39,5	39,5	41,0	44,4	50,5	59,6	71,3	85,0
4	2,08	2,11	4,55	10,0	19,8	34,6	53,6	75,7	54	41,6	41,6	43,0	46,3	52,1	61,0	72,3	85,5
6	3,18	3,21	5,62	11,0	20,7	35,3	54,1	76,0	56	43,7	43,7	45,1	48,2	53,9	62,4	73,3	86,0
8	4,32	4,32	6,73	12,1	21,6	36,1	54,6	76,3	58	45,8	45,8	47,2	50,2	55,6	63,8	74,3	86,6
10	5,50	5,53	7,88	13,2	22,6	36,9	55,2	76,6	60	48,0	48,0	49,3	52,2	57,4	65,3	75,3	87,1
12	6,72	6,75	9,07	14,3	23,6	37,7	55,8	76,9	62	50,2	50,2	50,2	54,2	59,2	66,7	76,4	87,7
14	7,98	8,01	10,3	15,4	24,6	38,5	56,4	77,2	64	52,5	52,5	53,7	56,3	61,1	68,3	77,5	88,2
16	9,28	9,31	11,6	16,6	25,7	39,4	57,0	77,5	66	54,8	54,8	55,9	58,4	63,0	69,8	78,6	88,8
18	10,6	10,6	12,9	17,8	26,8	40,3	57,6	77,8	68	57,1	57,1	58,2	60,6	64,9	71,4	79,7	89,4
20	12,0	12,0	14,2	19,1	27,9	41,2	58,3	78,2	70	59,5	59,5	60,5	62,8	66,8	72,9	80,8	90,0
22	13,4	13,4	15,6	20,4	29,1	42,2	59,0	78,5	72	61,2	61,9	62,9	65,0	68,8	74,6	81,9	90,6
24	14,9	14,9	17,0	21,8	30,3	43,1	59,6	78,9	74	64,4	64,4	65,3	67,3	70,8	76,2	83,1	91,2
26	16,4	16,4	18,5	23,1	31,5	44,1	60,4	79,3	76	66,9	66,9	67,7	69,6	72,9	77,9	84,3	91,8
28	17,9	17,9	20,0	24,6	32,8	45,2	61,1	79,6	78	69,4	69,4	70,2	71,9	74,9	79,6	85,5	92,4
30	19,5	19,5	21,5	26,0	34,1	46,2	61,8	80,0	80	72,0	72,0	72,7	74,3	77,1	81,3	86,7	93,1

Tab. A.3 (continuação)

Idade em % de duração	1	1,5	2	2,5	3	3,5	4	4,5	Idade em % de duração	1	1,5	2	2,5	3	3,5	4	4,5
32	21,1	21,1	23,1	27,5	35,4	47,3	62,6	80,4	82	74,6	74,6	75,3	76,7	79,2	83,0	88,0	93,7
34	22,8	22,8	24,7	29,0	36,8	48,4	63,4	80,8	84	77,3	77,3	77,8	79,1	81,4	84,8	89,2	94,4
36	24,5	24,5	26,4	30,6	38,1	49,5	64,2	81,3	86	80,0	80,0	80,5	81,6	83,6	86,6	90,5	95,5
38	26,2	26,2	28,1	32,2	39,6	50,7	65,0	81,7	88	82,7	82,7	83,2	84,1	85,8	88,5	91,8	95,7
40	28,0	28,0	29,9	33,8	41,0	51,9	65,9	82,1	90	85,5	85,5	85,9	86,7	88,1	90,3	93,1	96,4
42	29,9	29,8	31,6	35,5	42,5	53,1	66,7	82,6	92	88,3	88,3	88,6	89,3	90,4	92,2	94,5	97,1
44	31,7	31,7	33,4	37,2	44,0	54,4	67,6	83,1	94	91,2	91,2	91,4	91,9	92,8	94,1	95,8	97,8
46	33,6	33,6	35,2	38,9	45,6	55,6	68,5	83,5	96	94,1	94,1	94,2	94,6	95,1	96,0	97,2	98,5
48	35,5	35,5	37,1	40,7	47,2	56,9	69,4	84,0	98	97,0	97,0	97,1	97,3	97,6	98,0	98,6	99,3
50	37,5	37,5	39,1	42,6	48,8	58,2	70,4	84,5	100	100	100	100	100	100	100	100	100

Tab. A.4 Tabela de Dei Vegni-Neri

Depreciação das edificações em função da idade e do uso*			
Idade (X)	Fator de depreciação (D)	Idade (X)	Fator de depreciação (D)
1 ano	1,00	26 anos	0,5658
2 anos	0,9666	28 anos	0,5334
4 anos	0,9332	30 anos	0,4990
6 anos	0,8998	32 anos	0,4656
8 anos	0,8664	34 anos	0,4322
10 anos	0,8330	36 anos	0,3988
12 anos	0,7996	38 anos	0,3654
14 anos	0,7642	40 anos	0,3320
16 anos	0,7328	42 anos	0,2986
18 anos	0,6994	44 anos	0,2652
20 anos	0,6660	46 anos	0,2318
22 anos	0,6326	48 anos	0,1948
24 anos	0,5992	50 anos	0,1650

Acima de 50 anos, o valor residual é de 0,1650.

(*) Os serviços relativos a pedreiro, encanamentos, pisos e rodapés, esquadrias, pintura em geral e instalação elétrica e hidráulica são os preponderantes, e sobre eles deve recair maior atenção do avaliador, ao pesquisar o estado da construção para efeito de apuração de sua depreciação física.

Tab. A.5 Vantagem da coisa feita

Tipo de construção	Nova	De 0 a 10 anos	De 10 a 20 anos	De 20 a 30 anos
Grande estrutura	25%	25%-21%	25%-13%	13%-0%
Pequena estrutura e residencial de luxo	15%	15%-12,5%	12,5%-7,8%	7,8%-0%
Industrial e residencial médio	10%	10%-8,4%	8,4%-5,2%	5,2%-0%
Residencial modesto e proletárias	5%	5%-4,2%	4,2%-2,6%	2,6%-0%

Nota: os fatores de redução pela idade não se aplicam a zonas comerciais altamente valorizadas.

Tab. A.6 Valores percentis (t_p) para distribuição t-Student com n graus de liberdade

Área hachurada = p

				95%	90%	80%					
n	$t_{0,995}$	$t_{0,90}$	$t_{0,975}$	$t_{0,95}$	$t_{0,90}$	$t_{0,80}$	$t_{0,75}$	$t_{0,70}$	$t_{0,60}$	$t_{0,55}$
1	63,66	31,82	12,71	6,31	3,08	1,376	1,000	0,727	0,325	0,158
2	9,92	6,96	4,30	2,92	1,89	1,061	0,816	0,617	0,289	0,142
3	5,84	5,54	3,18	2,35	1,64	0,978	0,765	0,584	0,277	0,137
4	4,60	3,75	2,78	2,13	1,53	0,941	0,741	0,569	0,271	0,134
5	4,03	3,36	2,57	2,02	1,48	0,920	0,727	0,559	0,267	0,132
6	3,71	3,14	2,45	1,94	1,44	0,906	0,718	0,553	0,265	0,131
7	3,50	3,00	2,36	1,90	1,42	0,896	0,711	0,549	0,263	0,130
8	3,36	2,90	2,31	1,86	1,40	0,889	0,706	0,546	0,262	0,130
9	3,25	2,82	2,26	1,83	1,38	0,883	0,703	0,543	0,261	0,129
10	3,17	2,76	2,23	1,81	1,37	0,879	0,700	0,542	0,260	0,129
11	3,11	2,72	2,20	1,80	1,36	0,876	0,697	0,540	0,260	0,129
12	3,06	2,68	2,18	1,78	1,36	0,873	0,695	0,539	0,259	0,128
13	3,01	2,65	2,16	1,77	1,35	0,870	0,694	0,538	0,259	0,128
14	2,98	2,62	2,14	1,76	1,34	0,868	0,692	0,537	0,258	0,128
15	2,95	2,60	2,13	1,75	1,34	0,866	0,691	0,536	0,258	0,128
16	2,92	2,58	2,12	1,75	1,34	0,865	0,690	0,535	0,258	0,128
17	2,90	2,57	2,11	1,74	1,33	0,863	0,689	0,534	0,257	0,128
18	2,88	2,55	2,10	1,73	1,33	0,862	0,688	0,534	0,257	0,127
19	2,86	2,54	2,09	1,73	1,33	0,861	0,688	0,533	0,257	0,127
20	2,84	2,53	2,09	1,72	1,32	0,860	0,687	0,533	0,257	0,127
21	2,83	2,52	2,08	1,72	1,32	0,859	0,686	0,532	0,257	0,127
22	2,82	2,51	2,07	1,72	1,32	0,858	0,686	0,532	0,256	0,127
23	2,81	2,50	2,07	1,71	1,32	0,858	0,685	0,532	0,256	0,127
24	2,80	2,49	2,06	1,71	1,32	0,857	0,685	0,531	0,256	0,127
25	2,79	2,48	2,06	1,71	1,32	0,856	0,684	0,531	0,256	0,127
26	2,78	2,48	2,06	1,71	1.32	0,856	0,684	0,531	0,256	0,127
27	2,77	2,47	2,05	1,70	1,31	0,855	0,684	0,531	0,256	0,127
28	2,76	2,47	2,05	1,70	1,31	0,855	0,683	0,530	0,256	0,127
29	2,76	2,46	2,04	1,70	1,31	0,854	0,683	0,530	0,256	0,127
30	2,75	2,46	2,04	1,70	1,31	0,854	0,683	0,530	0,256	0,127
40	2,70	2,42	2,02	1,68	1,30	0,851	0,681	0,529	0,255	0,126
60	2,66	2,39	2,00	1,67	1,30	0,848	0,679	0,527	0,254	0,126
120	2,62	2,36	1,98	1,66	1,29	0,845	0,677	0,526	0,254	0,126
∞	2,58	2,33	1,96	1,645	1,28	0,842	0,674	0,524	0,253	0,126

Fonte: Fisher e Yales (1963).

Tab. A.7 Critério de Chauvenet – $\left[\dfrac{d}{s}\right]$ crítico

n	d/s	n	d/s	n	d/s
5	1,65	20	2,24	5×10^3	3,89
6	1,73	22	2,28	5×10^4	4,42
7	1,80	24	2,31	5×10^5	4,89
8	1,86	26	2,35	5×10^6	5,33
9	1,92	30	2,39	5×10^7	5,73
10	1,96	40	2,50		
12	2,03	50	2,58		
14	2,10	100	2,80		
16	2,16	200	3,02		
18	2,20	500	3,29		